建筑工程施工现场专业人员培训教材

质检员专业管理实务

主　编　刘继鹏　潘炳玉
副主编　林基础　陈磊河
主　审　夏锦红

黄河水利出版社
·郑州·

内容提要

本书是建筑施工企业管理人员岗位资格培训教材之一,本书以最新颁布的法律法规和标准、规范为依据,主要介绍质量管理理论和施工质量控制实施要点及验收要求等土建质检员必备知识,包括建筑工程质量管理概述、质量管理体系、施工项目质量控制、建筑工程施工质量验收、建筑工程质量事故的处理、土方工程、地基与基础工程、砌体工程、混凝土结构工程、钢结构工程、屋面工程、地下防水工程、建筑地面工程、建筑装饰装修工程、节能分部工程等方面的内容。本书体现了科学性、实用性、系统性和可操作性的特点,既注重了内容的全面性又重点突出,做到理论联系实际。

本书可作为建筑施工企业土建质检员岗位资格的培训教材,也可供建筑工程质量管理人员及相关专业技术人员参考使用。

图书在版编目(CIP)数据

质检员专业管理实务/刘继鹏,潘炳玉主编.—郑州:黄河水利出版社,2010.5

建筑工程施工现场专业人员培训教材

ISBN 978-7-80734-818-4

Ⅰ.①质… Ⅱ.①刘…②潘… Ⅲ.①建筑工程-质量管理-技术培训-教材 Ⅳ.①TU712-62

中国版本图书馆CIP数据核字(2010)第076074号

组稿编辑:王琦　　电话:0371-66028027　　E-mail:wq_731212@163.com

出 版 社:黄河水利出版社

地址:河南省郑州市顺河路黄委会综合楼14层　　邮政编码:450003

发行单位:黄河水利出版社

发行部电话:0371-66026940、66020550、66028024、66022620(传真)

E-mail:hhslcbs@126.com

承印单位:黄河水利委员会印刷厂

开本:787 mm×1 092 mm　1/16

印张:18.25

字数:440千字　　印数:1—4 000

版次:2010年5月第1版　　印次:2010年5月第1次印刷

定价:45.00元

建筑工程施工现场专业人员培训教材

编 委 会

序

建设行业从1986年开始，在建设企事业单位实行关键岗位持证上岗制度。这项制度的实施对提高建设行业职工队伍素质、保证建设工程质量、促进安全生产起到了很大作用，因此受到市场的广泛认可。当前新材料、新技术、新工艺、新规范的更新换代越来越快，迫切需要提高从业人员的素质。鉴于这种情况，中国建设教育协会组织制定了《建设行业专业技术管理人员职业资格培训管理办法》，为建设行业、企业提供相关岗位职业水平评价服务，来满足市场经济体制下建设企业对人力资源管理、人才评价社会化服务的需要，并在广泛深入调查研究的基础上，认真分析和总结我国建筑业岗位培训工作及国外建设行业职业标准编制经验，根据住房和城乡建设部建标[2009]88号的要求，结合我国建筑施工现场专业人员人才开发的实践经验，制定了《建筑工程施工现场专业人员职业标准》，并将于2010年8月颁布实施。在这种背景下，为了做好建设行业专业技术管理人员的岗位培训工作，河南省建设教育协会根据培训工作的需要，组织建设行业有关高校和职业技术学院的专家，以及建筑工程施工现场一线专业技术人员，参照最新颁布的新规范、新标准，以岗位所需的知识和能力为主线，精编成《房屋建筑工程专业基础知识》、《装饰装修工程专业基础知识》和相应岗位专业管理实务等11本教材，以满足房屋建筑和装饰装修专业管理人员培训使用。

本系列教材主要用于建设类院校应届毕业生“双证”培训，也适用于建设企事业单位专业技术管理人员上岗前培训，从专业人员职业需要出发，深入工程建设施工实际，力求源于实践，高于实践。内容上强调科学性、先进性和实用性。文字上深入浅出，通俗易懂，使参加培训的管理人员和自学的读者，比较系统地掌握实用性技术，以达到学以致用、学有创新的目的。

由于时间紧和水平有限，书中错误和疏漏在所难免，本套教材还需在教学和实践中不断完善，敬请广大施工管理人员和教师提出宝贵意见，以便不断提高教材的质量。这套教材在编写的过程中，得到了相关建设类高校、职业技术学院和施工企业的大力支持，在此一并表示感谢。

编委会

2010年5月

前　言

随着建筑业的发展，对建筑施工企业岗位人员的要求越来越高。为了满足施工项目管理的需求，在广泛征求意见的基础上，本书以新颁发的法律法规和建筑行业新标准、新规范为依据，体现了科学性、实用性、系统性和可操作性的特点，既注重了内容的全面性，又突出了重点，做到了理论联系实际。

本书是依据行业岗位准入和质量员培训考试大纲编写而成的，可以作为建筑工程质量员的考试培训教材，也可供大中专院校、建筑施工企业技术管理人员、质量检验人员以及监理人员参考。

全书共包括两篇：第一篇质量管理概论，包括建筑工程质量管理概述、质量管理体系、施工项目质量控制、建筑工程施工质量验收、建筑工程质量事故的处理；第二篇施工质量控制实施要点，包括土方工程、地基与基础工程、砌体工程、混凝土结构工程、钢结构工程、屋面工程、地下防水工程、建筑地面工程、建筑装饰装修工程、节能分部工程。主要介绍了质量管理的基本理论和建筑工程的分部分项工程施工质量控制要点。

本书由刘继鹏、潘炳玉任主编，林基础、陈磊河任副主编。具体编写分工为：第一篇第一、二、三、五章由刘继鹏编写，第四章由高磊磊编写；第二篇第一章由潘炳玉编写，第二、六章由陈磊河编写，第三章由赵长歌编写，第四、五、七章由赵红垒编写，第八、九、十章由林基础编写。全书由刘继鹏统稿，由夏锦红教授主审。

本书在编写过程中参阅并吸收了大量的文献，在此对这些文献的作者表示深深的谢意，并对为本书付出辛勤劳动的编辑同志表示衷心的感谢！

由于编者水平有限，书中疏漏、错误在所难免，恳请使用本教材的师生和读者不吝指正。

作　者

2010 年 4 月

目　录

第二篇　施工质量控制实施要点

第一篇　质量管理概论

第一章　建筑工程质量管理概述

建筑工程质量管理是一个系统工程，涉及企业管理的各层次和生产现场的每一个操作工人，再加上建筑产品具有生产周期长、外界影响因素多等特点，决定了质量管理的难度大。因此，生产企业必须运用现代管理的思想和方法，按照ISO9000国际质量管理标准建立自己的质量体系并保持有效运行，覆盖所有生产项目和每个项目生产的全过程，才能保证企业质量水平不断提高，在市场激烈竞争中立于不败之地。

第一节　建筑工程质量管理的重要性和发展阶段

一、建筑工程质量管理的重要性

"靠质量树信誉，靠信誉拓市场，靠市场增效益，靠效益求发展"，这个企业生存和发展的生命链，已被国内外众多的企业家所认识，对于建筑企业来说，在激烈竞争的市场角逐中认识得更加深刻。把质量视为企业的生命，把名优产品当做市场竞争的法宝，把质量管理作为企业管理的重中之重，已被多数建筑企业的经营管理者们所认同，"内抓现场质量领先，外抓市场名优取胜"，走质量效益型道路的经营战略已被广泛采用。从这一意义上讲，建筑市场的竞争已转化为产品质量的竞争。以优质产品质量形成的好项目，是企业形象的窗口。因此，抓产品质量必须从生产项目抓起。项目质量管理是企业质量管理的基础，也是企业深化管理的一项重要内容。建设部提出抓产品质量要实行"两个"覆盖（即要覆盖所有的产品项目和覆盖每一个产品建设的全过程），也是着重强调了抓项目质量管理的重要性。

（一）项目质量管理必须覆盖所有的产品项目

产品质量形成于生产项目，每个产品质量的总和代表企业的整体质量水平。优质名牌产品是企业市场竞争取胜的法宝，也是企业形象的金字招牌；劣质产品损害企业形象，会带来更大的负面影响。在激烈的市场竞争中，优质产品的正面效应与劣质产品的负面影响并不是一比一的对等关系，对企业信誉的影响可以说是"十誉不足，毁一有余"。企业为维护自身的形象，必须重视抓好所有产品项目的质量管理，提高企业的整体质量水平，才能在市场竞争中立于不败之地。

(二)项目质量必须注重质量保证体系覆盖产品生产的全过程

质量体系是为实现质量保证所需的组织结构、程序、过程和资源。企业按照 ISO9000 标准建立的质量体系(包括文件化的体系程序)要覆盖产品质量形成的全过程并有效运行,关键也在企业和项目两个层次。在生产质量形成的全过程,坚持高标准严要求,每个分部、分项产品都严格按照国家产品质量检验评定标准进行质量评定,使生产现场事事、处处、时时、人人都严格按照质量管理制度和规范、规程办事,确保质量体系覆盖从产品开工到竣工验收的全过程,才能保证项目质量目标的实现。

(三)项目质量必须实行目标管理和质量预控

项目质量目标一是要满足与业主签订的合同要求,二是要满足企业质量计划的要求。首先按照"分项保分部、分部保单位产品"的原则,把质量总目标进行层层分解,定出每一个分部、分项产品的质量目标。然后针对每个分项产品的技术要求和生产的难易程度,结合生产人员的技术水平和生产经验,确定质量管理和监控的重点。在每个分项产品生产前,写出详细的书面交底和质量保证措施,召集生产主要负责人及技术、质量管理人员和参加生产的所有人员进行交底,做到人人目标明确、职责清楚。对于采用新技术、新材料、新工艺,易产生质量通病的部位和生产经验不足的分项产品,还应事先对人员进行培训,通过试验或做样板确定生产工艺。对质量控制的难点,组织群众性的 QC 小组活动进行攻关。

二、建筑工程质量管理的四个阶段

(一)质量检验阶段(1940 年以前)

1911 年,美国工程师泰勒首先提出科学管理的原理,其中之一是设专职检验人员。该原理在 20 世纪 30 年代风行一时。它的缺点是事后检验,不能预防废品产生。

(二)统计质量控制阶段(1940 ~ 1960 年)

美国贝尔电话研究所工程师、统计学家哈特,出版了《工业产品质量经济管理》一书,将数理统计方法应用于质量管理中。第二次世界大战后至 20 世纪 50 年代末流行于世界。它的优点是事先预防,而且成本低、效率高。但是由于过分强调数理统计方法,忽视了组织、管理和生产者能动性的发挥。

(三)全面质量管理(TQM)阶段(1960 年至今)

全面质量管理产生于 20 世纪 60 年代的美国,形成于 70 年代的日本。代表人物是美国通用电气工程师费根堡姆和质量管理学家朱兰。我国从 20 世纪 80 年代开始推行。全面质量管理实行全员参加、全方位实施和全过程管理,是保证任何活动有效进行的、合乎逻辑的工作程序。

全面质量管理(TQM)的基本工作思路是:一切按 PDCA 循环办事。又称戴明环(美国质量专家)。P→D→C→A→P,P:计划(Plan);D:实施(Do);C:检查(Check);A:处理(Action)。

全面质量管理使管理思想发生了根本性转变。一是使质量标准由设计者、制造者、检验者认可,转向由市场和用户认可。二是使质量观由狭义转向广义。质量管理既见物又见人,既见个别又见系统。由单纯重视产品质量转到重视工作质量。管理思想的转变,给质量管理带来了深刻的变革,从而引发了 ISO9000 族标准的产生。

（四）ISO9001 质量管理体系阶段（1987 年至今）

1. ISO9001 质量管理体系标准的产生

国际贸易发展到一定程度，不仅对产品质量提出要求，而且对供应厂商提出质量可持续保证的要求。在供需双方的贸易活动中，ISO9001 质量管理体系标准是获得需方信任、获得订单的前提，所以 ISO9001 质量管理体系标准是进入国际市场的金钥匙。

ISO 是国际标准化组织（International Standard Organization）的英文简称。9000 是该组织 1987 年发布的第 9000 号标准。

2. ISO9000 族标准的修订和发展

为了使 1987 版的 ISO9000 系列标准更加协调和完善，ISO/TC 175 质量管理和质量保证技术委员会于 1990 年决定对标准进行修订，提出了《90 年代国际质量标准的实施策略》，其目标是：要让全世界都接受和使用 ISO9000 族标准；为提高组织的运作能力提供有效的方法；增进国际贸易、促进全球的繁荣和发展；使任何机构和个人都可以有信心从世界各地得到任何期望的产品以及将自己的产品顺利销售到世界各地。1994 年推出 94 版；2000 年 12 月 15 日推出 2000 版。统称为 2000 版 ISO9000 族标准。至今已有 150 个国家和地区采用，广泛应用于目前已知的所有行业和部门。

3. ISO9000 族标准与 TQM 的关系

ISO9000 族标准是 TQM 发展到一定阶段的产物，是组织质量管理的基础要求（最低要求）。TQM 是达到和保持世界级质量水平的要求。两者之间的关系是"打基础"和"求发展"的关系。它们为人类全方位的质量管理提供了科学方法，是世界质量史上的里程碑。

第二节　术语及工程质量管理的概念

一、质量和工程质量的概念

质量是指反映实体满足明确或者隐含需要能力的特性的总和。质量的主体是"实体"。实体可以是活动或者过程的有形产品，例如建成的厂房、装修后的住宅，或是无形的产品（质量措施规划等），也可以是某个组织体系或人，以及上述各项的组合。由此可见，质量的主体不仅包括产品，而且包括活动、过程、组织体系或人，以及它们的组合。

质量中的需求通常被转化为一些规定准则的特性，例如实用性、安全性、可靠性、耐久性等。

工程质量除具有上述普遍意义上的质量的含义外，还具有自身的一些特点。在工程质量中所说的满足明确或者隐含的需要，不仅是针对客户而言，还要考虑到社会的需要和符合国家有关的法律、法规的要求。

一般认为工程质量具有如下的特性：

（1）工程质量的单一性。这是由工程施工的单一性所决定的，即一个工程一个情况，即使是使用同一设计图纸，由同一施工单位来施工，也不可能有两个工程具有完全一样的质量。因此，工程质量的管理必须管理到每项工程，甚至每道工序。

（2）工程质量的过程性。工程的施工过程，在通常的情况下是按照一定的顺序来进行的。每个过程的质量都会影响到整个工程的质量，因此工程质量的管理必须管理到每项工程的全过程。

(3)工程质量的重要性。一个工程质量的好与坏，影响很大，不仅关系到工程本身，业主和参与工程的各个单位都将受到影响。所以，政府必须加强对工程质量的监督和控制，以保证工程建设和使用阶段的安全。

(4)工程质量的综合性。工程质量不同于一般的工业产品，工程是先有图纸后有工程，是先交易后生产或是边交易边生产。影响工程质量的原因很多，有设计、施工、业主、材料供应商等多方面的因素。只有各个方面做好了各个阶段的工作，工程的质量才有保证。

综合以上的特点，工程质量可以定义为：工程能够满足国家建设和人民需要所具备的自然属性。

二、质量管理与工程质量管理

(一)质量管理

质量管理是为保证和提高产品质量而进行的一系列管理工作。国家标准 GB/T 1900—2000 对质量管理的定义是：在质量方面指挥和控制组织的协调的活动。

质量管理的首要任务是确定质量方针、目标和职责。质量管理的核心是建立有效的质量管理体系，通过具体的四项活动，即质量策划、质量控制、质量保证和质量改进，确保质量方针、目标的实施和实现。

(二)工程质量管理

工程质量管理就是在工程项目的全生命周期内，对工程质量进行的监督和管理。针对具体的工程项目，就是项目质量管理。

(三)项目质量管理原则

首先要满足顾客和项目利益相关者的需求，应规定项目过程、所有者及其职责和权限，必须注重过程质量和项目交付物质量，以满足项目目标，管理者对营造项目质量环境负责，对持续改进负责。

(四)项目质量要求

没有具体的质量要求和标准，就无法实现项目的质量控制。项目质量要求既包括对项目最终交付物的质量要求，又包括对项目中间交付物的质量要求。对于项目中间交付物的质量要求应该尽可能详细和具体。项目质量要求包括明示的、隐含的和必须履行的需求或期望。明示的要求一般是指在合同环境中，用户明确提出的需要或要求，通常是通过合同、标准、规范、图纸、技术文件等所做出的明文规定。隐含的要求一般是指非合同环境(即市场环境)中，用户未提出或未提出明确要求，而由项目组织通过市场调研进行识别的要求或需要。

(五)质量信息的作用和要求

质量信息在项目质量管理中的作用是为质量方面的决策提供依据，为控制项目质量提供依据，为监督和考核质量活动提供依据。

对质量信息的要求是准确、及时、全面、系统。质量信息必须能够准确反映实际情况，才能正确地做出决断。虚假的或不正确的信息不仅没有作用，反而会起反作用。质量信息的价值往往随时间的推移而变动。如果能够将质量信息及时而迅速地反映出来，反馈过去，就有可能避免一次质量事故而减少损失。否则，就会贻误时机，造成损失。质量信息应当全面、系统地反映项目质量管理活动，这样才能掌控项目质量变化的规律，及时采取预防措施。

(六)质量管理的工作体系

企业以保证和提高产品质量为目的,利用系统的概念和方法,把企业各部门、各环节的质量管理职能组织起来,形成一个有明确任务、职责、权限,互相协调、互相促进的有机整体。质量管理的工作体系包括目标方针体系、质量保证体系和信息流通体系。工作体系的运转方式是 PDCA 循环。

第三节　我国工程质量管理的法规

我国现行的工程质量监督管理制度始于 1983 年城乡建设环境保护部和国家技术监督局联合颁布的《建设工程质量监督条例》和 1984 年国务院国发[1984]123 号文件的授权。20 多年来,围绕建设工程质量管理,我国已相继制定并颁布了一系列法律、法规、规章,并增补、修订了大量的技术标准,随着建筑市场的不断发展,相关配套法规也在逐步完善和健全,特别是 2000 年《建设工程质量管理条例》全面实施,使建设工程质量监督管理机构的职能发生了根本的转变,对规范市场行为,减少质量事故的发生,促进企业加强质量管理,提高我国工程质量水平起了重要作用。但从总的方面看,我国目前的建设工程质量监督工作在管理体制上还存在许多弊端,亟待解决。

一、我国目前工程质量监督管理制度的体制性缺失

我国目前建设工程质量监督管理制度是在计划经济体制的基础上逐步建立和完善的,对我国建设工程质量的稳定和提高发挥了积极的作用。但在市场经济条件下,在小政府、大社会发展趋势下,目前的质量监督工作已不能适应市场变化的需要,在整体水平上还不尽如人意,其管理体制还需要破旧立新。

(1)工程质量监督机构权责不明,定位不明确。工程质量监督机构自从 1984 年成立以来,基本定位为:工程质量监督机构不是政府行政机关,不是政府职能部门,不是中介组织,更不是市场竞争主体,而是接受政府的委托,依据有关法律、法规和技术标准,对工程实施过程中各参建责任主体的质量行为以及工程实体质量进行监管的一支专业技术队伍。它所做的工作又是政府的一项职能,这种定位不规范、不科学,性质不明确,一定程度上影响了监督机构的工程质量管理工作和自身的建设。实践中,质量监督机构代表政府进行工程质量监督,但它是事业单位,工作经费实行自收自支。在权力上,质量监督机构只是接受政府行政委托,在委托范围内对有关工程实物质量及其各方责任主体行为实施监督,作为事业单位,受权限的限制,并不能完全行使政府对工程质量管理的所有职能,导致权限过小,责任过大,权责不一致问题突出,影响监督机构形象和质量监督工作的权威性、公正性。

(2)监督管理体系不科学。一方面由于工程建设体制仍存在着政企不分、政出多门的状况,由此形成的局部封闭管理导致许多工程的业主,勘察、设计、施工、监理单位和质量监督站来自同一系统,隶属于共同的主管部门,这种管理格局基本上是一种内部的监督体系,很难实行严格的、公正的监督;另外,统一的监督机构管理体系没有形成,各级政府建设主管部门设立的工程质量监督站的编制、专业技术人员配备、技术装备等均由当地管理,人员配备不尽合理,各地发展不均衡,导致对其有效监控明显不足。没有自上而下对其统一的管理机构,不利于形成有效的制约机制。另一方面,质量监督机构实行多部门多专业管理,政出

多门，相互间职能划分不清，条块分割，现场方方面面检查，看上去层层把关，实际效果却大打折扣，职责不清不仅造成了部门之间的扯皮掣肘，而且给统一立法和监督执法造成了困难，还加重了地方及企业负担。

(3)监督管理执法程序不规范。虽然我国在建筑方面出台了《中华人民共和国建筑法》(简称《建筑法》)、《建设工程质量管理条例》等法律法规，但有关工程质量监督的程序性规定还很缺乏，可操作性不强，自我廉政、勤政约束机构不健全，导致监督过程中行为随意，透明度差，地方保护普遍存在，监督者缺乏外在监督，被监督者知情权、参与权不受重视，既影响监督工作的准确性、公正性、权威性，也容易发生徇私舞弊、滥用职权、收受贿赂等违法犯罪现象。

(4)人员素质参差不齐，监督技术落后。质量监督是一项技术性、政策性都很强的工作，一些监督机构的现有素质，尚不能保证对工程质量的有效监督。首先表现在人员素质上，长期以来，由于编制和管理方式等原因，各级工程质量监督管理部门中高质量、高水平的专业技术人员匮乏，素质参差不齐，离"既要对法律法规非常熟悉，又要对强制性技术标准非常熟悉"的要求相差很远，县级监督机构这方面的问题尤为突出；其次表现在设备上，技术装备落后，缺乏现代化的检测手段，监督方法还处于传统阶段，远远落后于科技发展水平，影响工程质量的监督力度和深度，难以适应当前建设工程时代发展的需要，这直接削弱了政府监督的有效性和权威性，亟待改进和完善。

(5)政府投资的工程质量管理不规范，工程质量责任的缺位与错位十分突出，约束不力、有法不依、逃避监督的现象较突出。由于投资体制、部门利益、监督机制及多数责任主体的地位不符合项目法人责任制要求等的影响，在建设过程的各个阶段，各部门的权利、义务和责任纠缠不清，一旦出现质量问题，相互推诿，行政资源浪费严重，责任难以落实，工程质量难以保证。

二、我国工程质量监督管理体制的对策

针对上述弊端，我国应当在借鉴国外先进建设工程质量管理经验的基础上，结合我国的实际情况，探索建立符合市场经济发展和建筑市场需求的监督管理体制与机制，构筑与市场经济体制相适应的工程质量监督保证机制，进一步整合政府部门有限的监管资源，建立统一的执法体系，调整现行政府职能，减少职能交叉，加强不同职能部门业务的衔接，制定出一套符合我国国情的工程质量监督管理体制。

(1)改革监督体系，明确监督机构权责。建设工程质量监督工作既然是政府行为，必须明确监督机构的地位，赋予它必要的权力，使之真正成为政府行使对工程质量监督的部门。

(2)确保工程质量的全过程受控。影响建设工程质量的因素很多，有施工原因、材料原因、设计原因、管理原因等。目前，由于设计质量问题造成工程质量事故占有很大的比例，所以除对施工阶段实行质量监督外，还要向设计阶段扩展。对设计阶段实施监督，应该着重把好设计文件审查关，对建设工程实行从勘察、设计到施工、竣工的全过程监督，真正做到从设计到工程竣工的全过程质量监控。

(3)规范监督管理程序。监督程序要规范化，保证质量监督工作的权威性，减少人为因素影响，避免不正之风的滋生。具体包括：监督机构及其人员资格管理，施工许可及监督报告，现场检查，不良行为记录的处理，工程竣工验收与备案。

(4)加强质量监督队伍建设,完善质量监督机构及其人员资格认证制度,建立监督人员的持证上岗和定期培训制度。增添检测设备,确保质量监督工作的科学性、权威性、公正性。

(5)适当提高监督费的取费标准,严格收费制度。我国质量监督费的标准还停留在机构成立之初的水平,不满足市场经济的发展,也不利于工程质量监督工作的开展。因此,政府要适当提高监督收费标准,各地市的监督费统一由省收缴,然后划拨给各地市,并加强对监督费的收入和使用情况的管理。

(6)改革政府投资工程的监管方法。政府投资工程牵扯到每个公众的利益,为了把纳税人的钱花好、用好,建议由政府投资与社会资本投资的工程在管理上采用不同的方法(近年来实施的代建制在政府投资工程领域的监管上起到了很大的作用),政府投资的项目直接委托监督机构对其进行全过程监督管理,其管理能力和技术力量均能达到有关要求,从其性质和地位上也不违背有关要求,并能减少中间一些机构和环节,使社会行政资源减少浪费。

第二章　质量管理体系

为了取得质量成效，组织需要采用一种系统和透明的方式进行质量管理。经过长期的实践和总结，人们将这种系统和透明的方式发展形成了质量管理体系的概念。在实践中人们逐渐认识到，要使组织获得长期成功，就必须针对所有相关方的需求，实施并保持持续改进组织业绩的质量管理体系。这里所谓的相关方（Interested Party）是指与组织的业绩或成就有利益关系的个人或团体，比如顾客、所有者、员工、供方、银行、工会、合作伙伴和社会等。如前所述，质量管理体系（QMS）是在质量方面指挥和控制组织的管理体系（ISO9000）。质量管理体系是质量管理的核心。那么，组织如何建立一个有效的质量管理体系来支持其持续改进业绩呢？这是我们所要讨论的内容。首先，我们需要明确健全和完善 QMS 的目的，这主要包括：

（1）满足顾客的需求和期望；

（2）满足社会的法律、法规要求；

（3）满足组织实现目标的要求；

（4）提高质量管理的有效性和效率；

（5）保证以有竞争力的价格及时供货；

（6）提供信任和持续改进。

之所以说健全和完善 QMS，是因为组织在质量管理方面的实践即已在客观上形成一个质量管理体系，如何使其有效并支持组织的持续发展是质量管理理论和实践发展中的重要内容。

第一节　质量管理体系与 ISO9000 标准

一、质量管理体系

（一）质量管理体系的定义

任何组织都需要管理。当管理与质量有关时，则为质量管理。质量管理是在质量方面指挥和控制组织的协调活动，通常包括制定质量方针、目标以及质量策划、质量控制、质量保证和质量改进等活动。实现质量管理的方针、目标，有效地开展各项质量管理活动，必须建立相应的管理体系，这个体系就叫质量管理体系。

质量管理是指企业内部建立的、为保证产品质量或质量目标所必需的、系统的质量活动。它根据企业特点选用若干体系要素加以组合，加强设计研制、生产、检验、销售、使用全过程的质量管理活动，并且制度化、标准化，成为企业内部质量工作的要求和活动程序。

在现代企业管理中，ISO9001:2000 质量管理体系是企业普遍采用的质量管理体系。ISO9001:2000 标准是由 ISO（国际标准化组织）/TC 176 制定的质量管理系列标准之一。

（二）质量管理体系的内涵

1. 质量管理体系应具有符合性

欲有效开展质量管理，必须设计、建立、实施和保持质量管理体系。组织的最高管理者对依据 ISO9001 国际标准设计、建立、实施和保持质量管理体系的决策负责，对建立合理的组织结构和提供适宜的资源负责；管理者代表和质量职能部门对形成文件（或条文）的程序制定、实施过程、建立运行负直接责任。

2. 质量管理体系应具有唯一性

质量管理体系的设计和建立，应结合组织的质量目标、产品类别、过程特点和实践经验。因此，不同组织的质量管理体系有不同的特点。

3. 质量管理体系应具有系统性

质量管理体系是相互关联和作用的组合体，包括：①组织结构——合理的组织机构和明确的职责、权限及其协调的关系；②程序——规定到位的形成文件的程序和作业指导书，是过程运行和进行活动的依据；③过程——质量管理体系的有效实施，是通过其所需过程的有效运行来实现的；④资源——必需、充分且适宜的资源，包括人员、资金、设施、设备、材料、能源、技术和方法。

4. 质量管理体系应具有全面有效性

质量管理体系的运行应是全面有效的，既能满足组织内部质量管理的要求，又能满足组织与顾客的合同要求，还能满足第二方认定、第三方认证和注册的要求。

5. 质量管理体系应具有预防性

质量管理体系应能采取适当的预防措施，有一定的防止重要质量问题发生的能力。

6. 质量管理体系应具有动态性

最高管理者定期批准进行内部质量管理体系审核，定期进行管理评审，以改进质量管理体系；还要支持质量职能部门（含车间）采取纠正措施和预防措施改进过程，从而完善体系。

7. 质量管理体系应持续受控

质量管理体系所需过程及其活动应持续受控。

8. 质量管理体系应最佳化

组织应综合考虑利益、成本和风险，通过质量管理体系持续有效运行使其最佳化。

（三）质量管理体系的特点

（1）它代表现代企业或政府机构思考如何真正发挥质量的作用和如何最优地做出质量决策的一种观点。

（2）它是深入细致的质量文件的基础。

（3）质量体系是使公司内更为广泛的质量活动能够得以切实管理的基础。

（4）质量体系是有计划、有步骤地把整个公司主要质量活动按重要性顺序进行改善的基础。

二、ISO9000 标准

ISO9000 标准是国际标准化组织（ISO）在 1994 年提出的概念，是指由 ISO/TC 176（国际标准化组织/质量管理和质量保证技术委员会）制定的国际标准。ISO9001 用于证实组织具有提供满足顾客要求和适用法规要求的产品的能力，目的在于增进顾客满意。随着商品经济的不断扩大和日益国际化，为提高产品的信誉，减少重复检验，削弱和消除贸易技术壁垒，维护生产者、经销者、用户和消费者各方权益，这个第三认证方不受产销双方经济利益支配，公正、科学，是各国对产品和企业进行质量评价与监督的通行证；作为顾客对供方质量体系审核的依据；企业有满足其订购产品技术要求的能力。

ISO 通过它的 2 856 个技术机构开展技术活动。其中技术委员会（简称 TC）共 185 个，分技术委员会（简称 SC）共 611 个，工作组（WG）2 022 个，特别工作组 38 个。

ISO 的 2 856 个技术机构技术活动的成果（产品）是“国际标准”。ISO 现已制定出国际标准共 10 300 多个，主要涉及各行各业各种产品（包括服务产品、知识产品等）的技术规范。

ISO 制定出来的国际标准除有规范的名称外，还有编号，编号的格式是：ISO + 标准号 + ［杠 + 分标准号］ + 冒号 + 发布年号（方括号中的内容可有可无），例如 ISO8402：1987、ISO9000 – 1：1994 等，分别是某一个标准的编号。

但是，“ISO9000”不是指一个标准，而是一族标准的统称。根据 ISO9000 – 1：1994 的定义：“ISO9000 族”是由 ISO/TC 176 制定的所有国际标准。

什么叫 TC 176 呢？TC 176 即 ISO 中第 176 个技术委员会，它成立于 1980 年，全称是“品质保证技术委员会”，1987 年又更名为“品质管理和品质保证技术委员会”。TC 176 专门负责制定品质管理和品质保证技术的标准。

（一）1987 版

TC 176 最早制定的一个标准是 ISO8402：1986，名为《品质 – 术语》，于 1986 年 6 月 15 日正式发布。1987 年 3 月，ISO 又正式发布了 ISO9000：1987、ISO9001：1987、ISO9002：1987、ISO9003：1987、ISO9004：1987 共 5 个国际标准，与 ISO8402：1986 一起统称为“ISO9000 系列标准”。

（二）1994 版

TC 176 又于 1990 年发布了一个标准，1991 年发布了三个标准，1992 年发布了一个标准，1993 年发布了五个标准。1994 年没有另外发布标准，但是对前述“ISO9000 系列标准”统一作了修改，分别改为 ISO8402：1994、ISO9000 – 1：1994、ISO9001：1994、ISO9002：1994、ISO9003：1994、ISO9004 – 1：1994，并把 TC 176 制定的标准定义为“ISO9000 族”。1995 年，TC 176 又发布了一个标准，编号是 ISO10013：1995。至今，ISO9000 族一共有 17 个标准。

对于上述标准，作为专家应该通晓，作为企业，只需选用如下三个标准之一：

（1）ISO9001：1994《品质体系设计、开发、生产、安装和服务的品质保证模式》；

（2）ISO9002：1994《品质体系生产、安装和服务的品质保证模式》；

（3）ISO9003：1994《品质体系最终检验和试验的品质保证模式》。

（三）2000 版

国际标准化组织（英文缩写为 ISO）对 9000 族系列标准进行“有限修改”后，于 1994 年正式颁布实施 ISO9000 族系列标准，即 1994 版。在广泛征求意见的基础上，又启动了修订战略的第二阶段，即“彻底修改”。1999 年 11 月提出了 2000 版 ISO/DIS9000、ISO/DIS9001 和 ISO/DIS9004 国际标准草案。此草案经充分讨论并修改后，于 2000 年 12 月 15 日正式发布实施。ISO 规定自正式发布之日起三年内，1994 版标准和 2000 版标准将同步执行，同时鼓励需要认证的企业，可按 2000 版申请认证。

2000 版标准正式发布三年期满后，1994 版标准立即废止。

2000 版 ISO9000 族标准包括以下一组密切相关的质量管理体系核心标准：

ISO9000《质量管理体系 基础和术语》

ISO9001《质量管理体系 要求》

ISO9004《质量管理体系 业绩改进指南》

ISO19011《质量和(或)环境管理体系审核指南》

(四)2008 版

根据 ISO/TC 176/SC 2(国际标准化组织/质量管理和质量保证技术委员会/质量体系分委员会)的工作规划，ISO9001:2008 版标准于 2008 年 10 月 31 日正式发布实施。

(五)ISO9000 证书

(1)1994 版证书有 ISO9001:1994 和 ISO9002:1994 两种，原 1994 版标准证书的有效期从 2000 版标准发布日起最长三年(到 2003 年 11 月 30 日)。如果没换成 2000 版证书，1994 版证书均失效。

(2)2000 版证书只有 ISO9001:2000 一种。一般有效期三年，但每 12 个月内要通过监督审核或复审。

(3)2008 版证书已开始实施。

第二节 质量管理的八项原则

一、质量管理的基本原则

ISO/TC 176 在总结 1994 版 ISO9000 标准的基础上提出了质量管理八项原则，作为 2000 版 ISO9000 族标准的设计思想。人们普遍认为，这八项质量管理原则不仅是 2000 版 ISO9000 族标准的理论基础，而且应该成为任何一个组织建立质量管理体系并有效开展质量管理工作所必须遵循的基本原则。

(一)以顾客为关注焦点

哈林顿曾说过两条质量管理定律：天字第一号问题是顾客、顾客、顾客、顾客、顾客；竞争取胜的步骤，第一步，向顾客提供超过其期望的产品，第二步，回到第一步，但要做得更好。

组织总是依存于它们的顾客。组织的变革和发展都离不开顾客，所以组织应充分理解顾客当前和未来的需求，满足顾客需求并争取超过顾客的期望。

对于企业而言，必须做好下列工作：

(1)通过全部而广泛的市场调查，了解顾客对产品性能的要求。企业必须认识顾客对不同产品价格的承受能力以及不同消费阶层、不同地区的消费者的消费能力，并把它们转化成为具体的质量要求，采取有效措施使其在产品中实现。例如，苏比尔·乔杜里在其《6sigma》中提到一个例子：他曾受邀去韩国汽车厂参观，有一款新开发的越野车，目标顾客是18～25 岁的驾车族美国消费者，然而乔杜里在仔细看了这款新产品之后，非但没有像该厂领导所期望的那样对这款车予以赞美(类似喜欢报喜不报忧的亚洲文化)，而是认为他们的产品在越野镜、杯托和座椅纤维料上存在问题，该厂领导脸色一变，冷淡送客，但是该厂在试销产品并展开顾客调查后，发现正如乔杜里所言，所以半年后请他再次回来成为该厂咨询专家，自此双方成为合作伙伴。乔杜里用这个例子说明 Quality start with the voice of the customer. Most executives have not had much face-to-face time with customers and have not developed a real understanding of the voice of the customer. 这句话的意思是说质量来自于消费者的反响,大多数中高级管理人员没有把充足的面对面时间留给消费者,所以很难真正地了解消费者的呼声。据调查,美国汽车制造商的高层领导免费获得车,故不会体验到顾客在经销商处购车的消费经历,日本在这方面较好,而韩国也逐渐赶上,现代汽车在美国的份额占32%,这和现代已有7年的质量投资密不可分。

(2)谋求在顾客和其他受益者(企业所有者、员工、社会等)的需求与期望之间达到平衡。在确定顾客所能接受的价格后,还应该分析产品所能取得的利润是否使企业所有者及其股东能够获得适当的利益,是否能够提高员工的福利待遇,这样的待遇能否对员工起到相应的激励作用;产品的销售是否会带来正面的社会效益,从而扩大企业的社会影响力;同时考虑是否会污染环境或给社会带来其他不良影响,这方面的例子如暴力影片、克隆或偷拍机等争议。这里体现了拓展的顾客概念(内外部顾客/相关者),既有购买和使用产品的消费者,也有受企业经营活动影响的员工和社会,后者形成了诸如工作安全、环保和精神文明建设等方面的要求。

(3)将顾客的需求和期望传达到整个企业。把进行顾客调查所得到的资料分门别类,采取科学的方法进行分析、归纳。随后,将这些分析结果采用各种形式传达给企业内的每一个员工(注意可以采用的沟通手段——是否公开透明,以何种方式?),使其更加确定顾客的期望,并把这些顾客的期望贯穿在生产、服务的每一个环节(管理的全过程方式/充分运用内部顾客的服务理念)。这样的方法,将会使企业的每一个成员牢固树立"顾客就是上帝"的观念。同时,使企业形成相应的企业文化,在社会上树立良好的企业形象。

(4)测定顾客的满意度,并为提高顾客的满意度而努力。顾客对产品质量的评价,存在于顾客的主观感觉中,反映在市场的变化之中。促使顾客满意及评判顾客满意的标准只有一个——是否满足顾客需要并超越其期望。顾客对特定事物的满意度受到三个基本因素的影响:不满意因素、满意因素和非常满意因素。不满意产生抱怨,非常满意会产生忠诚,而忠诚能够从根本上提高产品的市场占有率,对组织的生存是非常重要的。因此,任何忽视顾客满意度的行为,都会明显地影响到企业的经营和生存发展。顾客的满意度可以通过多种方法获得,如采用市场问卷调查、新产品试用、售后服务获得信息等方法。例如售后服务,已有很多企业采用,多采用电话回访的形式,如家庭热水器和地板的购买与安装,餐饮业如苏浙汇等,也有维修服务中的电话确认,如三星的维修服务中会在发现其他顾客未提出的故障后与顾客进行确认,并免费处理,如免费更换显示屏LCD。

(二)领导作用

哈林顿有关领导作用的一句名言是:管理者在过程之上工作,员工在过程之中工作。

领导作用的原则强调了组织最高管理者的职能是确立组织统一的宗旨及方向,并且应当创造并保持使员工能充分参与实现组织目标的内部环境,使组织的质量管理体系在这种环境下得以有效运行。领导不仅是一个职位的概念,更是一种行为过程,其任务在于:在考虑所有相关方的基础上设置清晰的愿景和相应的具有挑战性的目标,给员工充分的培训、必要的权力和资源,给员工以自由感而非恐惧感,对于员工好的绩效给予认可和鼓励,并创建共同的价值观,营建良好文化。

就企业而言,企业最高管理者应该发挥以下作用:①制定并保持企业的质量方针和质量目标;②通过增强员工的质量意识及其参与质量管理的积极性,在整个企业内促进质量方针和质量目标的实现;③确保整个企业关注顾客要求;④确保实施适宜的过程以满足顾客和其他相关方要求并实现企业的质量目标;⑤确保企业建立、实施和保持一个有效的质量管理体系以实现企业的质量目标;⑥确保企业的质量管理活动能获得必要的资源;⑦定期评审质量管理体系;⑧决定企业有关质量方针和质量目标的措施;⑨决定改进企业质量管理体系的措施。

(三)全员参与

组织的质量管理不仅需要最高管理者的正确领导,还有赖于组织全体员工的参与。只有全体员工的充分参与,才能使他们的才干为组织带来收益。

对于企业而言,应鼓励全体员工积极参与质量管理工作,具体包括:①承担起解决质量问题的责任;②不断增加技能、知识和经验,主动地寻找机会进行质量改进;③在团队中自由地分享知识和经验,关注为顾客创造价值;④在生产过程中对企业的质量管理目标进行不断的改进和创新,通过产品所具有的质量和个人行为向顾客与社会展示自己的企业;⑤从工作中能够获得满足,并为是企业的一名成员而感到骄傲和自豪。

(四)过程方法

将活动和相关的资源作为过程进行管理,可以更高效地得到期望的结果。任何使用资源将输入转化为输出的活动或一组活动就是一个过程。系统地识别和管理组织所应用的过程,特别是这些过程之间的相互作用,称为过程方法。组织可利用过程方法达到活动有效性和效率的同时提高。

质量管理体系的四大过程是:管理职责,资源管理,产品实现及测量、分析和改进。以过程为基础的质量管理体系模式如图 1-2-1 所示。

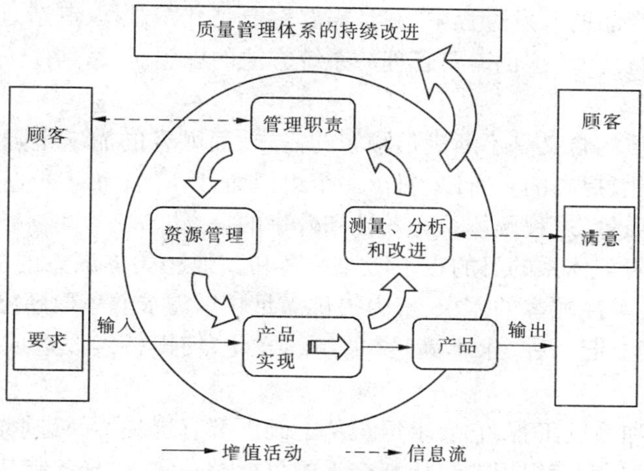

图 1-2-1　以过程为基础的质量管理体系模式

在质量管理体系中,过程方法强调:①对整个过程给予界定,以理解并满足要求和实现组织的目标;②从增值的角度考虑过程;③识别过程内部和外部的顾客、供方及其他受益者;④识别并测量过程的输入和输出,获得过程业绩和有效性的结果;⑤基于客观的测量进行持续的过程改进。

（五）管理的系统方法

所谓系统管理，是指将相互关联的过程作为系统加以识别、理解和管理，有助于组织提高实现目标的有效性和效率。

在本原则实施的过程中，应注意以下几点：①正确识别相关过程；②以最有效的方式实现目标；③正确理解各过程的内在关联性及相互影响；④持续地进行评估、分析和改进；⑤正确认识资源对目标实现的约束。

实施系统管理的原则可达到以下效果：①有利于组织制定出相关的具有挑战性的目标；②使各过程的目标与组织设定的总目标相关联；③对各过程的有效监督、控制和分析，可以对问题产生的原因有比较透彻的了解，并及时地进行改进和防止；④协调各职能部门，减少部门之间的障碍，提高运行效率。

例子：

（1）对于一个预制构件厂，生产作业排序和设备管理的过程都应该比较明确，前者是满足客户订货需求（在市场经济中，更多的是按订单生产（make to order）），后者是对设备进行正常的维修、保养，如中修、大修，周保、季保等，但现在在订单繁忙的情况下只能中修、年保，当然最终目的也是为生产服务。但问题是顾客订单不确定，生产计划不断发生变化，而往往要求设备不能停，这最后只能造成设备运行故障的发生。那么，如何按要求给设备进行必要的停机和保养，而同时也能满足企业的生产要求？这就需要充分运用系统管理的原则来协调这些相互关联的过程。

（2）在市场竞争日趋激烈的今天，传统的由设计开发部门主导的产品设计开发方法已经越来越难以满足企业对变幻莫测的市场的快速反应的需求，因此并行工程（concurrent engineering）的方法日益受到重视，即将制造工艺、市场销售、售后服务，甚至供应商等多方面的部门和人员纳入产品的开发过程中，并且需要对产品开发过程、制造过程、服务过程、供应过程等多个过程进行协调，这也需要管理的系统方法的思想。

（六）持续改进

由于质量最本质的含义是不断满足顾客的需求，而顾客的需求是随着社会的进步和科技的发展而不断变化、提高的。所以，对于一个组织而言，应当为对质量改进事业奋斗终身。

改进是指产品质量、过程及体系有效性和效率的提高。

持续改进质量管理体系的目的在于增加顾客和其他相关方满意的机会。为此，在持续改进过程中，首先要关注顾客的需求，努力提供满足顾客需求并争取超出其期望的产品。另外，一个组织必须建立起一种“永不满足”的组织文化，使得持续改进成为每个员工所追求的目标。

持续改进是一项系统工程，它要求组织从上到下都有这种不断进取的精神，而且需要各部门的良好协作和配合，使组织的目标与个人的目标相一致，这样才能使持续改进在组织内顺利推行。持续改进应包括：①分析和评价现状，识别改进区域；②确定改进目标；③寻找、评价和实施解决办法；④测量、验证和分析结果，以确定改进目标的实现；⑤正式采纳更改，并把更改纳入文件。

日语中就有 KAIZEN 一词，已成为日本丰田生产方式的重要组成部分，在丰田汽车生产车间参观时，能见到一副对联：唯晓成事之规律，方持不灭之改善心。其实，该句话反过来也是可行的。在微软也有一句名言：在我们这里，唯一不变的就是变化。

（七）基于事实的决策方法

有效决策是建立在基于事实的数据和信息分析的基础上的。有两点需要说明：①所提供的数据和信息必须是可靠和翔实的，必须是建立在组织活动的基础上获得的事实，错误的信息和数据，必然会导致决策的失误；②分析必须是客观的、合乎逻辑的，而且分析方法是科学的和有效的，比如统计方法的运用和计算机等信息工具的支持。

实施本原则至少可以为组织带来以下结果：①客观把握组织的质量状况，减小错误决策的可能性；②有利于优化资源配置，使资源的利用达到最优化；③充分发挥科学方法的作用，提高决策的效率和有效性。

（八）与供方互利的关系

组织与供方是相互依存的，互利的关系可增强双方创造价值的能力。在当今社会分工越来越细的情况下，选择一个良好的供方和寻找一个良好的顾客一样重要。因此，如何保证供方提供及时而优质的产品，也是组织质量管理中一个重要的课题。

（1）供需双方应保持一种互利关系。只有双方成为利益的共同体，才能实现供需双方双赢的目标。把供方看成合作的伙伴是互利关系的基础，在获取组织利益的同时也注重供方的利益，将有助于组织目标的实现。如果把供方看成是谈判的敌方，尽量在谈判中争取更多的利益，将会损害供方的利益，并最终导致组织利益的损失。例如，日本丰田为了实现其零库存计划，花三年时间训练其供应商（像训练自己人一样），达到协调运作，质量毫无瑕疵的状态。丰田有 250 个供应商，50 个是在丰田的周围（相当于围绕上海外滩在虹口、杨浦、长宁，最远的也就到闸北），另 200 个在 5 小时的卡车车距之内，最远也就到南京。丰田认为，安全库存是借口。它要求供应商准时供货，货到都不需要进仓库。而美国通用有 2 500 个供应商，甚至到欧洲。不过后来也作了很大的改进，例如上海通用供应商开发管理体系就非常成熟。随着汽车行业的日渐成熟，基本上运营良好的汽车制造商都与其供应商建立了良好的合作伙伴关系，当然汽车制造商与其经销商也是一个相互依存的共同体，尤其是在特许经营的模式中，经销商的服务质量（包括设施和人员的标识与对产品充分的了解）也是汽车品牌的重要体现，因此对于经销商的支持、培训和奖励也是必不可缺的。例如上海大众有一个完善的经销商网络管理体系，曾经奖励其明星经销商去南非旅游考察，费用基本全包，还有人均 2 000 美元的零花额度。

在关系是否长期维系的问题上，美国和日本就有两种方式：前者是猎人打猎式的（利益驱动、短期目标），后者是农夫耕田式的精耕细作。

（2）供方也需要不断完善其质量管理体系。不仅是质量管理体系，随着质量概念日渐拓展到包括资源节约和环境保护在内的大质量概念，组织对其供方的要求也越来越“苛刻”。例如 GE（通用电器）和 CISCO（思科）等大型企业往往花上 1～3 年的时间去选择供方，并要求其不仅通过质量管理体系的认证，还要求其通过环境管理体系甚至职业健康安全管理体系的认证。选择的过程一般是：选择行业内的前 50 名，通过电话咨询初选，然后供方评审（除体系的要求外，还有企业自身的要求），再现场验证选择。

（3）积极肯定供方的改进和成就，并鼓励其不断改进。供方的质量改进，带来的是供需双方的共同利益。每个供方都这么做，整体的质量和竞争力将会得到巨大的提高，双赢的目标就能得到持续稳定的保证。

八项基本原则的中心是以顾客为关注焦点，其他七项基本原则都是围绕该项基本原则展开的。建立和完善组织的质量管理体系，必须坚持全员参与，并贯穿整个生产和服务过程，这中间还包含了20世纪60年代A. V. Feigenbaum和J. M. Juran等提出的全面质量管理思想的贡献。

二、质量管理体系要求

采用质量管理体系需要组织的最高管理者进行战略决策。一个组织质量管理体系的设计和实施受其变化着的需求、具体目标、所提供的产品、所采用的过程以及该组织的规模和结构的影响。组织建立质量管理体系的目的是：①识别并满足其顾客和其他相关方（组织的人员、供方、所有者、社会）的需求与期望，以获得竞争优势，并以有效和高效的方式实现；②实现、保持并改进组织的整体业绩和能力。

（一）质量管理原则的应用

前述的八项质量管理原则是组织质量管理体系的基础。按2000版ISO9000族标准的设计思想，八项质量管理原则是为组织的最高管理者制定的，目的是使最高管理者领导组织进行业绩改进。八项质量管理原则的应用不仅可为组织带来直接利益，而且对成本和风险的管理起着重要作用。

八项原则对于成本管理的重要作用是：成本控制的持续改进；通过全员参与可以降低因部门壁垒而带来的管理成本；通过过程方法、管理的系统方法可以提高管理的效率，降低时间、精力等成本。八项原则对于风险管理的重要作用是：降低不良供方所带来的风险，基于事实的决策方法可以降低错误决策所带来的巨大风险。

考虑到利益、成本和风险的管理对组织、顾客和其他相关方而言都很重要，关于组织整体业绩的这些考虑可影响：①顾客的忠诚；②业务的保持和发展；③营运结果，如收入和市场份额；④对市场机会的灵活与快速反应；⑤成本和周转期（通过有效和高效地利用资源达到）；⑥对最好地达到预期结果的过程的整合；⑦通过提高组织能力获得的竞争优势；⑧了解并激励员工去实现组织的目标以及参与持续改进；⑨相关方对组织有效性和效率的信心，这可通过该组织业绩的经济和社会效益、产品寿命周期以及信誉来证实；⑩通过优化成本和资源以及灵活快速地共同适应市场的变化，为组织及其供方创造价值的能力。

（二）过程方法

2000版ISO9000族标准鼓励组织在建立、实施质量管理体系以及提高质量管理体系的有效性和效率时，采用过程方法，以便通过满足相关方的要求来提高其满意程度。

为使组织能有效和高效地运作，组织必须识别并管理许多相互关联的活动，这就是过程方法。过程方法的优点是它可对由诸过程构成的系统内的各过程之间的连接，以及它们之间的联系和相互作用进行连续的控制。

当过程方法用于质量管理体系时，着重强调以下几方面的重要性：①理解并满足要求；②需要从增值方面考虑过程；③获取过程业绩和有效性方面的结果；④以目标测量为依据对过程进行持续改进。

（三）体系和过程的管理

2000版ISO9000族标准希望组织的最高管理者通过以下方式建立一个以顾客为中心的组织：①确定体系和过程，这些体系和过程要得到准确的理解以及有效和高效的管理与改进；②确保过程有效和高效地运行并受控，确保具有用于确定组织良好业绩的测量方法，连续地收集并使用过程数据和信息；③引导组织进行持续改进，并使用适宜的方法评价过程改进，如自我评价和管理评审。

2000版ISO9000族标准提出了质量管理体系要求，这是许多专家和企业长期研究和实践的结晶。具体的内容是：①识别质量管理体系所需的过程及其在组织中的应用；②确保这些过程的顺序和相互作用；③确定为确保这些过程有效运行和控制所需的准则与方法；④确保可获得必要的资源和信息，以支持这些过程的有效运作和对这些过程的监控；⑤测量、监控与分析这些过程；⑥采取必要的措施，以实现对这些过程所策划的结果和对这些过程的持续改进。

（四）文件

组织的管理者应规定建立、实施并保持质量管理体系以及支持组织过程有效和高效运行所需的文件，包括相关记录。文件的性质和范围应满足合同、法律、法规要求以及顾客和其他相关方的需求与期望，并应与组织相适应。文件可以采取适合组织需求的任何形式或媒体。

组织应该根据其规模和活动的类型、过程及其相互作用的复杂程度，人员的能力等因素来决定其质量管理体系文件的详略程度以及采用媒体的形式或类型。

（1）文件要求。组织的质量管理体系文件应包括：形成文件的质量方针和质量目标声明；质量手册；形成文件的程序；组织为确保其过程有效策划、运作和控制所需的文件；质量记录。

（2）质量手册。组织应编制和保持质量手册，质量手册包括：①质量管理体系的范围，包括任何删减的细节与合理性；②为质量管理体系编制的形成文件的程序或对其引用；③质量管理体系过程的相互作用的表述。

（3）文件控制。质量管理体系所要求的文件应予以控制。为此，组织应编制形成文件的程序，以规定以下几方面所需的控制：文件发布前得到批准，以确保文件是充分的；必要时对文件进行评审、更新并再次批准；确保文件的更改和现行修订状态得到识别；确保在使用处可获得有关版本的适用文件；确保文件保持清晰、易于识别；确保外来文件得到识别，并控制其分发；防止作废文件的非预期使用，当因任何原因而保留作废文件时，对这些文件进行适当的标识。

（4）记录控制。质量记录是一种特殊类型的文件，应进行严格的控制。组织应制定并保持质量记录，以提供质量管理体系符合要求和有效运行的证据。根据2000版ISO9000族标准的要求，组织应编制形成文件的程序，以规定质量记录的标识、储存、保护、检索、保存期限和处置所需的控制。质量记录应保持清晰、易于识别和检索。记录的形式可以有纸质、多媒体、软盘、电子文档、E-mail。

总之，GB/T 19001—2000标准所规定的，对需要采用标准的组织而言，是最基本要求。组织所建立的质量管理体系可以超过标准的要求，但不能低于标准的要求。

某些组织在准备采用2000版标准之前，或已经生产了多年（应该说，这些组织在过去的多年中已经存在一个质量管理体系），或采用了1994版。当这些组织准备采用新版标准时，组织需要做的工作是按照新版标准的要求对已有的体系进行补充、完善和改进（这一程度取决于原有体系的水平），而不是完全放弃原有的质量管理体系。

第三节 质量管理体系基础

一、质量管理体系说明

质量管理体系能够帮助组织增进顾客满意。

顾客要求产品具有满足其需求和期望的特性,这些需求和期望在产品规范中表述,并集中归结为顾客要求。顾客要求可以由顾客以合同方式规定或由组织自己确定,在任一情况下,顾客最终确定产品的可接受性。因为顾客的需求和期望是不断变化的,这就促使组织要持续地改进其产品和过程。

质量管理体系方法鼓励组织分析顾客要求,规定相关的过程,并使其持续受控,以实现顾客能接受的产品。质量管理体系能提供持续改进的框架,以增加使顾客和其他相关方满意的可能性。质量管理体系还就组织能够提供持续满足要求的产品,向组织及其顾客提供信任。

二、质量管理体系要求与产品要求

GB/T 19000 族标准把质量管理体系要求与产品要求区分开来。

GB/T 19001 规定了质量管理体系要求。质量管理体系要求是通用的,适用于所有行业或经济领域,不论其提供何种类别的产品。GB/T 19001 本身并不规定产品要求。

产品要求可由顾客规定,或由组织通过预测顾客的要求规定,或由法规规定。在某些情况下,产品要求和有关过程的要求可包含在诸如技术规范、产品标准、过程标准、合同协议和法规要求中。

三、质量管理体系方法

建立和实施质量管理体系的方法包括以下步骤:

(1)确定顾客和其他相关方的需求与期望;

(2)建立组织的质量方针和质量目标;

(3)确定实现质量目标必需的过程和职责;

(4)确定和提供实现质量目标必需的资源;

(5)规定测量每个过程的有效性和效率的方法;

(6)应用这些测量方法确定每个过程的有效性和效率;

(7)确定防止不合格并消除产生原因的措施;

(8)建立和应用过程以持续改进质量管理体系。

上述方法也适用于保持和改进现有的质量管理体系。

采用上述方法的组织能对其过程能力和产品质量建立信任,为持续改进提供基础。这可增加顾客和其他相关方满意并使组织成功。

四、过程方法

任何使用资源将输入转化为输出的活动或一组活动可视为过程。

为使组织有效运行,必须识别和管理许多相互关联与相互作用的过程。通常,一个过程的输出将直接成为下一个过程的输入。系统的识别和管理组织所使用的过程,特别是这些过程之间的相互作用,称为过程方法。

鼓励采用过程方法管理组织。

五、质量方针和质量目标

建立质量方针和质量目标为组织提供了关注的焦点。两者确定了预期的结果,并帮助组织利用其资源达到这些结果。质量方针为建立和评审质量目标提供了框架。质量目标需要与质量方针和持续改进的承诺相一致,并是可测量的。质量目标的实现对产品质量、作业有效性和财务业绩都有积极的影响,因此对相关方的满意和信任也产生积极影响。

六、最高管理者在质量管理体系中的作用

最高管理者通过其领导活动可以创造一个员工充分参与的环境,质量管理体系能够在这种环境中有效运行。基于质量管理原则,最高管理者可发挥以下作用:

(1)制定并保持组织的质量方针和质量目标;

(2)在整个组织内促进质量方针和质量目标的实现,以增强员工的意识、积极性和参与程度;

(3)确保整个组织关注顾客要求;

(4)确保实施适宜的过程以满足顾客和其他相关方要求并实现质量目标;

(5)确保建立、实施和保持一个有效的质量管理体系以实现这些质量目标;

(6)确保获得必要资源;

(7)定期评价质量管理体系;

(8)决定有关质量方针和质量目标的活动;

(9)决定质量管理体系的改进活动。

七、文件

文件能够沟通意图、统一行动,它有助于:

(1)符合顾客要求和质量改进;

(2)提供适宜的培训;

(3)重复性和可追溯性;

(4)提供客观证据;

(5)评价质量管理体系的持续适宜性和有效性。

文件的形成本身并不是很重要,它应是一项增值的活动。

八、质量管理体系评价

(一)质量管理体系过程的评价

当评价质量管理体系时,应对每一个被评价的过程,提出如下四个基本问题:

(1)过程是否予以识别和适当确定?

(2)职责是否予以分配?

(3)程序是否被实施和保持?

(4)在实现所要求的结果方面,过程是否有效?

综合回答上述问题可以确定评价结果。质量管理体系评价在涉及的范围上可以有所不同,并可包括很多活动,如质量管理体系审核和质量管理体系评审以及自我评定。

(二)质量管理体系审核

审核用于确定符合质量管理体系要求的程度。审核发现用于评价质量管理体系的有效性和识别改进的机会。

第一方审核用于内部目的,由组织自己或以组织的名义进行,可作为组织自我合格声明的基础。

第二方审核由组织的顾客或由其他人以顾客的名义进行。

第三方审核由外部独立的审核服务组织进行。这类组织通常是经认可的,提供符合(如 GB/T 19001)要求的认证或注册。

GB/T 19011 提供了审核指南。

(三)质量管理体系评审

最高管理者的一项任务是对质量管理体系关于质量方针和质量目标的适宜性、充分性、有效性和效率进行定期的、系统的评价。这种评审可包括考虑修改质量方针和质量目标的需求以响应相关方需求和期望的变化。评审包括确定采取措施的需求。审核报告与其他信息源一道用于质量管理体系的评审。

(四)自我评定

组织的自我评定是一种参照质量管理体系或优秀模式对组织的活动和结果所进行的全面的和系统的评审。

自我评定可提供一种对组织业绩和质量管理体系的成熟程度总的看法,它还能有助于识别组织中需要改进的领域并确定优先开展的事项。

九、持续改进

持续改进质量管理体系的目的在于增加顾客和其他相关方满意的可能性。持续改进包括下述活动:

(1)分析和评价现状,以识别改进范围;

(2)设定改进目标;

(3)寻找可能的解决办法以实现这些目标;

(4)评价这些解决办法并作出选择;

(5)实施选定的解决办法;

(6)测量、验证、分析和评价实施的结果以确定这些目标已经满足;

(7)将更改纳入文件。

必要时,对结果进行评审,以确定进一步改进的机会。从这种意义上说,改进是一种持续的活动。顾客和其他相关方的反馈,质量管理体系的审核和评审也能用于识别改进的机会。

十、统计技术的作用

使用统计技术可帮助组织了解变异,从而有助于组织解决问题并提高有效性和效率。

这些技术也有助于更好地利用可获得的数据进行决策。

在许多活动的状态和结果中，甚至是在明显的稳定条件下，均可观察到变异。

这种变异可通过产品和过程的可测量特性观察到，并且在产品的整个寿命期（从市场调研到顾客服务和最终处置）的各个阶段，均可看到其存在。

统计技术可帮助测量、表述、分析、说明这类变异并将其建立模型，甚至在数据相对有限的情况下也可实现。这种数据的统计分析能对更好地理解变异的性质、程度和原因提供帮助，从而有助于解决，甚至防止由变异引起的问题，并促进持续改进。

GB/Z 19027 给出了统计技术在质量管理体系中的指南。

十一、质量管理体系与其他管理体系的关注点

质量管理体系是组织的管理体系的一部分，它致力于使与质量目标有关的输出（结果）适当地满足相关方的需求、期望和要求。组织的质量目标与其他目标如增长、资金、利润、环境及职业健康、安全等相辅相成。一个组织的管理体系的某些部分，可以由质量管理体系相应部分的通用要素构成，从而形成单独的管理体系。这将有利于策划、资源配置、确定互补的目标并评价组织的总体有效性。组织的管理体系可以对照其要求进行评价，也可以对照国家标准如 GB/T 19001 和 GB/T 24001 的要求进行审核，其审核可分开进行，也可同时进行。

十二、质量管理体系与优秀模式之间的关系

GB/T 19000 族标准提出的质量管理体系方法和组织优秀模式方法是依据共同的原则，它们两者均：

（1）使组织能够识别它的强项和弱项；

（2）包含对照通用模式进行评价的规定；

（3）为持续改进提供基础；

（4）包含外部承认的规定。

GB/T 19000 族质量管理体系与优秀模式之间的不同在于它们应用范围的不同。GB/T 19000 族标准为质量管理体系提出了要求，并为业绩改进提供了指南。质量管理体系评价确定这些要求是否满足。优秀模式包含能够对组织业绩比较评价的准则，并能适用于组织的全部活动和所有相关方。优秀模式评价准则提供了一个组织与其他组织的业绩相比较的基础。

第四节　质量管理体系文件的构成及质量管理体系的建立和运行

一、质量管理体系文件的构成

相对于 1994 版标准，2000 版 ISO9001 标准的主要变化之一是减少了强制性的“形成文件的程序”，表明标准注重组织的实际控制能力、证实能力和实际效果，而不是用文件化来约束组织。所以，在确保控制的原则下，组织可以根据自身的需要制定文件。小型企业在建立质量管理体系时，可以尽量简化文件和文件结构。

ISO/FDIS 9001 的 4.2.1 条款规定：

“质量管理体系文件应包括：

a)形成文件的质量方针和质量目标声明；

b)质量手册；

c)本标准所要求的形成文件的程序；

d)组织为确保其过程有效策划、运作和控制所需的文件；

e)本标准所要求的质量记录。

注：

1. 本标准出现‘形成文件的程序’之处即要求建立该程序，形成文件，并加以实施和保持。

2. 不同组织的质量管理体系文件的详略程度取决于：

a)组织的规模和活动的类型；

b)过程及其相互作用的复杂程度；

c)人员的能力。

3. 文件可采用任何形式或类型的媒体。”

ISO/FDIS 9000 对质量手册的定义是“规定组织质量管理体系的文件”。

ISO/FDIS 9001 的 4.2.2 条款规定：

“组织应编制和保持质量手册，质量手册包括：

a)质量管理体系的范围，包括任何删减的细节与合理性；

b)为质量管理体系编制的形成文件的程序或对其引用；

c)质量管理体系过程的相互作用的表述。”

组织可以根据自己的实际需求，就 ISO/FDIS 9001:2000 提出“应规定”、“应确定”、“应制定”、“应识别”要求的条款，考虑是写入质量手册还是形成相关的作业指导文件。

ISO/FDIS 9001:2000 规定应形成记录的有：管理评审(5.6)、能力、意识和培训(6.2.2)、产品实现的策划(7.1)、与产品有关的要求的评审(7.2.2)、设计和开发输入(7.3.2)、设计和开发评审(7.3.4)、设计和开发验证(7.3.5)、设计和开发确认(7.3.6)、设计和开发更改的控制(7.3.7)、采购过程(7.4.1)、生产和服务提供过程的确认(7.5.2)、标识和可追溯性(7.5.3)、监视和测量装置的控制(7.6)、内部审核(8.2.2)、产品的监视和测量(8.2.4)、不合格品控制(8.3)、纠正措施(8.5.2)、预防措施(8.5.3)。除以上要求外，组织可根据需要，再增补所需的记录。

下面是按照 ISO/FDIS 9001:2000 编写质量手册的示例。

在以下质量手册的目录中，明确规定了负责部门和协助部门，可以快速查找本部门的规定要求。

0.1　质量手册实施令

0.2　目录

0.3　质量手册修改控制

1. 前言

2. 组织机构

3. 质量管理职责

4. 质量管理体系

4.1　质量管理体系总要求

4.2　文件要求
4.2.1　文件要求的总则
4.2.2　质量手册
4.2.3　文件控制
4.2.4　质量记录控制
5. 管理职责
5.1　管理承诺
5.2　以顾客为中心
5.3　质量方针
5.4　质量目标和质量管理体系策划
5.5　职责、权限和沟通
5.6　管理评审
6. 资源管理
6.1　资源的提供
6.2　人力资源
6.3　基础设施
6.4　工作环境
7. 产品实现
7.1　产品实现的策划
7.2　与顾客有关的过程
7.3　设计和开发
7.4　采购
7.5　生产和服务提供
7.5.1　生产和服务提供的控制
7.5.2　生产和服务提供过程的确认
7.5.3　标识和可追溯性
7.5.4　顾客财产
7.5.5　产品防护
7.6　监视和测量装置的控制
8. 测量分析和改进
8.1　测量、分析和改进的策划
8.2　监视和测量
8.2.1　顾客满意
8.2.2　内部审核
8.2.3　过程的监视和测量
8.2.4　产品的监视和测量
8.3　不合格品控制
8.4　数据分析
8.5　改进

二、质量管理体系的建立和运行

建立、完善质量体系一般要经历质量体系的策划与设计、质量体系文件的编制、质量体系的试运行、质量体系的审核与评审四个阶段,每个阶段又可分为若干具体步骤。

(一)质量体系的策划与设计

该阶段主要是做好各种准备工作,包括:教育培训,统一认识;组织落实,拟订计划;确定质量方针,制定质量目标;现状调查和分析;调整组织结构,配备资源等方面。

1.教育培训,统一认识

质量体系建立和完善的过程,是始于教育、终于教育的过程,也是提高认识和统一认识的过程,教育培训要分层次,循序渐进地进行。

第一层次为决策层,包括党、政、技(术)领导。主要培训:

(1)通过介绍质量管理和质量保证的发展与本单位的经验教训,说明建立、完善质量体系的迫切性和重要性。

(2)通过 ISO9000 族标准的总体介绍,提高按国家(国际)标准建立质量体系的认识。

(3)通过质量体系要素讲解(重点应讲解"管理职责"等总体要素),明确决策层领导在质量体系建设中的关键地位和主导作用。

第二层次为管理层,重点是管理、技术和生产部门的负责人,以及与建立质量体系有关的工作人员。

第一、二层次的人员是建设、完善质量体系的骨干力量,起着承上启下的作用,要使他们全面接受 ISO9000 族标准有关内容的培训,在方法上可采取讲解与研讨相结合。

第三层次为执行层,即与产品质量形成全过程有关的作业人员。对这一层次人员主要培训与本岗位质量活动有关的内容,包括在质量活动中应承担的任务,完成任务应赋予的权限,以及造成质量过失应承担的责任等。

2.组织落实,拟订计划

尽管质量体系建设涉及一个组织的所有部门和全体职工,但对多数单位来说,成立一个精干的工作班子可能是需要的,根据一些单位的做法,这个班子也可分为三个层次。

第一层次:成立以最高管理者(厂长、总经理等)为组长、质量主管领导为副组长的质量体系建设领导小组(或委员会)。其主要任务包括:

(1)体系建设的总体规划;

(2)制定质量方针和目标;

(3)按职能部门进行质量职能的分解。

第二层次:成立由各职能部门领导(或代表)参加的工作班子。这个工作班子一般由质量部门和计划部门的领导共同牵头,其主要任务是按照体系建设的总体规划具体组织实施。

第三层次:成立要素工作小组。根据各职能部门的分工明确质量体系要素的责任单位,例如,"设计控制"一般应由设计部门负责,"采购"要素由物资采购部门负责。组织和责任落实后,按不同层次分别制定工作计划,在制定工作计划时应注意:

(1)目标要明确。要完成什么任务?要解决哪些主要问题?要达到什么目的?

(2)要控制进程。建立质量体系的主要阶段要规定完成任务的时间表、主要负责人和参与人员,以及他们的职责分工与相互协作关系。

（3）要突出重点。重点主要是体系中的薄弱环节及关键的少数。这少数可能是某个或某几个要素，也可能是要素中的一些活动。

3. 确定质量方针，制定质量目标

质量方针体现了一个组织对质量的追求，对顾客的承诺，是职工质量行为的准则和质量工作的方向。制定质量方针的要求是：

（1）与总方针相协调；

（2）应包含质量目标；

（3）结合组织的特点；

（4）确保各级人员都能理解和坚持执行。

4. 现状调查和分析

现状调查和分析的目的是合理地选择体系要素，内容包括：

（1）体系情况分析。即分析本组织的质量体系情况，以便根据所处的质量体系情况选择质量体系要素的要求。

（2）产品特点分析。即分析产品的技术密集程度、使用对象、安全特性等，以确定要素的采用程度。

（3）组织结构分析。即分析组织的管理机构设置是否适应质量体系的需要。应建立与质量体系相适应的组织结构并确立各机构间的隶属关系、联系方法。

（4）分析生产设备和检测设备能否适应质量体系的有关要求。

（5）技术、管理和操作人员的组成、结构及水平状况的分析。

（6）管理基础工作情况分析。即标准化、计量、质量责任制、质量教育和质量信息等工作的分析。

对以上内容可采取与标准中规定的质量体系要素要求进行对比性分析。

5. 调整组织结构，配备资源

因为在一个组织中除质量管理外，还有其他各种管理。组织机构设置由于历史沿革，多数并不是按质量形成的客观规律来设置相应的职能部门的，所以在完成落实质量体系要素并展开成对应的质量活动以后，必须将活动中相应的工作职责和权限分配到各职能部门。一方面是客观展开的质量活动，另一方面是人为的现有的职能部门，两者之间的关系处理，一般地讲，一个质量职能部门可以负责或参与多个质量活动，但不要让一项质量活动由多个职能部门来负责。目前，我国企业现有职能部门对质量管理活动所承担的职责、所起的作用普遍不够理想，总的来说应该加强。在活动展开的过程中，必须涉及相应的硬件、软件和人员配备，根据需要应进行适当的调配和充实。

（二）质量体系文件的编制

质量体系文件的编制内容和要求，从质量体系的建设角度讲，应强调几个问题：

（1）体系文件一般应在第一阶段工作完成后才正式制定，必要时也可交叉进行。如果前期工作不做，直接编制体系文件就容易产生系统性、整体性不强，以及脱离实际等弊病。

（2）除质量手册需统一组织制定外，其他体系文件应按分工由归口职能部门分别制定，先提出草案，再组织审核，这样做有利于今后文件的执行。

（3）质量体系文件的编制应结合本单位的质量职能分配进行。按所选择的质量体系要求，逐个展开为各项质量活动（包括直接质量活动和间接质量活动），将质量职能分配落实到各职能部门。质量活动项目和分配可采用矩阵图的形式表述,质量职能矩阵图也可作为附件附于质量手册之后。

(4)为了使所编制的质量体系文件做到协调、统一,在编制前应制定"质量体系文件明细表",将现行的质量手册(如果已编制)、企业标准、规章制度、管理办法以及记录表式收集在一起,与质量体系要素进行比较,从而确定新编、增编或修订质量体系文件项目。

(5)为了提高质量体系文件的编制效率,减少返工,在文件编制过程中要加强文件的层次间、文件与文件间的协调。尽管如此,一套质量好的质量体系文件也要经过自上而下和自下而上的多次反复。

(6)编制质量体系文件的关键是讲求实效,不走形式。既要从总体上和原则上满足ISO9000族标准,又要在方法上和具体做法上符合本单位的实际。

(三)质量体系的试运行

质量体系文件编制完成后,质量体系将进入试运行阶段。其目的是通过试运行,考验质量体系文件的有效性和协调性,并对暴露出的问题采取改进措施和纠正措施,以达到进一步完善质量体系文件的目的。在质量体系试运行过程中,要重点抓好以下工作:

(1)有针对性地宣传贯彻质量体系文件。通过宣传,使全体职工认识到新建立或完善的质量体系是对过去质量体系的变革,是为了与国际标准接轨,要适应这种变革就必须认真学习、贯彻质量体系文件。

(2)实践是检验真理的唯一标准。体系文件通过试运行必然会出现一些问题,全体职工及时将从实践中出现的问题和改进意见如实反映给有关部门,以便采取纠正措施。

(3)将体系在试运行中暴露出的问题,如体系设计不周、项目不全等进行协调、改进。

(4)加强信息管理。这不仅是体系试运行本身的需要,也是保证试运行成功的关键。所有与质量活动有关的人员都应按体系文件要求,做好质量信息的收集、分析、传递、反馈、处理和归档等工作。

(四)质量体系的审核与评审

质量体系审核在体系建立的初始阶段往往更加重要。在这一阶段,质量体系审核的重点,主要是验证和确认体系文件的适用性与有效性。

(1)审核与评审的主要内容一般包括:

①规定的质量方针和质量目标是否可行;

②体系文件是否覆盖了所有主要质量活动,各文件之间的接口是否清楚;

③组织结构能否满足质量体系运行的需要,各部门、各岗位的质量职责是否明确;

④质量体系要素的选择是否合理;

⑤规定的质量记录是否能起到见证作用;

⑥所有职工是否养成了按体系文件操作或工作的习惯,执行情况如何。

(2)该阶段体系审核的特点是:

①体系正常运行时的体系审核,重点在符合性,在试运行阶段,通常是将符合性与适用性结合起来进行;

②为使问题尽可能地在试运行阶段暴露无遗,除组织审核组进行正式审核外,还应有广大职工的参与,鼓励他们通过试运行的实践,发现和提出问题;

③在试运行的每一阶段结束后,一般应正式安排一次审核,以便及时对发现的问题进行

纠正，对一些重大问题也可根据需要，适时地组织审核；

④在试运行中要对所有要素审核覆盖一遍；

⑤充分考虑对产品的保证作用；

⑥在内部审核的基础上，由最高管理者组织一次体系评审。

应当强调，质量体系是在不断改进中得以完善的，质量体系进入正常运行后，仍然要采取内部审核、管理评审等各种手段，以使质量体系能够保持和不断完善。

第三章 施工项目质量控制

第一节 施工项目质量控制的特点

工程项目施工是涉及面广且极其复杂的综合过程,再加上项目建筑位置固定、生产流动、结构类型不一、质量要求不一、施工方法不一、体型大、整体性强、建设周期长、受自然条件影响大等特点,因此施工项目的质量管理控制比一般工业产品的质量管理控制难度更大。

一、影响质量的因素多

建筑工程质量受多种因素的影响,如设计、材料、机械、地形地貌、地质条件、水文、气象、施工工艺、操作方法、技术措施、管理制度、投资成本、建设周期等,均直接影响施工项目的质量。

二、质量波动大

由于工程项目的施工不像工业产品的生产,它没有固定的生产流水线,没有规范化的生产工艺和完善的检测技术,没有成套的生产设备和稳定的生产环境,同时,由于影响项目施工质量的偶然性因素和系统性因素都较多,因此很容易产生质量变异。例如:材料性能微小的差异、机械设备正常的磨损、操作微小的变化、环境微小的波动等,均会引起偶然性因素的质量变异;使用材料的规格、品种有误,施工方法不妥,操作不按规程,机械故障,仪表失灵,检测设备精度失控等,都会引起系统性因素的质量变异,造成工程质量事故。为此,在施工中要严防出现系统性因素的质量变异,要把质量变异控制在偶然性因素范围内。

三、质量的隐蔽性

建设项目在施工过程中,分项工程工序交接多,中间产品多,隐蔽工程多,若不及时检查实质,事后再看表面,就容易产生二次判断错误,也就是说,容易将不合格的产品认为是合格的产品。反之,若检查不认真,测量仪表不准,读数有误,则就会产生第一判断错误,也就是说容易将合格产品认为是不合格的产品。这点,在进行质量检查验收时,应特别注意。

四、终检的局限性

工程项目建成后,不可能像某些工业产品那样,再拆卸或解体检查内在的质量,或重新更换零件,即使发现质量有问题,也不可能像工业产品那样实行包换或退款。

工程项目的终检无法进行工程内在质量的检验,发现隐蔽的质量缺陷,这是终检的局限性。

五、评价方法的特殊性

工程质量的检查评定及验收是按检验批准、分项工程、分部工程、单位工程进行的。检验批准的质量是分项工程乃至整个工程质量检验的基础，检验批准合格质量主要取决于主控项目和一般项目经抽样检验的结果。隐蔽工程在隐蔽前要检查合格后验收，涉及结构安全的试块、试件以及有关资料，应按规定进行见证取样检测，涉及结构安全和使用功能的重要分部工程要进行抽样检测。

第二节　人的因素控制

领导层的整体素质，是提高工作质量和工程质量的关键。项目经理、技术负责人、计划、财务、质量、试验、机械等主要管理人员的个人经历及能力对工程施工质量具有重要的作用。施工管理人员、班组长和操作人员的技能与知识应满足工程质量对人员素质的要求。从事特殊工种和关键工序的人员必须持证上岗。同时，引入竞争机制，从人的理论水平、技术水平，人的生理缺陷，人的心理行为，人的错误行为，人的违纪违章等几个方面综合考虑，制定程序化的优化过程，把住用人关，让人的流动始终处于全面受控状态，从而靠人去实现质量目标。

在研究人对工程质量管理的影响因素方面时，一般要考虑以下几个因素：领导者的素质，人的理论、技术水平，人的生理缺陷，人的心理行为，人的错误行为，人的违纪违章。

(1)领导者的素质对提高工作质量和工程质量非常关键。一个好的领导应该具有全面的业务知识和管理能力，在工程顺利的时候能够把握全局，在遇到突发性事件的时候也能够沉着冷静，从容面对，使得工程不致出现事故，转危为安。这里面既包括了领导的外在素质，也包括了领导的个人素质。如果个人素质不高，责任心不强，即使业务管理水平再高的人，对工程质量也不会有百分之百的把握；而只有责任心强，个人品质高尚，同时具有良好的业务管理水平的领导，才能够使每一项工程保质保量地顺利完成。因此，在组建项目经理部时，对项目经理、总工程师、计划、财务、材料、质量、试验、机械、安全等主要管理人员的个人经历及能力均进行严格的考察，都要持证上岗。

(2)人的理论、技术水平对工程的质量也是至关重要的。上到项目经理，下到一般的工人，分工的不同并不意味着理论知识的匮乏。项目经理要对工种、工艺、施工特点、天气的影响、人的积极性等各方面都有所了解。工程师对规范要耳熟能详，对图纸要深刻研究，对工人要细致管理，离开哪一点都无法保证质量。工人则必须具备熟练的技术，能够轻松地完成任务。由于建筑工程行业有很多特殊的工种、很多关键的工序，比如浇筑混凝土，一旦浇筑就不能停歇，必须一气呵成。因此，在很多时候工人们需要通宵达旦地工作，工程师也需要夜以继日地管理。为了保证工程的顺利进行，施工管理人员、班组长和操作工人的技能和知识应满足工程质量对人员素质的要求，从事特种工种和关键工序的人员必须持证上岗。

(3)人的生理缺陷是制约工程进展的弊端。科学地讲，每个人都有缺陷，一线的工人长时间地熬夜，必定会身心疲惫；经常从事电焊的工人，眼睛会不同程度地受到损害；经常从事油漆等有害工种的工人，身心健康也会受到侵害；经常从事生产经营的管理者，也会受到各种不同的社会压力等。那么,针对人们不同的生理缺陷,就要求我们在工程中尽力地避免它们出现,最大限度地限制其发展,使每一个人都能够精神饱满、充满斗志地去迎接工作。

(4)人的心理行为或多或少都会影响到工程质量。一个刚毕业的大学生和一个经验丰富的工程师,对工程的把握肯定会有很大差别。前者心比天高,一心想大展宏图,虽然拥有了很扎实的理论知识,但实践经验缺乏,人际关系不会处理,管理水平较差,各种因素都会导致其管辖的工程质量不能得到保证。而后者则由于有了较多的经验,加之心态平稳,脚踏实地,不会有不切实际的想法,所以工程质量自然能够得到有效的保证。这就是心态不同,所作所为也就影响到了工程质量。

(5)人的错误行为会导致工程质量的严重下滑,重者还会出现严重的工程事故。如果质检员不注意严格执行标准,就有可能出现工程误差大于规范容许的情况,势必会影响到下一阶段工程的进行,影响下一道工序的实施。更有甚者,会使用错误的标号混凝土,导致强度降低,无法继续进行施工等现象的出现。

(6)人的违纪违章。任何部门、任何个人都不可能完全遵守规则,总会有人违反纪律,在一些时候会做错一些事情。比如酒后驾吊车,不按照规定佩戴安全帽,不遵守严禁烟火的规定,不按照规范行事,不按照图纸施工等。这样的人毕竟是少数,但是有这样的人,就会严重地破坏公平,破坏管理,破坏工程正常的进行,进而影响工程质量。

因此,有必要引入竞争机制,从人的理论水平、技术水平,人的生理缺陷,人的心理行为,人的错误行为,人的违纪违章等几个方面结合考虑,制定程序化的优化过程,实行动态管理,严格奖罚兑现制度,能者上,庸者下,把住用人关,让人的流动始终处于全面受控状态。

对项目工程质量起决定作用的人员制定质量管理责任制,建立各部门、各级人员的质量责任制都是十分必要的。只有把涉及质量保证的各项工作的责任和权力明确而具体地落实到各部门各级人员身上,才能真正实现质量保证的目的。

一、项目经理质量责任制

(1)项目经理是施工组织者和质量保证工作的直接领导,对工程质量负有直接责任。

(2)组织质量保证活动,认真落实《质量保证手册》及技术质量管理部门下达的各项措施要求。

(3)虚心接受质量保证部门及检验人员的质量检查和监督,对提出的问题应认真处理和整改,并针对问题性质及调查结果进行分析,及时采取措施。

(4)负责组织质量自检活动和工序交接的质量互检活动的开展,督促施工班组做好自检记录和施工记录。

(5)认真处理质量和进度的关系,严格要求职工按程序办事。抵制来自各方面不顾质量抢进度,抢工作量的压力。因抢进度而造成质量责任事故时,应负直接责任。

(6)坚持"质量第一"的思想。对违反操作规程,不按程序办事而导致质量低劣的,应制止其继续施工或责令其返工。

二、项目技术负责人(项目总工程师)质量责任制

(1)对工程质量负有技术上的责任。

(2)要将上级质量管理的有关规定、技术规程、技术质量标准和设计图纸的要求,施工

技术方案，技术交底中的基本措施传达给施工班组长。

(3)负责贯彻《质量保证手册》中与本单位施工内容有关的具体规定，有权对所辖范围内的质量控制措施作出相应的决定。

(4)对质量问题或工序中的失控环节，及时组织有关分析判断，提出解决的办法和措施，使工序施工保持稳定。

(5)有权制止不按技术措施要求和技术操作规程施工的不良行为，必要时应制止其继续施工。

(6)检查质量自检进行情况以及自检记录的正确性及准确性。

(7)掌握质量情况，对质量问题和质量事故，应在上级检查处理前，提出详细情况及原因初步分析意见。

(8)组织分项、分部工程的质量评定，参加单位工程的质量评定。

(9)协助质量检查员开展质量检查工作。

三、质量工程师质量责任制

(1)质量工程师对质量保证的具体工作负全面责任。

(2)贯彻执行上级的各项质量政策、规定及各项质量保证手册的实施。

(3)组织制定保证质量目标及质量指标的措施计划，并负责组织实施。

(4)组织质量保证的活动。

(5)有权及时制止违犯质量管理规定的一切行为，有权提出停工要求，或立即决定停止施工。

(6)分析质量动态及综合质量信息，及时提出处理意见。

(7)负责组织质量大检查。

(8)执行质量奖惩政策，定期提出质量奖惩意见。

(9)对于工程不合格交工或因质量保证工作失误造成交工后严重质量问题的应负管理责任。

四、施工班组长质量责任制

(1)施工班组长是具体施工操作的组织者，是把设计意图的技术措施要求变成现实的直接指挥者，对本班组的施工质量负直接责任。

(2)负责班组全面工作，对本班组的工作质量和产品质量负责。

(3)加强班组质量意识教育，组织开展 QC 小组活动。

(4)负责班组质量指标的分解，组织并带领班组职工遵守施工操作规程，搞好文明施工。

(5)组织班组职工严格执行自检制度，不合格工程不交接班、不进行下道工序，并按“三不放过”原则处理。

(6)开展工序质量管理活动，组织班组人员认真执行质量控制程序，做好原始记录。

(7)开展技术革新和合理化建设活动，努力提高生产效率和产品质量。

五、生产工人(操作者)质量责任制

(1)严格按照各项操作规程的要求进行操作,严格执行检查制度,对由于不按工艺及操作要求而造成的质量事故和不合格工程负责。

(2)出现质量问题应及时向班组或质量员、技术人员反映并参与原因的分析,对不及时自检和不及时反映问题造成的不合格工程负责。

(3)严格执行各项质量管理规章、规程、制度,保证个人质量指标的完成。

(4)努力学习质量管理知识,积极参加 QC 小组活动,开展技术革新和合理化建设活动。

六、专职质量检查员质量责任制

制定项目部的质量工作计划,并协助领导组织实施。

(1)严把质量关,对工程质量实行全面监督检查,重要的特殊岗位的工作人员对管辖范围的质量监督检查工作负全面责任。

(2)严把材料检查关、工序交接关、隐蔽工程验收关、重要工种考试资格审查关、交工验收检查关。

(3)发现施工中违反操作规程、技术措施、设计图纸等要求时,应坚持原则,立即提出,可分别决定返修或停工。

(4)收集、整理施工过程的检查记录,及时、准确、如实填报各种质量报表。

(5)协助做好分项、分部、单位工程的质量统计。

第三节　机械设备控制

在施工项目管理中,机械设备控制是重要的一环。因为如果离开了机械设备,人们就离开了现代化,就不会有高的工作效率。因此,如何对机械设备进行控制也是质量控制当中重要的一步。

一、设备购置中的质量控制

设备购置必须按设计的选型购置,同时应向质量管理人员申报,经审核后方能定货。机械设备的主要性能参数是选择机械设备的依据,优选订货厂家并需要签订定货合同。购置的设备在运输中,必须采取有效的包装和固定措施,防止碰撞损伤;加强设备的储存、保管,避免配件、备件的遗失及设备遭受污染、锈蚀和控制系统的失灵。

二、设备进场的质量控制

按设备的名称、型号、规格、数量的清单逐一检查验收,关键性大型设备及时清点,整理归档。设备的安装要符合有关的技术要求和质量标准,在安装过程中,要对每一个分项、分部工程和单位工程进行检查验收与质量评定。在设备安装检验合格后,必须进行检测试验和试运转,这是确保配套投产正常运转的重要环节。

三、设备使用中的质量控制

合理使用机械设备，正确地进行操作，是保证项目施工质量的重要环节，使用时应贯彻“人机固定”原则，实行定机、定人、定岗位责任的“三定”制度。同时，操作人员必须认真执行各项规章制度，严格遵守操作规程，防止出现安全质量事故。

第四节　材料的控制

古语有“巧妇难为无米之炊”，意思即是说明了材料的重要性。对于建筑工程来说，材料的好坏尤为重要。使用优质的材料可以使一项工程保质保量地达到设计要求。反之，使用劣质的材料则可能会带来事故隐患甚至是灾难。所以，对于工程技术人员来说，一定要掌握材料的控制。

一、材料的质量检验原则

施工材料的质量，尤其是用于结构施工的材料质量，将会直接影响整个工程结构的安全，因此材料的质量保证是保证工程质量的前提条件。工程材料进入施工现场，必须经监理工程师检验认可后，方可在工程项目上使用。而进行质量检验时必须遵循质量标准原则和及时检验原则。

（一）质量标准原则

通常地，在业主与承包商签订的工程合同中对工程材料的质量标准作了具体规定。如果合同中未作出具体的规定，则应根据工程项目的整体质量目标，并援引相应的技术规范进行处理。材料质量标准是用以衡量材料质量的尺度，也是作为验收、检验材料质量的依据。相同的材料有不同的质量标准，以钢筋混凝土用钢筋为例，我国颁布的有《钢筋混凝土用热轧光圆钢筋》（GB 13013—1）和《钢筋混凝土用热轧带肋钢筋》（GB 1499—1），其中规定了一系列质量标准，如按屈服强度、抗拉等机械性能分为Ⅰ～Ⅳ级。

（二）及时检验原则

及时检验是为了防止停工待料，以及避免由此引起的工期延误所造成的损失。当材料员将工程所需的材料按照合同要求采购后，质量工程师通过检验手段，及时发现材料（半成品、构配件）质量是否可靠，是否满足工程项目的质量要求，若检验不合格，应立即重新购买、更换，以保证材料质量的可靠性。

二、材料的质量检验制度

材料的质量检验制度应包括以下要点：

（1）对工程使用的主要材料，如钢材、水泥、砖、焊条等结构材料，应出具出厂证明或检验单，并提供厂家的情况，严禁使用非正规生产厂家的产品。经质量工程师认可后方可使用。

（2）对混凝土、砂浆、防水材料等，要监督检验人员做好配合比，并按规定制作试块进行检验。

（3）对钢筋混凝土构件及预应力混凝土构件，应按有关规定作抽样检查。

(4)对预加工厂家生产的成品或半成品，应由生产厂家提供出厂合格证明，必要时可作抽样检查。

(5)对新材料、新构件，要经过技术鉴定合格后方可在工程上使用。在以上检验过程中一旦发现有质量问题，应立即停用或采取补救措施。

第五节　方案的控制

施工方案的控制，包括工程项目整个建设周期内所采取的技术方案、工艺流程、组织措施、检测手段、施工组织设计等的控制。施工方案正确与否，直接影响工程项目的进度控制、质量控制、投资控制三大目标的实现。制定和审核施工方案时，必须结合工程实际，从技术、组织、管理、工艺、操作、经济等方面进行全面分析，综合考虑。现以某大学城二期校区房建工程第九标段方案为例，说明施工方案的选择对工程质量的影响。该工程楼地面面积大，各幢建筑物形状较不规则，且有较窄的连廊。浇捣混凝土时，随打随抹平，为确保混凝土楼地面结构层的平整度，特设置水平刮平托架体系工艺。该项目主要是抓好大面积混凝土平整度施工的控制，具体方案如下：

(1)确定工艺流程：钢筋绑扎(包括梁、板)→放线定位→焊接螺母→安装控制混凝土面平整度槽钢→放置横向方钢→浇捣混凝土粗面刮平→机械磨光机抹光→混凝土养护。

(2)混凝土平整度的控制：基本原理是利用托架体系采用可调式支座，调平水平高度，再用刮平板沿托架轨道方向刮平混凝土。这样，就可以利用固定的托架体系控制混凝土的平整度。

(3)托架体系的制作：材料选用为槽钢[14、ϕ20 mm 螺栓杆、方钢 65 mm×65 mm，将槽钢与螺栓杆焊接成支托，支托与已预先焊好在底筋上的螺母旋紧，支托上放上方钢为刮板的轨道，这样，刮板与方钢及托架就形成一个刮平混凝土的支架体系。

(4)托架体系在施工现场的布置原则：一个托架两个支托之间的距离小于 4 m，轨道支托之间的距离为 3 m，从而形成一个刮平混凝土面的体系；螺母预先焊接于板面的钢筋上，螺母所处位置应放置马凳加以支撑固定上下钢筋，在此范围加密混凝土垫块，螺母应焊在板面筋交叉处，以保证支托稳定；抄好水平线，安放支托和槽钢。

通过以上措施，混凝土施工质量稳定性得到了根本的保证，确保了混凝土面层的平整度，为下道工序的施工奠定了良好的基础。

第六节　环境因素的控制

环境监控是指工程技术环境的监控及现场管理环境的监控。对于工程技术环境，如工程地质、水文、环境、气象等。对于工程管理环境，如质量保证体系、质量管理制度等。对于劳动环境，如劳动组合、劳动工具、工作面等。环境条件对工程质量的影响，呈现复杂多变的特点，比如气象条件就变化万千，温度、湿度、大风、暴雨、酷暑、严寒都直接影响建筑工程项目的质量。往往前一道工序就是后一道工序的环境，前一分项、分部工程也就是后一分项、分部工程的环境。地理因素也是影响工程质量的重要因素。我国幅员辽阔，地大物博，冬季北方有不少地区是不适宜施工的。南方地区每到夏天就会受到台风的侵袭，梅雨季节也会影响到工程的质量。沿海地区松散的泥土使得建筑物在基础施工阶段就比较艰难，而内地直立性黄土则省去了这样的烦恼。在城市和在郊外环境也不相同，城市内牵涉噪声扰民，有不少工程夜间不允许施工，高考期间不允许施工，城市内交通拥堵，原材料运输不便，而郊外则不存在这样的问题。工程的性质不一样，质量自然也不一样。国家大剧院、鸟巢、水立方、首都机场、南水北调、三峡工程等，这些工程从小到大，从体现民族特点到关系国计民生，所处的环境不同，施工的条件不同，相应的制约因素也各不相同。比如国家大剧院，不但牵涉技术因素，也牵涉整体规划因素。它的旁边分别是人民大会堂和故宫天安门，稍有不慎就会影响到这些建筑的安全，而这些建筑是容不得有半点损失的。三峡工程涉及了国计民生，从起点到终点，全程涉及数千个镇上百万的移民，不但有技术上的难度，也有改变人们生活习性的难度等。因此，根据工程特点和具体条件，应对影响质量的环境因素采取有效的措施严加控制。对环境因素的控制，要与施工方案和技术措施紧密相关，必须综合分析，全面考虑，才能达到有效控制的目的。同时，要不断改善施工现场的环境和作业环境；加强对自然环境和文物的保护；尽可能减少施工所产生的危害对环境造成的污染；健全施工现场管理；使施工现场秩序化、标准化、规范化，实现文明施工。

第四章　建筑工程施工质量验收

第一节　建筑工程质量验收的基本规定

一、基本概念

(一)验收

建筑单位在施工单位自行质量检查评定的基础上，与参与建设活动的有关单位共同对检验批、分项、分部、单位工程的质量进行抽样复检，根据相关标准以书面形式对工程质量达到合格与否作出确认。

(二)检验批

按同一的生产条件或按规定的方式汇总起来供检验用，用一定数量样本组成的检验体，称为检验批。检验批是施工质量检验的最小单位，是分项工程乃至整个建筑工程质量验收的基础。

(三)主控项目

建筑工程中对安全、卫生、环境保护和公众利益起决定性作用的检验项目，称为主控项目。例如混凝土结构工程中，“钢筋安装时，受力钢筋的品种、级别、规格和数量必须符合设计要求”，“纵向受力钢筋连接方式应符合设计要求”，“安装现浇结构的上层模板及其支架时，下层模板应具有承受上层荷载的能力”等，都是主控项目。

(四)一般项目

除主控项目外的项目都是一般项目。例如混凝土结构工程中，除主控项目外，“钢筋的接头宜设置在受力较小处，同一纵向受力钢筋不宜设置两个或两个以上接头，接头末端至钢筋弯起点的距离不应小于钢筋直径的 10 倍”，“钢筋应平直、无损伤，表面不得有裂纹、油污、颗粒状或片状老锈”，“施工缝的位置应在混凝土浇筑前按设计要求和施工技术方案确定”等，都是一般项目。

(五)观感质量

通过观察和必要的量测所反映的工程外在质量，称为观感质量。

(六)返修

对工程不符合标准规定的部位采取整修等措施，称为返修。

(七)返工

对不合格的工程部位采取的重新制作、重新施工等措施，称为返工。

二、质量验收的基本规定

(1)在工程施工现场质量管理应有相应的施工技术标准，健全的质量管理体系、施工质量检验制度和综合施工质量水平评定考核制度。

(2)建筑工程应按下列规定进行施工质量控制：

①建筑工程采用的主要材料、半成品、成品、建筑构配件、器具和设备应进行现场验收。凡涉及安全、功能的有关产品，应按各专业工程质量验收规范的规定进行复验，并应经监理工程师（建设单位技术负责人）检查认可。

②各工序应按施工技术标准进行质量控制，每道工序完成后，应进行检查。

③相关各专业工种之间，应进行交接检验，并形成记录。未经监理工程师（建设单位技术负责人）检查认可，不得进行下道工序施工。

(3)建筑工程施工质量应按照以下标准进行验收：

①建筑工程施工质量应符合《建筑工程施工质量验收统一标准》（GB 50300—2001）和相关专业验收规范的规定。

②建筑工程施工应符合工程勘测设计文件的要求。

③参加工程施工质量验收的各方人员应具备规定的资格。

④工程质量的验收均应在施工单位自行检查评定的基础上进行。

⑤隐蔽工程在隐蔽前应由施工单位通知有关单位进行验收，并形成验收文件。

⑥涉及结构安全的试块、试件以及有关材料，应按照规定进行见证取样检测。

⑦检验批的质量应按照主控项目和一般项目验收。

⑧对涉及结构安全和使用功能的重要分部工程应进行抽样检测。

⑨承担见证取样检测及有关结构安全检测的单位应具有相应资质。

⑩工程的观感质量应由检验人员通过现场检查，并应共同确认。

第二节　建筑工程质量验收的划分

一、建筑工程质量验收划分的基本要求

(一)施工质量验收层次划分的目的

验收层次的划分是质量控制的重要环节，合理划分建筑工程施工质量验收层次是非常必要的。特别是不同工程的验收批如何确定，将直接影响到质量验收工作的科学性、经济性、实用性及可行性。因此，有必要建立统一的工程施工质量验收的层次划分。通过验收批和中间验收层及最终验收单位的确定，实施对工程施工质量的过程控制和终端把关，确保工程施工质量和工程项目决策阶段所确定的质量目标与水平。

(二)施工质量验收划分的层次

随着社会经济的发展和施工技术的进步，现代工程建设呈现出建设规模不断扩大、复杂程度高等特点。近年来，出现了大量建筑规模较大的单体工程和具有综合使用功能的综合性建筑物。由于这些工程建设周期较长，工程建设中可能会出现建设资金不足，部分工程停、缓建，已建成部分提前使用或先将其中部分提前建成使用等情况。因此，标准规定，可将此类工程划分为若干个子单位工程进行验收。同时，为了更好地评价工程质量和验收，考虑到建筑物内部设施的多样化，按建筑物的主要部位划分分部工程已不适应当前的要求。因此，在分部工程中，按相近工作内容和系统划分为若干个子分部工程。每个子分部工程中包括若干个分项工程。每个分项工程中包含若干检验批，检验批是工程施工质量验收的最小

单位。

二、建筑工程质量验收的划分

建筑工程质量验收划分为单位(子单位)工程、分部(子分部)工程、分项(子分项)工程和检验批。

(一)单位工程的划分

单位工程的划分应按照下列规定和原则确定:

(1)具备独立施工条件的并能形成独立使用功能的建筑物及构筑物为一个单位工程。例如,一幢住宅楼、某学校的一幢教学楼等都可以划分为一个单位工程。

(2)建筑规模较大的单位工程,可将其能形成独立使用功能的部分划分为一个子单位工程。例如,一幢高层商住楼,由于施工工期较长,可将一至三层商场划分为一个子单位工程,三层以上住宅划分为另一个子单位工程。

(3)室外工程可根据专业类别和工程规模划分单位(子单位)工程。

(二)分部工程的划分

1. 分部工程划分的原则

分部工程的划分应按照下列原则确定:

(1)分部工程的划分应按照专业性质、建筑部位确定。

(2)当分部工程较大或较复杂时,可以按照材料种类、施工特点、施工程序、专业系统及类别等划分为若干个子分部工程。

例如,对于某大型商场这个建筑物,根据分部工程划分原则,可以将主楼(建筑部分)划分为四个分部工程:地基与基础分部工程、主体结构分部工程、建筑装饰装修分部工程、建筑屋面分部工程。建筑安装工程可以划分为建筑给水排水及采暖、建筑电气、智能建筑、通风与空调、电梯等五个分部工程。当分部工程较大或较复杂时,可按施工程序、专业系统及类别等划分为若个子分部工程。如智能建筑分部工程中就包含了火灾及报警消防联动系统、安全防范系统、综合布线系统、智能化集成系统、电源与接地、环境、住宅(小区)智能化系统等子分部工程。

2. 分部工程划分的解释

(1)地基与基础分部工程。

①地基与基础分部工程,包括 ±0.00 m 以下的结构及防水分项工程。

②凡有地下室的工程首层地面下的结构(现浇混凝土楼板或预制板)以下的项目,均纳入地基与基础分部工程。

③没有地下室的工程,墙体以防潮层为界,室内以地面垫层以下为界;灰土、混凝土等垫层应纳入建筑装饰装修工程的建筑地面部分。

④桩基础以承台的上皮为界。

(2)主体结构分部工程。

①主体结构分部工程,包括 ±0.00 m 以上的结构及防水分项工程。

②对非承重墙的规定:凡使用板块材料,经砌筑、焊接的隔墙纳入主体分部工程。如各种砌块、加气板条。

③凡采用轻钢、木材等用铁钉、螺丝或胶类粘接的均可纳入装饰装修工程。

(3)地下防水、地面防水、墙面防水等应分别列入所在部位的地基与基础分部工程、建筑装饰装修分部工程、主体分部工程。

(4)对有地下室的工程,除 ±0.00 m 结构及防水部分的分项工程列入地基与基础分部工程外,其他地面、门窗、装饰工程仍纳入建筑装饰装修分部工程。

(5)智能建筑是新增加的分部工程,即通常的弱电部分,由于设备管线的增多,从电气安装工程中分离出来,并进行了完善。

(三)分项工程的划分

分项工程应按照主要工种、材料、施工工艺、设备类别等进行划分。如混凝土结构工程中按主要工种分为模板二程、钢筋工程、混凝土工程等分项工程;按施工工艺又分为预应力、现浇结构、装配式结构等分项工程。

例如,一个砖混结构房屋,其分项工程有钢筋工程、混凝土工程、砌砖工程、模板工程、卷材防水层工程、一般抹灰工程、油漆工程等,因多层及高层房屋是分层施工的,其主体分部工程必须按楼层(段)划分分项工程。一般在砖混结构多层房屋工程中,每幢楼的同工种工程应划分为一个分项工程,每一层再划分为各检验批。

建筑工程各分部(子分部)、分项工程的具体划分见表 1-4-1。

表 1-4-1　建筑工程各分部(子分部)、分项工程的划分

序号	分部工程	子分部	分项工程名称
1	地基与基础	无支护土方	土方开挖、土方回填
		有支护土方	排桩、降水、排水、地下连续墙、锚杆、土钉墙、水泥土桩、沉井与沉箱、钢及混凝土支撑
		地基与基础处理	灰土地基、砂和砂石地基、碎石砖三合土地基、重锤夯实地基、强夯地基、打(压)桩、灌注桩、地下连续墙、沉井与沉箱、防水混凝土结构、水泥砂浆防水层、卷材防水层、构件安装、预应力钢筋混凝土、砌砖、砌石
		桩基础	锚杆静压桩及静力压桩、预应力离心管桩、钢筋混凝土预制桩、钢桩、混凝土灌注桩(成孔、钢筋笼、清孔、水下混凝土灌注)
		地下防水	防水混凝土,水泥砂浆防水层,卷材防水层,涂料防水层,金属防水层,塑料板防水层,细部构造,喷锚支护,复合式衬砌,地下连续墙,盾构法隧道;排渗水、盲沟排水,隧道、坑道排水;预注浆,后注浆,衬砌裂缝注浆
		混凝土基础	模板、钢筋、混凝土、后浇带混凝土、混凝土结构缝处理
		砌体基础	砖砌体、混凝土砌块砌体、配筋砌体、石砌体
		劲钢(管)混凝土	劲钢(管)焊接,螺栓连接,劲钢(管)与钢筋的连接,劲钢(管)制作、安装,混凝土
		钢结构	焊接钢结构、螺栓钢结构、钢结构制作、钢结构安装、钢结构涂装

续表 1-4-1

序号	分部工程	子分部		分项工程名称
2	主体结构	混凝土结构		模板、钢筋、混凝土、预应力、现浇结构、装配式结构
		劲钢(管)混凝土		劲钢(管)焊接,螺栓连接,劲钢(管)与钢筋的连接,劲钢(管)制作、安装,混凝土
		砌体结构		砖砌体、混凝土小型空心砌块砌体、石砌体、填充墙砌体、配筋砖砌体
		钢结构		钢结构焊接、紧固件连接、钢零件加工、单层钢结构安装、多层及高层钢结构安装、钢结构涂装、钢构件组装、钢构件预拼装、钢网架安装、压型金属板
		木结构		方木和原木结构、胶合木结构、轻型木结构、木构件防护
		网架和索膜结构		网架制作、网架安装、索膜安装、网架防火、防腐涂料
3	建筑装饰装修	地面	整体面层	基层:基土、灰土垫层、砂垫层和砂石垫层、碎石垫层和碎砖垫层、三合土垫层、炉渣垫层、水泥混凝土垫层、找平层、隔离层、填充层
				面层:水泥混凝土面层、水泥砂浆面层、水磨石面层、水泥钢屑面层、防油渗面层、不发火(防爆)面层
			板块面层	基层:基土、灰土垫层、砂垫层和砂石垫层、碎石垫层和碎砖垫层、三合土垫层、炉渣垫层、水泥混凝土垫层、找平层、隔离层、填充层
				面层:砖面层(陶瓷锦砖、缸砖、陶瓷地砖和水泥花砖面层)、大理石面层和花岗岩面层、预制板块面层(水泥混凝土板块、水磨石板块面层)、料石面层(条石、块石面层)、塑料板面层、活动地板面层、地毯面层
			木、竹面层	基层:基土、灰土垫层、砂垫层和砂石垫层、碎石垫层和碎砖垫层、三合土垫层、炉渣垫层、水泥混凝土垫层、找平层、隔离层、填充层
				面层:实木地板面层(条材、块材面层)、实木复合地板面层(条材、块材面层)、中密度(强化)复合地板面层、条材面层、竹地板面层
		抹灰		一般抹灰、装饰抹灰、清水砌体勾缝
		门窗		木门窗制作与安装、金属门窗安装、塑料门窗安装、特种门安装、门窗玻璃安装
		吊顶		暗龙骨吊顶、明龙骨吊顶
		轻质隔墙		板材隔墙、骨架隔墙、活动隔墙、玻璃隔墙
		饰面板(砖)		饰面板(砖)、饰面砖粘贴
		幕墙		玻璃幕墙、金属幕墙、石材幕墙
		涂饰		水性涂料装饰、溶剂型涂饰、美术涂饰
		裱糊与软包		裱糊、软包
		细部		橱柜制作与安装,窗帘盒、窗台板和暖气罩制作与安装,护栏和扶手制作与安装,花饰制作与安装
4	建筑屋面	卷材防水屋面		保温层、找平层、卷材防水层、细部构造
		涂膜防水屋面		保温层、找平层、涂膜防水层、细部构造
		刚性防水屋面		细石混凝土防水层、密封材料嵌缝、细部构造
		瓦屋面		平瓦屋面、油毡瓦屋面、金属板屋面、细部构造
		隔热屋面		架空屋面、蓄水屋面、种植屋面

（四）检验批划分

分项工程可由一个或若干个检验批组成，检验批可根据施工及质量控制和专业验收的需要按楼层、施工段、变形缝等进行划分。建筑工程的地基基础分部工程中的分项工程一般划分为一个检验批；有地下层的基础工程可按不同地下层划分检验批；屋面分部工程中的分项工程可按不同楼层屋面划分为不同的检验批；单层建筑工程中的分项工程可按变形缝等划分检验批，多层及高层建筑工程中主体分部的分项工程可按楼层或施工段来划分检验批；其他分部工程中的分项工程一般按楼层划分检验批；对于工程量较少的分项工程可统一划分为一个检验批。

安装工程一般按一个设计系统或组别划分为一个检验批。

第三节　建筑工程质量验收

建筑工程完成相应内容后，应进行质量验收。建筑工程施工质量验收应分为检验批、分项、分部、单位（子单位）工程验收，其验收条件如下。

一、检验批的合格质量要求

检验批的合格质量应符合下列要求：

（1）检验批合格的条件。

①主控项目和一般项目的质量经抽样检查合格；

②具有完整的施工操作依据、质量检查记录。

（2）资料检查。

质量控制资料反映了检验批从原材料到验收的各施工工序的施工操作依据、检查情况以及保证质量所必需的管理制度等。对其完整性的检查，实际是对过程控制的确认，这是检验批合格的前提。所要检查的资料主要包括：

①图纸会审、设计变更、洽商记录；

②建筑材料、成品、半成品、建筑构配件、器具和设备的质量证明书及进场检（试）验报告；

③工程测量、放线记录；

④按专业质量验收规范规定的抽样检验报告；

⑤隐蔽工程检查记录；

⑥施工过程记录和施工过程检查记录；

⑦新材料、新工艺的施工记录；

⑧质量管理资料和施工单位操作依据等。

（3）主控项目和一般项目的检验。

为确保工程质量，使检验批的质量符合安全和使用功能的基本要求，各专业质量验收规范对各检验批的主控项目和一般项目的子项合格质量都给予了明确规定。如砖砌体工程检验批质量验收时主控项目包括砖强度等级、砂浆强度等级、砂浆饱满度、轴线位移、每层垂直度等内容；一般项目则包括组砌方法、水平灰缝厚度、顶（楼）面标高、表面平整度、门窗洞口高宽、窗口偏移以及水平灰缝的平直度等内容。

检验批的合格质量主要取决于对主控项目和一般项目的检验结果。主控项目是对检验批的基本质量起决定性影响的检验项目，因此必须全部符合有关专业工程验收规范的规定。

检验批合格的质量要求，标志着主控项目不允许有不符合要求的检验结果，即这种项目的检查具有否决权。鉴于主控项目对基本质量的决定性影响，从严要求是必须的。如混凝土结构工程中混凝土分项工程的配合比设计为主控项目要求：混凝土应按国家现行标准《普通混凝土配合比设计规程》（JGJ 55）的有关规定，根据混凝土强度等级、耐久性和工作性等要求进行配合比设计。对有特殊要求的混凝土，其配合比设计应符合国家现行有关标准的专门规定。其检验方法是检查配合比设计资料。而其中一般项目则可按专业规范的要求处理。如：首次使用的混凝土配合比应进行开盘鉴定，其工作性应满足设计配合比的要求。开始生产时应至少留置一组标准养护试件，作为验证配合比的依据，并通过检查开盘鉴定资料和试件强度试验报告进行检验。混凝土拌制前，应测定砂、石含水率并根据测试结果调整材料用量，提出施工配合比，并通过检查含水率测试结果和施工配合比通知单进行检查，每一工作班至少检查一次。

检验批的质量验收记录由施工单位项目专业质量检查员填写，监理工程师（建设单位专业技术负责人）组织项目专业质量检查员等进行验收，并按表 1-4-2 记录。

表 1-4-2　检验批质量验收记录

<table>
<tr><td>工程名称</td><td colspan="2"></td><td>分项工程名称</td><td></td><td>验收部位</td><td></td></tr>
<tr><td>施工单位</td><td colspan="3"></td><td>专业工长</td><td></td><td>项目经理</td></tr>
<tr><td>施工执行标准的名称及编号</td><td colspan="6"></td></tr>
<tr><td>分包单位</td><td colspan="2"></td><td>分包项目经理</td><td></td><td>施工班组长</td><td></td></tr>
<tr><td rowspan="8">主控项目</td><td colspan="2">质量验收规范的规定</td><td colspan="2">施工单位检查评定记录</td><td colspan="2">监理（建设）单位验收记录</td></tr>
<tr><td>1</td><td></td><td colspan="2"></td><td colspan="2" rowspan="12"></td></tr>
<tr><td>2</td><td></td><td colspan="2"></td></tr>
<tr><td>3</td><td></td><td colspan="2"></td></tr>
<tr><td>4</td><td></td><td colspan="2"></td></tr>
<tr><td>5</td><td></td><td colspan="2"></td></tr>
<tr><td>6</td><td></td><td colspan="2"></td></tr>
<tr><td>7</td><td></td><td colspan="2"></td></tr>
<tr><td rowspan="5">一般项目</td><td>1</td><td></td><td colspan="2"></td></tr>
<tr><td>2</td><td></td><td colspan="2"></td></tr>
<tr><td>3</td><td></td><td colspan="2"></td></tr>
<tr><td>4</td><td></td><td colspan="2"></td></tr>
<tr><td>5</td><td></td><td colspan="2"></td></tr>
<tr><td>施工单位检查评定结果</td><td colspan="6">项目专业质量检查员：　　　　年　月　日</td></tr>
<tr><td>监理（建设）单位验收结论</td><td colspan="6">监理工程师
（建设单位项目专业技术负责人）：　　　　年　月　日</td></tr>
</table>

二、分项工程的合格质量要求

分项工程的合格质量应符合下列要求：

(1)分项工程所含的检验批均应符合合格质量的规定。

(2)分项工程所含的检验批的质量验收记录应完整。

分项工程的质量验收记录由施工项目专业质量检查员填写，监理工程师（建设单位专业技术负责人）组织项目专业质量检查员等进行验收，并按表 1-4-3 记录。

表 1-4-3　＿＿＿＿分项工程质量验收记录

工程名称		结构类型		检验批数	
施工单位		项目经理		项目技术负责人	
分包单位		分包单位负责人		分包单位项目经理	
序号	检验批部位、区段	施工单位检查评定结果		监理（建设）单位验收结论	
检查结论	项目专业 技术负责人： 年　月　日	验收结论	监理工程师 （建设单位项目专业技术负责人）： 年　月　日		

三、分部工程的合格质量要求

分部工程的合格质量应符合下列要求：

(1)分部(子分部)工程所含的分项工程均应符合合格质量的规定。

(2)质量控制资料应完整。

(3)地基与基础、主体结构和设备安装等分部工程有关工程安全和功能的检验和抽样检测结果应符合有关规定。

(4)观感质量验收应符合要求。

分部工程的验收在其所含各分项工程验收的基础上进行。首先,分部工程的各分项工程必须已验收且应有的质量控制资料文件必须完整,这是验收的基本条件。其次,由于各分项工程的性质不完全相同,因此作为分部工程不能简单地组合而加以验收,需增加以下两类检查。

涉及安全和使用功能的地基基础、主体结构,有关安全及重要使用功能的安装分部工程,应进行有关见证取样、送样试验或抽样检测。如建筑物垂直度、标高、全高测量记录,建筑物沉降观测测量记录,给水管道通水试验记录,暖气管道、散热器压力试验记录,照明动力全负荷试验记录等。关于观感质量验收,这类检查往往难以定量,只能以观察、触摸或简单量测的方式进行,并由个人的主观印象判断,检查结果并不给出“合格”或是“不合格”的结论,而综合给出质量评价。评价的结论为“好”、“一般”和“差”三种。对于“差”的检查点应通过整改进行重新评定。

分部(子分部)工程质量验收记录中,分部(子分部)工程质量应由总监理工程师(建设单位项目技术负责人)组织施工项目经理和有关勘察、设计单位项目负责人进行验收,并按表1-4-4记录。

表1-4-4 ________分部工程质量验收记录

工程名称		结构类型		层数	
施工单位		技术部门负责人		质量部门负责人	
分包单位		分包单位负责人		分包技术负责人	

序号	分项工程名称	检验批数	施工单位检查评定	验收意见		
1						
2						
3						
4						
5						
6						
质量控制资料						

续表 1-4-4

安全和功能检验（检测）报告		
观感质量验收		
验收单位	分包单位	项目经理： 年 月 日
	施工单位	项目经理： 年 月 日
	勘察单位	项目负责人： 年 月 日
	设计单位	项目负责人： 年 月 日
	监理（建设）单位	总监理工程师（建设单位项目技术负责人）： 年 月 日

四、单位工程的合格质量要求

单位工程的合格质量应符合下列要求：

(1)单位(子单位)工程所含的分部(子分部)工程均应符合合格质量的规定。

(2)质量控制资料应完整。

(3)单位(子单位)工程所含的分部工程有关工程安全和功能的检测资料应完整。

(4)主要功能项目的抽查结果应符合相关质量验收规范的规定。

(5)观感质量验收应符合要求。

单位工程质量验收也称质量竣工验收，是建筑工程投入使用前的最后一次验收，也是最重要的一次验收。验收合格的条件有 5 个，除构成单位工程的各分部工程应合格，并且有关的资料文件应完整外，还应进行以下三方面的检查：首先，涉及安全和使用功能的分部工程应进行检验资料的复查。不仅要全面检查其完整性（不得有漏检缺项），而且对分部工程验收时补充进行的见证抽样检验报告也要复核。这种强化验收的手段体现了对安全和主要使用功能的重视。其次，对主要使用功能还必须进行抽查，见表 1-4-5。使用功能的检查是对建筑工程和设备安装工程最终质量的综合检查，也是用户最为关心的内容。因此，在分项、分部工程验收合格的基础上，竣工验收时再作全面检查。抽样项目是在检查资料文件的基础上由参加验收的各方人员商定，并用计量、计数的抽样方法确定检查部位。检查要求按有关专业工程施工质量验收标准的要求进行。再次，还须由参加验收的各方人员共同进行观感质量检查，并按表 1-4-6 记录。检查的方法、内容、结论等应在分部工程的相应部分中阐述，最后共同确定是否通过竣工验收，并按表 1-4-7 进行记录。

表 1-4-5　单位(子单位)工程安全和功能检验资料核查及主要功能抽样记录

<table>
<tr><td colspan="2">工程名称</td><td></td><td colspan="2">施工单位</td><td colspan="2"></td></tr>
<tr><td>序号</td><td>项目</td><td>安全和功能检查项目</td><td>份数</td><td>核查意见</td><td>抽查结果</td><td>核查(抽查)人</td></tr>
<tr><td>1</td><td rowspan="10">建筑与结构</td><td>屋面淋水试验记录</td><td></td><td></td><td></td><td></td></tr>
<tr><td>2</td><td>地下室的防水效果检查记录</td><td></td><td></td><td></td><td></td></tr>
<tr><td>3</td><td>有防水要求的地面蓄水试验记录</td><td></td><td></td><td></td><td></td></tr>
<tr><td>4</td><td>建筑物垂直度、标度、全高测量记录</td><td></td><td></td><td></td><td></td></tr>
<tr><td>5</td><td>抽气道检查记录</td><td></td><td></td><td></td><td></td></tr>
<tr><td>6</td><td>幕墙及外窗气密性、水密性、耐风压检测报告</td><td></td><td></td><td></td><td></td></tr>
<tr><td>7</td><td>建筑物沉降观测记录</td><td></td><td></td><td></td><td></td></tr>
<tr><td>8</td><td>节能、保温测试记录</td><td></td><td></td><td></td><td></td></tr>
<tr><td>9</td><td>室内环境监测报告</td><td></td><td></td><td></td><td></td></tr>
<tr><td>10</td><td></td><td></td><td></td><td></td><td></td></tr>
<tr><td>1</td><td rowspan="6">给排水与采暖</td><td>给水管道通水试验记录</td><td></td><td></td><td></td><td></td></tr>
<tr><td>2</td><td>暖气管道、散热器压力试验记录</td><td></td><td></td><td></td><td></td></tr>
<tr><td>3</td><td>卫生器具满水试验记录</td><td></td><td></td><td></td><td></td></tr>
<tr><td>4</td><td>消防管道、燃气管道压力试验记录</td><td></td><td></td><td></td><td></td></tr>
<tr><td>5</td><td>排水干管通球试验记录</td><td></td><td></td><td></td><td></td></tr>
<tr><td>6</td><td></td><td></td><td></td><td></td><td></td></tr>
<tr><td>1</td><td rowspan="5">电气</td><td>照明全负荷试验记录</td><td></td><td></td><td></td><td></td></tr>
<tr><td>2</td><td>大型灯具牢固性试验记录</td><td></td><td></td><td></td><td></td></tr>
<tr><td>3</td><td>避雷接地电阻测试记录</td><td></td><td></td><td></td><td></td></tr>
<tr><td>4</td><td>线路、插座、开关接地检验记录</td><td></td><td></td><td></td><td></td></tr>
<tr><td>5</td><td></td><td></td><td></td><td></td><td></td></tr>
<tr><td>1</td><td rowspan="5">通风与空调</td><td>通风、空调系统试运行记录</td><td></td><td></td><td></td><td></td></tr>
<tr><td>2</td><td>风量、温度测试记录</td><td></td><td></td><td></td><td></td></tr>
<tr><td>3</td><td>洁净室洁净度测试记录</td><td></td><td></td><td></td><td></td></tr>
<tr><td>4</td><td>制冷机组试运行调试记录</td><td></td><td></td><td></td><td></td></tr>
<tr><td>5</td><td></td><td></td><td></td><td></td><td></td></tr>
<tr><td>1</td><td rowspan="3">电梯</td><td>电梯运行记录</td><td></td><td></td><td></td><td></td></tr>
<tr><td>2</td><td>电梯安全装置检测报告</td><td></td><td></td><td></td><td></td></tr>
<tr><td>3</td><td></td><td></td><td></td><td></td><td></td></tr>
<tr><td>1</td><td rowspan="3">智能建筑</td><td>系统运行记录</td><td></td><td></td><td></td><td></td></tr>
<tr><td>2</td><td>系统电源及接地检测报告</td><td></td><td></td><td></td><td></td></tr>
<tr><td>3</td><td></td><td></td><td></td><td></td><td></td></tr>
<tr><td colspan="7">结论:</td></tr>
<tr><td colspan="3">施工单位项目经理:

年　月　日</td><td colspan="4">总监理工程师
(建设单位项目负责人):

年　月　日</td></tr>
</table>

表 1-4-6　单位(子单位)工程观感质量检查记录

<table>
<tr><td colspan="2">工程名称</td><td colspan="2"></td><td>施工单位</td><td colspan="3"></td></tr>
<tr><td rowspan="2">序号</td><td rowspan="2" colspan="2">项目</td><td rowspan="2" colspan="2">抽查质量状况</td><td colspan="3">质量评价</td></tr>
<tr><td>好</td><td>一般</td><td>差</td></tr>
<tr><td>1</td><td rowspan="8">建筑与结构</td><td>室外墙面</td><td colspan="2"></td><td></td><td></td><td></td></tr>
<tr><td>2</td><td>变形缝</td><td colspan="2"></td><td></td><td></td><td></td></tr>
<tr><td>3</td><td>水落管</td><td colspan="2"></td><td></td><td></td><td></td></tr>
<tr><td>4</td><td>室内墙面</td><td colspan="2"></td><td></td><td></td><td></td></tr>
<tr><td>5</td><td>室内顶面</td><td colspan="2"></td><td></td><td></td><td></td></tr>
<tr><td>6</td><td>室内地面</td><td colspan="2"></td><td></td><td></td><td></td></tr>
<tr><td>7</td><td>楼梯、踏步、护栏</td><td colspan="2"></td><td></td><td></td><td></td></tr>
<tr><td>8</td><td>门窗</td><td colspan="2"></td><td></td><td></td><td></td></tr>
<tr><td>1</td><td rowspan="5">给排水与采暖</td><td>管道接口、坡度、支架</td><td colspan="2"></td><td></td><td></td><td></td></tr>
<tr><td>2</td><td>卫生器具、支架、阀门</td><td colspan="2"></td><td></td><td></td><td></td></tr>
<tr><td>3</td><td>检查口、扫除口、地漏</td><td colspan="2"></td><td></td><td></td><td></td></tr>
<tr><td>4</td><td>散热器、支架</td><td colspan="2"></td><td></td><td></td><td></td></tr>
<tr><td>5</td><td></td><td colspan="2"></td><td></td><td></td><td></td></tr>
<tr><td>1</td><td rowspan="3">电气</td><td>配电箱、盘、板，接线盒</td><td colspan="2"></td><td></td><td></td><td></td></tr>
<tr><td>2</td><td>设备器具、开关、插座</td><td colspan="2"></td><td></td><td></td><td></td></tr>
<tr><td>3</td><td>防雷、接地</td><td colspan="2"></td><td></td><td></td><td></td></tr>
<tr><td>1</td><td rowspan="6">通风与空调</td><td>风管、支架</td><td colspan="2"></td><td></td><td></td><td></td></tr>
<tr><td>2</td><td>风口、风阀</td><td colspan="2"></td><td></td><td></td><td></td></tr>
<tr><td>3</td><td>风机、空调设备</td><td colspan="2"></td><td></td><td></td><td></td></tr>
<tr><td>4</td><td>阀门、支架</td><td colspan="2"></td><td></td><td></td><td></td></tr>
<tr><td>5</td><td>水泵、冷却塔</td><td colspan="2"></td><td></td><td></td><td></td></tr>
<tr><td>6</td><td>绝热</td><td colspan="2"></td><td></td><td></td><td></td></tr>
<tr><td>1</td><td rowspan="3">电梯</td><td>运行、平层、开关门</td><td colspan="2"></td><td></td><td></td><td></td></tr>
<tr><td>2</td><td>层门、信号系统</td><td colspan="2"></td><td></td><td></td><td></td></tr>
<tr><td>3</td><td>机房</td><td colspan="2"></td><td></td><td></td><td></td></tr>
<tr><td>1</td><td rowspan="3">智能建筑</td><td>机房设备安装及布局</td><td colspan="2"></td><td></td><td></td><td></td></tr>
<tr><td>2</td><td>现场设备安装</td><td colspan="2"></td><td></td><td></td><td></td></tr>
<tr><td>3</td><td></td><td colspan="2"></td><td></td><td></td><td></td></tr>
<tr><td colspan="3">观感质量综合评价</td><td colspan="5"></td></tr>
<tr><td colspan="2">检查结论</td><td colspan="6">施工单位项目经理：　　　　总监理工程师
（建设单位项目负责人）：
年　月　日　　　　年　月　日</td></tr>
</table>

表 1-4-7　单位(子单位)工程质量竣工验收记录

<table>
<tr><td colspan="2">工程名称</td><td></td><td>结构类型</td><td></td><td>层数/建筑面积</td><td></td></tr>
<tr><td colspan="2">施工单位</td><td></td><td>技术负责人</td><td></td><td>开工日期</td><td></td></tr>
<tr><td colspan="2">项目经理</td><td></td><td>项目技术负责人</td><td></td><td>竣工日期</td><td></td></tr>
<tr><td>序号</td><td colspan="2">项目</td><td colspan="2">验收记录</td><td colspan="2">验收结论</td></tr>
<tr><td>1</td><td colspan="2">分部工程</td><td colspan="2">共　　分部,经查　　分部
符合标准及设计要求　　分部</td><td colspan="2"></td></tr>
<tr><td>2</td><td colspan="2">质量控制资料核查</td><td colspan="2">共　　项,经审查符合要求　　项
经核定符合规范要求　　项</td><td colspan="2"></td></tr>
<tr><td>3</td><td colspan="2">安全和主要使用功能核查及抽查结果</td><td colspan="2">共检查　　项,符合要求　　项
共抽查　　项,符合要求　　项
经返工处理符合要求　　项</td><td colspan="2"></td></tr>
<tr><td>4</td><td colspan="2">观感质量验收</td><td colspan="2">共抽查　　项,符合要求　　项
不符合要求　　项</td><td colspan="2"></td></tr>
<tr><td>5</td><td colspan="2">综合验收结论</td><td colspan="4"></td></tr>
<tr><td rowspan="2">参加验收单位</td><td colspan="2">建设单位</td><td>监理单位</td><td colspan="2">施工单位</td><td>设计单位</td></tr>
<tr><td colspan="2">(公章)
单位(项目)负责人:
年　　月　　日</td><td>(公章)
总监理工程师:
年　　月　　日</td><td colspan="2">(公章)
单位负责人:
年　　月　　日</td><td>(公章)
单位(项目)负责人:
年　　月　　日</td></tr>
</table>

五、对工程项目质量不符合要求时的处理

一般情况下,不合格现象在检验批的验收时就应发现并及时处理,所有质量隐患必须尽快消灭在萌芽状态,否则将影响后续检验批和相关的分项工程、分部工程的验收。当建筑工程质量不符合要求时,应按照下列规定进行:

(1)经过返工重做或更换器具、设备的检验批,应重新进行验收评定。

(2)经有资质的检测单位检测鉴定能够达到设计要求的检验批,应予以验收。

(3)经有资质的检测单位检测鉴定达不到设计要求,但是经原设计单位核算认可,能够满足结构安全和使用功能的检验批,应予以验收。

(4)经返修或加固处理的分项、分部工程,虽改变外形尺寸但仍能满足安全使用要求,可按技术处理方案和协商文件进行验收。

(5)通过返修或加固仍不能满足安全使用要求的分部工程、单位(子单位)工程,严禁验收。

第四节　工程质量验收程序和组织

一、工程质量验收应具备的条件

(1)完成建设工程设计和合同约定的各项内容。

(2)有完整的技术档案和施工管理资料。

(3)有工程使用的主要建筑材料、建筑构配件和设备的进场试验报告。

(4)有勘察、设计、工程监理等单位分别签署的质量合格文件。

(5)有施工单位签署的工程质量保修书。

(6)建设行政主管部门及其委托的建设工程质量监督机构等有关部门要求整改的质量问题全部整改完毕。

二、工程质量验收的组织

(1)检验批和分项工程应由监理工程师(建设单位项目技术负责人)组织施工单位项目专业质量(技术)负责人等进行验收。

(2)分部工程应由总监理工程师(建设单位项目负责人)组织施工单位项目负责人和技术、质量负责人等进行验收。地基与基础、主体结构分部工程的勘察、设计由单位项目负责人和施工单位技术、质量负责人等进行验收。

(3)单位工程完工后,施工单位应自行组织有关人员进行检查评定,并向建设单位提交工程验收报告。

(4)建设单位接到工程验收报告后,应由建设单位(项目)负责人组织施工(含分包)、设计、监理等单位负责人进行单位工程验收。

(5)单位工程由分包单位施工时,分包单位对所承包的工程项目应按标准规定的程序检查评定,总承包单位应派人参加。分包工程完成后,应将工程的有关资料交总承包单位。

(6)当参加验收各方对工程质量验收意见不一致时,可请当地建设行政主管部门或工程质量监督机构协调处理。

(7)单位工程质量验收合格后,建设单位应在规定的时间内将竣工报告和有关文件,报建设行政主管部门备案。

三、工程项目竣工验收程序

(一)竣工初验

当单位工程完工并达到竣工验收条件后,施工单位先进行自查自检,自检合格后向监理单位提交"验收申请报告"。负责该项工程的总监理工程师应组织各专业监理工程师对竣工验收资料及各专业工程的质量情况进行初检,对竣工资料进行审查,对工程实体质量进行逐项检查,确认是否已完成工程设计和合同约定的各项内容,是否达到竣工标准,对存在的问题,应及时要求施工单位进行整改。当确认工程质量符合法律、法规和工程建设强制性标准规定,符合设计文件和合同要求后,监理单位应按有关规定在施工单位的质量验收记录和试验、检测资料上签字认可,并签署质量评估报告,提交建设单位。

监理单位签字确认后，由施工单位填写"工程竣工质量验收报告"（见表1-4-8），上报建设单位。

表1-4-8　工程竣工质量验收报告

<table>
<tr><td>单位工程名称</td><td colspan="3"></td></tr>
<tr><td>建筑面积</td><td></td><td>结构类型、层数</td><td></td></tr>
<tr><td>施工单位名称</td><td colspan="3"></td></tr>
<tr><td>施工单位地址</td><td colspan="3"></td></tr>
<tr><td>施工单位邮编</td><td></td><td>联系电话</td><td></td></tr>
<tr><td colspan="4">质量验收意见（应包含下述参考内容）：
填写要求：
1. 施工单位质量责任行为履行情况；
2. 本工程是否已按要求完成工程设计和合同约定的各项内容；
3. 在施工过程中，执行强制性标准和强制性条文的情况；
4. 施工过程中对监理提出的要求整改的质量问题是否确已整改，并得到监理单位认可；
5. 工程完工后，企业自查是否确认工程达到竣工标准，满足结构安全和使用功能要求；
6. 工程质量保证资料（包括检测报告的功能试验资料）基本齐全且已按要求装订成册；
7. 建筑物沉降观测结果和倾斜率情况；
8. 其他需说明的情况。</td></tr>
<tr><td colspan="3">项目经理：　　　　年　月　日</td><td rowspan="4">施工单位公章</td></tr>
<tr><td colspan="3">企业负责人：
（质量科长）　　　　年　月　日</td></tr>
<tr><td colspan="3">企业技术负责人：
（总工程师）　　　　年　月　日</td></tr>
<tr><td colspan="3">企业法人代表：　　　　年　月　日</td></tr>
</table>

（二）竣工正式验收

建设单位负责项目竣工验收，质量监督机构对项目竣工验收实施监督。

当建设单位收到勘察、设计、施工、监理等质量合格证明，即"施工单位工程竣工验收质量报告"、"勘察、设计单位工程竣工质量检查报告"、"监理单位工程质量评估报告"，工程具备竣工条件后，组织成立竣工验收小组，制定验收方案，向质量监督机构提交"建设单位竣工验收通知单"，质量监督机构审查验收组成员资质、验收内容、竣工验收条件，合格后建设单位向质量监督机构申领"建设工程竣工验收备案表"及"建设工程竣工验收报告"，确定竣工验收时间。

由建设单位负责组织竣工验收小组。竣工验收小组组长由建设单位法人代表或其委托的负责人担任，成员由建设单位该项目负责人、现场管理人员及勘察、设计、施工、监理单位成员组成，也可邀请有关专家参加验收小组。验收小组中土建及水电安装专业人员应配备齐全。

竣工验收的实施：

（1）由竣工验收小组组长主持竣工验收。

（2）建设、施工、监理、勘察、设计单位分别书面汇报工程项目建设质量状况、合同履约及执行国家法律、法规和工程建设强制性标准情况。

（3）验收内容分为三部分，分别为：

①实地查验工程实体质量情况；

②检查施工单位提供的竣工验收档案资料；

③对建筑的使用功能进行抽查、试验。

(4)对竣工验收情况进行汇总讨论，并听取质量监督机构对该工程质量的监督情况。

(5)形成竣工验收意见，填写“单位(子单位)工程质量竣工验收记录”中的综合验收结论，填写“建设工程竣工验收备案表”和“建设工程竣工验收报告”，验收小组成员分别签字，建设单位盖章。

(6)当竣工验收过程中发现严重问题，达不到竣工验收标准时，验收小组应责成施工单位立即整改，并宣布本次竣工验收无效，重新确定时间组织竣工验收。

(7)当竣工验收过程中发现一般需要整改的质量问题时，验收小组可形成初步意见，填写有关表格，有关人员签字，但需整改完毕并经建设单位复查合格后，才能加盖建设单位公章。

(8)在竣工验收时，对某些剩余工程和缺欠工程，在不影响交付使用的前提下，经建设单位、设计单位、施工单位和监理单位协商，施工单位在竣工验收的限定时间内完成。

(9)建设单位竣工验收结论必须明确是否符合国家质量标准，能否同意使用。

参加验收各方对工程质量验收意见不一致时，可请当地建设行政主管部门或工程质量监督机构协商处理。

为保证竣工验收工作顺利进行，通常按图1-4-1所示的程序来进行竣工验收。

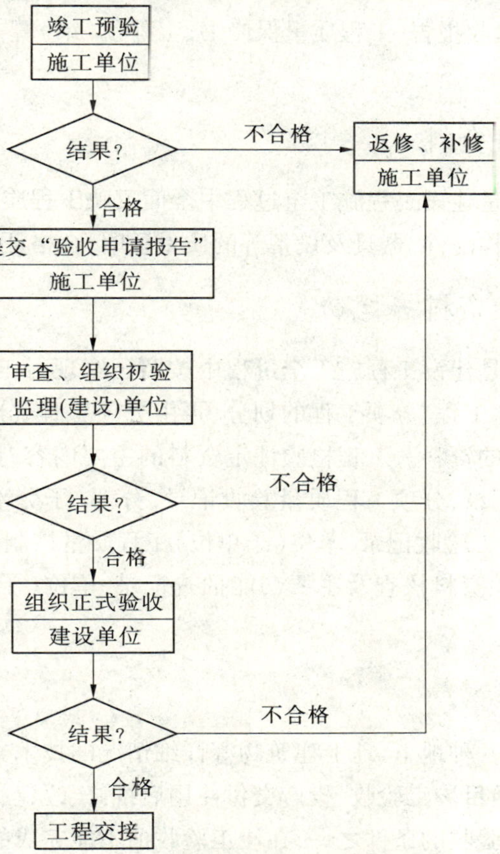

图1-4-1　工程项目竣工验收工作流程

第五节　施工质量验收的资料

质量验收资料必须真实记录和反映项目管理全过程的实际，它的内容必须齐全、完整。按照我国《建设工程项目管理规范》(GB/T 50326—2006)的规定，施工质量验收的资料应包括工程施工技术资料、工程质量保证资料、工程检验评定资料、竣工图和规定的其他应交资料。

一、工程施工技术资料

工程施工技术资料是建设工程施工全过程的真实记录，是在施工全过程的各环节客观产生的工程施工技术文件，它的主要内容有：工程开工报告（包括复工报告），项目经理部及人员名单、聘任文件，施工组织设计（施工方案），图纸会审记录（纪要），技术交底记录，设计变更通知，技术核定单，地质勘察报告，工程定位测量资料及复核记录，基槽开挖测量资料，地基钎探平面布置图，验槽记录和地基处理记录，桩基施工记录，试桩记录和补桩记录，沉降观测记录，防水工程抗渗试验记录，混凝土浇灌令，商品混凝土供应记录，工程复核探测记录，工程质量事故报告，工程质量事故处理记录，施工日志，建设工程施工合同，补充协议，工程竣工报告，工程竣工验收报告，工程质量保修书，工程预（结）算书，竣工项目一览表，施工项目总结。

二、工程质量保证资料

工程质量保证资料是建设工程施工全过程中全面反映工程质量控制和保证的依据性证明资料，应包括原材料、构配件、器具及设备等的质量证明、合格证明、进场材料试验报告等。

三、工程检验评定资料

工程检验评定资料是建设工程施工全过程中按照国家现行工程质量检验标准，对工程项目进行单位工程、分部工程、分项工程的划分，再由分项工程、分部工程、单位工程逐级对工程质量做出综合评定的资料。工程检验评定资料的主要内容有：施工现场质量管理检查记录，检验批质量验收记录，分项工程质量验收记录，分部（子分部）工程质量验收记录，单位（子单位）工程质量竣工验收记录，单位（子单位）工程质量控制资料核查记录，单位（子单位）工程安全和功能检验资料核查及主要功能抽查记录，单位（子单位）工程观感质量检查记录等。

四、竣工图

竣工图是真实记录各种地下、地上建筑物等详细情况的技术文件，也是使用单位长期保存的技术资料，是工程项目竣工验收、投产交付使用后维修、改建、扩建的依据。按照现行规定绘制好竣工图是竣工验收的条件之一，在竣工验收前不能完成的，应在验收时明确商定的补交竣工图的期限内完成。

第六节　工程项目的交接与回访保养

一、工程项目的交接

工程通过竣工验收，承包人应在发包人对竣工验收报告签认后的规定期限内向发包人递交竣工结算和完整的结算资料，在此基础上承发包双方根据合同约定的有关条款进行工程竣工结算。承包人在收到工程竣工结算款后，应在规定期限内向发包人办理工程移交手续（见表1-4-9）。具体内容如下：

表1-4-9　工程竣工移交证书

工程名称：　　　　　　　　　　　　施工合同号：

致建设单位/承包单位＿＿＿＿＿＿：

兹证明＿＿＿＿＿＿号工程竣工报验单所报＿＿＿＿＿＿＿＿＿＿＿＿工程已按合同完成，并按规定的程序通过验收备案，从＿＿＿＿＿＿＿＿＿＿开始，该工程进入保修阶段。

附注：

总监理工程师＿＿＿＿＿＿　　日期＿＿＿＿＿＿

（公章）

附注：本表一式三份，建设单位、监理单位、承包单位各一份。

签收栏	单位	建设单位	承包单位		
	签收				
	日期				

（1）按竣工项目一览表在现场移交工程实体。向发包人移交钥匙时，工程项目室内外应清扫干净，达到窗明、地净、灯亮、水通、排污畅通、动力系统可以使用。

（2）按竣工资料目录交接工程竣工资料。资料的交接应在规定的时间内，按工程竣工资料清单目录进行逐项交接，办清交验签章手续。

（3）按工程质量保修制度签署工程质量保修书。原施工合同中未包括工程质量保修书附件的，在移交竣工工程时应按有关规定签署或补签工程质量保修书。

（4）承包人在规定时间内按要求撤出施工现场，解除施工现场全部管理责任。

（5）工程移交的其他事宜。

二、工程项目的保修与回访

为使工程项目在竣工验收后达到最佳使用条件和最长使用寿命，施工单位在工程移交时必须向建设单位提出建筑物使用要求，并在用户使用后，实行回访和保修制度。

工程质量保修和回访属于项目竣工后的管理工作。这时，项目经理部已经解体，一般由承包企业建立施工项目交工后的回访与保修制度，并责成企业的工程管理部门具体负责。

（一）工程项目的保修内容

工程质量保修是指施工单位对房屋建筑工程竣工验收后，在保修期限内出现的质量不符合工程建设强制性标准以及合同的约定等质量缺陷，予以修复。

施工单位应当在保修期限内，履行与建设单位约定的关于保修期限、保修范围、保修责任和保修方法等义务。

1. 保修范围

一般来说，各种类型的建筑工程及建筑工程的各个部位都应该实行保修。我国在《中华人民共和国建筑法》中规定：建筑工程的保修范围应当包括地基与基础工程、主体结构工程、屋面防水工程和其他土建工程，以及电气管线、上下水管线的安装工程，供热、供冷系统工程等项目。

2. 保修期责任

《中华人民共和国建筑法》规定，建筑施工企业违反该法规定，不履行保修义务的，责令改正，可以处以罚款。在保修期间出现屋顶、墙面渗漏、开裂等质量缺陷，有关责任企业应当依据实际损失给予实物或价值补偿。

（1）由于承包人未严格按照国家标准、规范和设计施工而造成的质量缺陷，由承包单位负责返修并承担经济责任。

（2）因设计人造成的质量问题，可由承包人修理，由设计人承担经济责任，其费用数额按合同约定，不足部分由建设单位负责协同有关方解决。

（3）因建筑材料、建筑构配件和设备质量不合格引起的质量缺陷，属于承包单位采购的或经其验收同意的，由承包单位承担经济责任；属于建设单位采购的，由建设单位承担经济责任。

（4）因发包人肢解发包或指定分包人，致使施工中接口处理不好，造成工程质量缺陷，或因竣工后自行改建造成工程质量问题的，应由发包人或使用人自行承担经济责任。

（5）因地震、洪水、台风等不可抗拒原因造成的损坏问题，施工单位、设计单位不承担经济责任，由建设单位负责处理。

（6）不属于承包人责任，但使用人有意委托施工单位修理、维修时，承包人应为使用人提供修理、维护等服务。

（7）工程超过合理使用年限后，使用人需要继续使用的，承包人根据有关法规和鉴定资料，采取加固、维修措施时，应按设计使用年限，约定质量保修期限。

（8）发包人与承包人协议根据工程合理使用年限，采用保修保险方式投入并已解决保险费来源的，承包人应按约定的保修期限承诺履行保修责任和义务。

3. 保修期限

在正常使用条件下，房屋建筑工程的保修期应从工程竣工验收合格之日计算，其最低保修期限为：

(1)基础设施工程、房屋建筑的地基基础工程和主体结构工程，为设计文件规定的该工程的合理使用年限。

(2)屋面防水工程，有防水要求的卫生间、房间和外墙面的防渗漏为5年。

(3)建筑物的供热及供冷系统为2个采暖期及供冷期。

(4)电气管线、给排水管道、设备安装和装修工程为2年。

(5)住宅小区内的给排水设施、道路等配套工程及其他项目的保修期限由建设单位和施工单位约定。

4.保修方法

(1)发送保修证书(房屋保修卡)。在工程竣工验收后一周内，施工单位向建设单位发送“建筑安装工程保修证书”。主要内容有保修范围和保修内容、保修时间、保修说明、保修情况记录。此外，还附有保修单位(施工单位)名称、地址、联系人等。

(2)检查修理和验收。在保修期内，建设单位或用户发现由于施工单位质量而影响使用者，应通知施工单位。施工单位自接到保修通知书之日起，必须在两周内到达现场，与建设单位明确责任，商议返修内容。修理完毕，在保修书上作保修记录，并经建设单位验收签字。

(二)工程回访

回访是一种产品售后服务的方式，工程项目回访广义地来讲是指工程项目的设计、施工、设备及材料供应等单位，在工程竣工验收交付使用后，自签署工程质量保修书起的一定期限内，主动去了解项目的使用情况和设计质量、施工质量、设备运行状态及用户对维修方面的要求，从而发现产品使用中的问题并及时地去处理，使建筑产品能够正常地发挥其使用功能，使建筑工程的质量保修工作真正落到实处。

工程回访一般由施工单位的领导组织生产、技术、质量等有关方面的人员参加。回访时，察看建筑物和设备的运转情况，并应作出回访记录。

回访应纳入发包人工作计划和质量体系文件中，由承包人编制回访工作计划，该计划应包括主管回访的部门、执行回访工作的单位、回访时间及主要内容和方式。

回访必须认真，必须解决问题，并应写出回访纪要，每次回访结束，执行单位应填写回访记录，主管部门依据回访记录对回访服务的实施效果进行验证。回访记录应包括以下内容：参加回访的人员、回访发现的质量问题、建设单位的意见、回访单位对发现的质量问题的处理意见、回访主管部门的验收签证。

回访的方式一般有三种：一是季节性回访。大多是雨季回访屋面、墙面的防水情况，冬季回访锅炉房及采暖系统运行情况，发现问题及时解决和返修。二是技术性回访。主要了解在工程施工过程中所采用的新材料、新技术、新工艺、新设备等的技术性能和使用后的效果，发现问题及时加以补救和解决，同时也便于总结经验，获得科学依据，并为不断改进、完善与进一步推广创造条件。三是保修期结束前的回访。这种回访一般是在保修期即将结束前进行。

第五章　建筑工程质量事故的处理

由于影响建筑产品质量的因素繁多，在施工过程中稍有不慎，就极易引起系统性因素的质量变异，从而产生质量问题，甚至发生严重的工程质量事故。因此，必须采取有效的措施，对常见的质量问题和事故事先加以预防，并对已经出现的质量事故及时进行分析和处理。

第一节　建筑工程质量事故的特点和分类

一、建筑工程质量事故的特点

根据我国有关质量、质量管理和质量保证方面的国家标准的定义，凡工程产品质量没有满足某个规定的要求，就称之为质量不合格；而没有满足某个预期的使用要求或合理的期望（包括与安全性有关的要求），则称之为质量缺陷。在建设工程中通常所称的工程质量缺陷，一般是指工程不符合国家或行业现行有关技术标准、设计文件及合同对质量的要求。

由工程质量不合格和质量缺陷而造成或引发经济损失、工期延误或危及人的生命和社会正常秩序的事件，称为工程质量事故。

工程质量事故具有复杂性、严重性、可变性和多发性的特点。

（一）复杂性

建筑生产与一般工业相比，有以下特点：产品固定，生产流动；产品多样，结构类型不一，露天作业多，自然条件复杂多变；材料品种、规格多，材料性能各异；多工种、多专业交叉施工，相互干扰大；工艺要求不同、施工方法各异、技术标准不一等。因此，影响工程质量的因素繁多，造成质量事故的原因错综复杂，即使是同一类质量事故，而原因可能截然不同。例如，就墙体开裂质量事故而言，其产生的原因可能是设计计算有误，地基不均匀沉降，或温度应力、地震力、冻胀力的作用，也可能是施工质量低劣、偷工减料或材料不良等，这使得对质量事故进行分析，判断其性质、原因及发展，确定处理方案与措施等都增加了复杂性。

（二）严重性

工程项目一旦出现质量事故，其影响较大。轻者影响工程顺利进行、拖延工期、增加工程费用；重者则会留下隐患而成为危险的建筑，影响使用功能或不能使用；更严重的还会引起建筑物的失稳、倒塌，造成人民生命、财产的巨大损失。所以，对于建筑工程质量事故问题不能掉以轻心，必须高度重视，加强对工程建筑质量的监督管理，防患于未然，力争将事故消灭在萌芽之中，以确保建筑物的安全使用。

（三）可变性

许多建筑工程的质量事故出现后，其质量状态并非稳定于发现时的初始状态，而是有可能随时间、环境、施工情况等不断地发展、变化着。例如，地基基础或桥墩的超量沉降可能随上部荷载的不断增大而继续发展；混凝土结构出现的裂缝可能随环境温度的变化而变化，或随荷载的变化及持续时间的变化而变化等。因此，有些在初始阶段并不严重的质量问题，如不及时处理和纠正，有可能发展成严重的质量事故。例如，开始时微细的裂缝可能发展为结构断裂或导致建筑物倒塌事故。所以，在分析、处理工程质量事故时，一定要注意质量事故的可变性，及时采取可靠的措施，防止事故进一步恶化，或加强观测与试验，取得可靠数据，预测未来发展的趋向。

（四）多发性

建筑工程质量事故多发性有两层意思，一是有些事故像"常见病"、"多发病"一样经常发生，而成为质量通病。例如，混凝土、砂浆强度不足，预制构件裂缝等。二是有些同类事故一再发生。例如，悬挑结构断塌事故，近几年在全国十几个省（市）先后发生数十起，一再重复出现。

二、建筑工程质量问题的分类

建筑工程质量问题一般分为工程质量不合格、工程质量缺陷、工程质量通病和工程质量事故四种。

（1）工程质量不合格：指工程质量未满足设计、规范、标准的要求。

（2）工程质量缺陷：指建筑工程施工质量中不符合规定要求的检验项或检验点。

（3）工程质量通病：指各类影响工程结构、使用功能和外形观感的常见性质量损伤。

（4）工程质量事故：凡是工程质量不合格必须进行返修、加固或报废处理，由此造成直接经济损失低于5 000元的称为工程质量问题；直接经济损失在5 000元（含5 000元）以上的称为工程质量事故。

三、建筑工程质量事故的分类

建筑工程质量事故一般可按下述不同的方法分类。

（一）按事故发生的时间分类

（1）施工期事故。

（2）使用期事故。

从国内外大量的统计资料分析，绝大多数质量事故都发生在施工阶段到交工验收前这段时间内。

（二）按事故损失的严重程度分类

（1）一般质量事故。凡具备下列条件之一者为一般质量事故：

①直接经济损失在5 000元（含5 000元）以上，不满5万元的；

②影响使用功能和工程结构安全，造成永久质量缺陷的。

（2）严重质量事故。凡具备下列条件之一者为严重质量事故：

①直接经济损失在5万元（含5万元）以上，不满10万元的；

②严重影响使用功能或工程结构安全，存在重大质量隐患的；

③事故性质恶劣或造成2人以下重伤的。

（3）重大质量事故。凡具备下列条件之一者为重大质量事故：

①工程倒塌或报废的；

②由于质量事故，造成人员死亡或重伤3人以上的；

③直接经济损失10万元以上的。

建筑工程重大质量事故分为以下四级：

①凡造成死亡30人以上或直接经济损失300万元以上的为一级；

②凡造成死亡10人以上29人以下或直接经济损失100万元以上，不满300万元的为二级；

③凡造成死亡3人以上9人以下或重伤20人以上或直接经济损失30万元以上，不满100万元的为三级；

④凡造成死亡2人以下，或重伤3人以上19人以下或直接经济损失10万元以上，不满30万元的为四级。

(4)特别重大质量事故。一次死亡30人及其以上，或直接经济损失达500万元及其以上，或其他性质特别严重，上述影响三个之一均属特别重大事故。

(三)按施工质量事故产生的原因分类

(1)技术原因引发的质量事故。

(2)管理原因引发的质量事故。

(3)社会、经济原因引发的质量事故。

(四)按施工质量事故责任分类

(1)指导责任事故：如施工技术方案未经分析即冒然组织施工，材料配方失误，违背施工程序指挥施工等。

(2)操作责任事故：如工序未执行施工操作规程，无证上岗等。

(五)按事故造成的后果分类

(1)未遂事故：凡通过检查所发现的问题，经自行解决处理，未造成经济损失或延误工期的，均属于未遂事故。

(2)已遂事故：凡造成经济损失及不良后果者，则构成已遂事故。

(六)按事故性质分类

(1)倒塌事故：建筑物整体或局部倒塌。

(2)开裂事故：包括砌体或混凝土结构开裂。

(3)错位事故：位置错误，结构构件尺寸、位置偏差过大，预埋件、预留洞等错位偏差超过规定等。

(4)地基工程事故：地基失稳或变形，斜坡失稳等。

(5)基础工程事故：基础错位、变形过大，设备基础振动过大等。

(6)结构或构件承载力不足事故：混凝土结构中漏放或少放钢筋，钢结构中杆件连接达不到设计要求等。

(7)建筑功能事故：房屋漏水、渗水，隔热或隔声功能达不到设计要求，装饰工程质量达不到标准等。

四、建筑工程质量问题原因分析

(1)违背建设程序和法规。

(2)工程地质勘察失误或地基处理失误。

(3)设计计算问题。

(4)建筑材料及制品不合格。

（5）施工与管理失控。

（6）自然条件影响。

（7）建筑结构或设施的使用不当。

第二节　建筑工程质量事故处理的依据和程序

一、建筑工程质量事故处理的依据

处理工程质量事故，必须分析原因，作出正确的处理决策，这就要以充分的、准确的有关资料作为决策的基础和依据。进行工程质量事故处理的主要依据有以下几个方面：

（1）事故调查分析报告。一般包括以下内容：①质量事故的情况；②事故性质；③事故原因；④事故评估；⑤设计、施工以及使用单位对事故的意见和要求；⑥事故涉及人员与主要责任者的情况等。

（2）具有法律效力的、得到有关当事各方认可的工程承包合同、设计委托合同、材料或设备购销合同，以及监理合同或分包合同等合同文件。

（3）有关的技术文件和档案。

（4）相关的法律法规。

（5）类似工程质量事故处理的资料和经验。

二、建筑工程质量事故处理的程序

建筑工程质量事故处理的程序：事故调查→事故原因分析→事故调查报告→结构可靠性鉴定→确定处理方案→事故处理设计→事故处理施工→检查验收→结论，见图1-5-1。

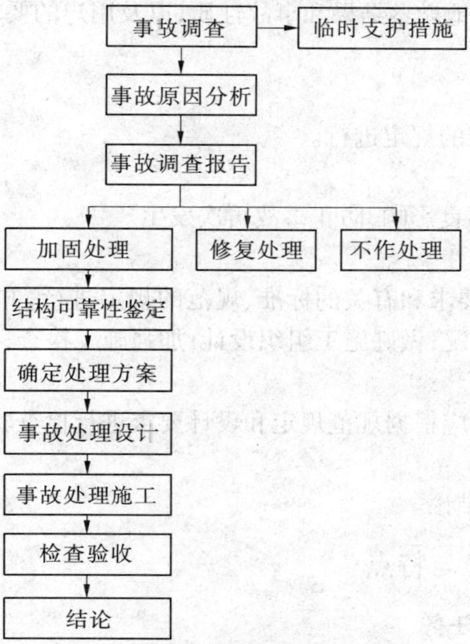

图1-5-1　工程质量事故处理的一般程序

（一）事故调查

（1）初步调查：工程情况；事故情况；图纸资料；施工资料等。

（2）详细调查：设计情况；地基及基础情况；结构实际情况；荷载情况；建筑物变形观测；裂缝观测等。

（3）补充调查：对有怀疑的地基进行补充勘测；测定所用材料的实际性能；建筑物内部缺陷的检查；较长时期的观测等。

（二）事故原因分析

在事故调查的基础上，分清事故的性质、类别及其危害程度，为事故处理提供必要的依据。

（1）确定事故原点：事故原点的状况往往反映出事故的直接原因。

（2）正确区别同类型事故的不同原因：根据调查的情况，对事故进行认真、全面的分析，找出事故的根本原因。

（3）注意事故原因的综合性：要全面估计各种因素对事故的影响，以便采取综合治理措施。

（三）事故调查报告

主要包括：工程概况；事故概况；事故是否已作过处理，事故调查中的实测数据和各种试验数据；事故原因分析；结构可靠性鉴定结论；事故处理的建议等。

（四）结构可靠性鉴定

根据事故调查取得的资料，对结构的安全性、适用性和耐久性进行科学的评定，为事故的处理决策确定方向。

可靠性鉴定一般由专门从事建筑物鉴定的机构作出。

（五）确定处理方案

根据事故调查报告、实地勘察结果和事故性质，以及用户的要求确定优化方案。

（六）事故处理设计

注意事项：

（1）按照有关设计规范的规定进行。

（2）考虑施工的可行性。

（3）重视结构环境的不良影响，防止事故再次发生。

（七）事故处理施工

施工应严格按照设计要求和有关的标准、规范的规定进行，并应注意以下事项：把好材料质量关；复查事故实际状况；做好施工组织设计；加强施工检查；确保施工安全。

（八）检查验收

事故处理工作完成后，应根据规范规定和设计要求进行检查验收。

（九）事故处理结论

最后对事故处理作出结论。

三、事故处理的任务与特点

（一）事故处理的主要任务

（1）创造正常施工条件。

(2)确保建筑物安全。

(3)满足使用要求。

(4)保证建筑物具有一定的耐久性。

(5)防止事故恶化,减少损失。

(6)有利于工程交工验收。

(二)质量事故处理的特点

(1)复杂性:相同形态的事故,产生的原因、性质及危害程度会截然不同。

(2)危险性:随时可能诱发倒塌。

(3)连锁性:结构构件之间的相互牵连。

(4)选择性:处理方法和处理时间可有多种选择。

(5)技术难度大。

(6)高度的责任性:涉及单位之间关系和人员处理。

四、事故处理的原则与要求

(一)事故处理必须具备的条件

(1)事故情况清楚。

(2)事故性质明确:结构性的还是一般性的问题;表面性的还是实质性的问题;事故处理的迫切程度。

(3)事故原因分析准确、全面。

(4)事故评价基本一致:各单位的评价应基本达成一致。

(5)处理目的和要求明确:恢复外观、防渗堵漏、封闭保护、复位纠偏、减少荷载、结构补强、拆除重建等。

(6)事故处理所需资料齐全。

(二)事故处理的注意事项

(1)综合治理:注意处理方法的综合应用,以便取得最佳效果。

(2)消除事故根源。

(3)注意事故处理期的安全:随时可能发生倒塌,要有可靠支护:对需要拆除的结构,应制定安全措施;在不卸载下进行结构加固时,要注意加固方法的影响。

(4)加强事故处理的检查验收:自准备阶段开始,对各施工环节进行严格的质量检查验收。

(三)不需要处理的事故

(1)不影响结构安全和正常使用,如错位事故。

(2)施工质量检验存在问题。

(3)不影响后续工程施工和结构安全。

(4)利用后期强度:混凝土强度未达设计要求,但相差不多,同时短期内不会满载,可考虑利用混凝土后期强度。

(5)通过对原设计进行验算可以满足使用要求:根据实测数据,结合设计要求验算,如能满足要求,经设计单位同意,可不作处理。

第三节 建筑工程质量事故处理的方法与验收

一、建筑工程质量事故处理的方法

建筑工程质量事故处理时，应当正确地分析和判断事故产生的原因，通常可以根据质量问题的情况，确定以下几种不同性质的处理方法：

(1)返工处理，即推倒重来，重新施工或更换零部件，自检合格后重新进行检查验收。

(2)修补处理，即经过适当的加固补强，修复缺陷，自检合格后重新进行检查验收。

(3)让步处理，即对质量不合格的施工结果，经设计人的核验，虽没达到设计的质量标准，但尚不影响结构安全和使用功能，经业主同意后可予验收。

(4)降级处理，如对已完工施工部位，因轴线、标高引测差错而改变设计平面尺寸，若返工损失严重，在不影响使用功能的前提下，经承发包双方协商验收。

(5)不作处理，对于轻微的施工质量缺陷，如面积小、点数多、程度轻的混凝土蜂窝、麻面、露筋等在施工规范允许范围内的缺陷，可通过后续工序进行修复。

二、建筑工程质量事故处理的验收

(一)检查验收

施工单位自检合格报验，按施工验收标准及有关规范的规定进行，结合监理人员的旁站、巡视和平行检验结果，依据质量事故技术处理方案要求，通过实际量测确定。

(二)必要的鉴定

凡涉及结构承载力等使用安全和其他重要性能的处理工作，均应作相应鉴定。

(三)验收结论

验收结论通常有以下两种：

(1)事故已排除，可以继续施工。

(2)隐患已消除，结构安全有保证。

对于短期内难以作出结论的，可提出进一步观测检验意见。对于处理后符合规定的，监理工程师应确认，并应注明责任方主要承担的经济责任。对于经处理仍不能满足安全使用要求的分部工程、单位(子单位)工程，应拒绝验收。

第四节 建筑工程质量事故处理的资料

以悬挑结构为例，说明如何进行建筑工程质量事故处理。悬挑结构坍塌事例较多，一是整体倾覆坍塌，二是沿悬臂梁、板根部断塌。其主要原因有以下几种：

(1)稳定力矩小于倾覆力矩。悬挑结构是靠压重或外拉力来保持稳定的，要求抗倾覆的安全因数不小于1.5，若稳定力矩小于倾覆力矩，必然失稳，倾覆坍塌。如在雨篷、挑梁上的压重(砌砖的高度)尚不能满足稳定要求时，就拆除支撑、模板，即会发生坍塌事故。

(2)模板支撑方案不当。悬挑结构根部受力最大，当混凝土浇筑后，尚未达到足够强度时，模板支撑产生沉降，根部混凝土随即开裂，拆模后将从根部产生断裂坍塌。

(3)钢筋错位、变形。悬挑结构根部负弯矩最大，主筋应配在梁、板的上部。若施工时将钢筋放在下部，或被踩踏向下变形过大，或锚固长度不够等，拆模后，均会导致根部断裂。

(4)施工超载。悬挑结构的固端弯矩与作用荷载成正比，如施工荷载超过设计荷载，当模板下沉时就在根部出现裂缝；尤其是当由根部向外浇筑混凝土时随着荷载增加，模板变形，也极容易在根部产生裂缝，导致拆摸后断裂。

(5)拆模过早。不少悬挑结构断塌事故都是拆模过早，混凝土尚未达到足够强度所造成的。所以，规范规定：跨度小于 2 m 的悬臂梁及板，混凝土的拆模强度应大于或等于 70% 设计强度；跨度大于 2 m 的悬挑梁及板，混凝土的拆模强度为 100% 设计强度。

第二篇　施工质量控制实施要点

第一章　土方工程

第一节　施工准备

在土木工程施工过程中，首先遇到的就是场地平整和基坑开挖，一切土的开挖、填筑、运输等统称为土方工程。它也包括开挖过程中的基坑降水、排水，坑壁支护等辅助工程。

土方工程施工前应做好以下准备工作：

(1)勘察施工现场，进行现场清理。

(2)研究制定场地平整、基坑开挖方案。土方工程施工前应进行挖、填方的平衡计算，综合考虑土方运距最短、运程合理和各个工程项目的合理施工程序等，做好土方平衡调配，减少重复挖运。

土方平衡调配应尽可能与城市规划和农田水利相结合，将余土一次性运到指定弃土场，做到文明施工。

(3)在挖方前，应检查定位放线，做好地面排水和降低地下水位工作。

(4)进行场地平整。平整场地的表面坡度应符合设计要求，当设计无要求时，排水沟方向的坡度不应小于2‰。平整后的场地表面应逐点检查。检查点为每100 ~ 400 m^2 取1点，且不应少于10点；长度、宽度和边坡均为每20 m 取1点，每边不应少于1点。

(5)平面控制桩和水准控制点应采取可靠的保护措施，定期复测和检查。

(6)雨季和冬季施工还应遵守国家现行有关标准。

第二节　土方的开挖与回填

一、土方开挖

(一)场地挖方的一般要求

(1)土方开挖前应检查定位放线、排水和降低地下水位系统，合理安排土方运输车的行走路线及弃土场。

(2)施工过程中应检查平面位置、水平标高、边坡坡度、压实度、排水和降低地下水位系统，并随时观测周围的环境变化。土方不应堆在基坑边缘。

(3)临时性挖方的边坡值应符合表2-1-1的规定。

表2-1-1 临时性挖方边坡值

土的类别		边坡值(高:宽)
砂土(不包括细砂、粉砂)		1:1.25~1:1.50
一般性黏土	硬	1:0.75~1:1.00
	硬、塑	1:1.00~1:1.25
	软	1:1.50或更缓
碎石类土	充填坚硬、硬塑性黏土	1:0.50~1:1.00
	充填砂土	1:1.00~1:1.50

注:1.设计有要求时，应符合设计标准。

2.如采取降水或其他加固措施，可不受本表限制，但应计算复核。

3.开挖深度，对软土不应超过4 m，对硬土不应超过8 m。

(4)土方开挖工程的质量检验标准应符合表2-1-2的规定。

表2-1-2 土方开挖工程质量检验标准

(单位:mm)

项目	序号	检查项目	允许偏差或允许值					检验方法
			柱基基坑基槽	挖方场地平整		管沟	地(路)面基层	
				人工	机械			
主控项目	1	标高	-50	±30	±50	-50	-50	水准仪
	2	长度、宽度(由设计中心线向两边量)	+200 -50	+300 -100	+500 -150	+100	—	经纬仪，用钢尺量
	3	边坡	设计要求					观察或用坡度尺检查
一般项目	1	表面平整度	20	20	50	20	20	用2 m靠尺和楔形塞尺检查
	2	基底土性	设计要求					观察或土样分析

注:地(路)面基层的偏差只适用于直接在挖、填方上做地(路)面的基层。

(二)基坑(槽)开挖的一般要求

(1)土方开挖的顺序、方法必须与设计工况相一致，并遵循"开槽支撑，先开后挖，分层开挖，严禁超挖"的原则。

(2)基坑(槽)和管沟开挖上部应有排水设施，防止地面水流入坑内，冲刷边坡造成塌方和破坏基土。

(3)基坑(槽)和管沟开挖不加支撑时的容许深度应执行表2-1-3的规定，挖深在5 m之内不加支撑时的最陡坡度应执行表2-1-4的规定。

表 2-1-3　基坑(槽)和管沟开挖不加支撑时容许深度

项次	土的种类	容许深度(m)
1	中密的砂土和碎石类土(充填物为砂土)	1.00
2	硬塑、可塑的粉质黏土和粉土	1.25
3	硬塑、可塑的黏土和碎石类土(充填物为黏性土)	1.50
4	坚硬的黏土	2.00

表 2-1-4　挖深在 5 m 内的基坑(槽)和管沟边坡不加支撑时的最陡坡度(不加支撑)

岩石类别	边坡坡度(高宽比)		
	坡顶无荷载	坡顶有静载	坡顶有动载
中密的砂土	1:1.00	1:1.25	1:1.50
中密的碎石类土(充填物为砂土)	1:0.75	1:1.00	1:1.25
硬塑的粉土	1:0.67	1:0.75	1:1.00
中密的碎石类土(充填物为黏性土)	1:0.50	1:0.67	1:0.75
硬塑的粉质黏土、黏土	1:0.33	1:0.50	1:0.67
老黄土	1:0.10	1:0.25	1:0.33
软土(经井点降水后)	1:1.00	—	—

注:1. 静载指堆土或材料等,动载指机械挖土或汽车运输作业等。静载或动载应距挖方边缘 0.8 m 以外,堆土或材料高度不宜超过 1.5 m。

2. 当有成熟经验时,可不受本表限制。

(4)开挖基坑深于邻近建筑物基础时,开挖应保持一定的距离和坡度,要满足 $h/l \leqslant 0.5 \sim 1$,h 为相邻两基础高差,l 为相邻两基础外边缘水平距离。

(5)根据土的性质、层理特性,挖方深度和施工期等确定基坑边坡护面措施,见表 2-1-5。

表 2-1-5　基坑边坡护面措施

名称	应用范围	护面措施
薄膜覆盖或砂浆覆盖法	基础施工工期较短的临时性基坑边坡	在边坡上铺塑料薄膜,在坡项或坡脚用草袋或纺织袋装土或砖压住,或在边坡上抹 2 ~ 2.5 cm 厚水泥砂浆保护层,为防止脱落,在上部及底部均应搭盖不少于 80 cm,同时在土中插适当锚筋连接,在坡脚设排水沟
挂网或挂网抹面法	基础施工期短,土质较整的临时性基坑边坡	在垂直坡面楔入直径 10 ~ 12 mm、长 40 ~ 60 cm 的插筋,纵横间距 1 m,上铺 20 号钢丝网,上下用草袋或聚丙烯麻丝编织袋(装土或砂)压住,或在钢丝网上抹 2.5 ~ 3.5 cm 厚的 M5 水泥砂浆
喷射混凝土或混凝土护面法	邻近有建筑物的深基坑边坡	在垂直坡面楔入直径 10 ~ 12 mm、长 40 ~ 50 cm 的插筋,纵横间距 1 m,上铺 20 号钢丝网,在表面喷射 40 ~ 60 mm 厚的 C15 细石混凝土直到坡顶或坡脚,也可不铺钢丝网而在坡面铺直径 4 ~ 6 mm、纵横间距 200 mm 的钢丝或钢丝网片,浇筑 50 ~ 60 mm 厚的细石混凝土,表面抹光
土袋或砌石压砌法	深度在 5 m 以内的临时性基坑边坡	在边坡下部用草袋或聚丙烯编织袋装土堆砌或砌石压住坡脚,边坡高 3 m以内可采用单排顶砌法,5 m 以内,水位较高,用二排顶砌或一排一顶构筑法,以保持坡脚稳定。在坡顶设挡水堤或排水沟,防止冲刷坡面,在底部做排水沟,防止冲坏坡脚

（三）深基坑开挖的一般要求

（1）适用范围：地下水位较高的软土地区、挖土深度较深（>6 m）的基坑挖土。

（2）根据工程具体情况，对基坑围护进行设计，编制基坑降水和挖土施工方案。

（3）基坑围护设计方案须按相关要求进行评审。

（4）挖土前，围护结构达到设计要求；基坑降水必须降到坑底以下 500 mm。

（5）挖土过程中，对周围邻近建筑物、地下管线进行监测。

（6）挖土机械不得碰撞支撑、工程桩和立柱；挖土机械、运输车辆下的路基箱等不得直接压在围护基坑上。

（7）施工现场配备必要的抢险物资。

（8）每挖一层土，围护上部坑壁及支撑上的零星杂物必须及时清除。

（四）土方开挖施工质量控制

1. 施工质量控制要点

（1）在挖土过程中及时排除坑底表面积水。

（2）在开挖过程中，当发生边坡滑移、坑涌时，应立即停止开挖，根据具体情况采取必要措施。

（3）基坑严禁超挖，在开挖过程中，用水准仪跟踪控制挖土标高；机械挖土时坑底留 200～300 mm 厚余土，进行人工修土。

2. 质量保证资料检查要求

（1）测量定位记录。

（2）挖土令。

（3）施工日记。

（4）自检记录。

二、土方回填

（一）一般要求

（1）土方回填前应清除基底的垃圾、树根等杂物，抽除坑穴积水、淤泥，验收基底标高。如在耕植土或松土上填方，应在基底压实后再进行。

（2）对填方土料应按设计要求验收后方可填入。填方土料应符合以下规定：含水量符合压实要求的黏性土可用做各层填料；一般碎石类土、砂土及爆破石渣，可用做表层以下的填料，其最大土块粒径不得超过每层铺填厚度的 2/3，当用振动碾碾压时，不得超过 3/4，碎块草皮和有机物含量大于 8% 的土，仅可用于无压实要求的填方；淤泥和淤泥质土，一般不用做填料。含盐量符合规定的盐渍土，一般可用做填料，但土中不得含有盐晶、盐块或含盐植物根基。

（3）填方土料含水量应符合要求。土料含水量的大小直接影响到夯实（碾压）遍数和夯实（碾压）质量，在夯实（碾压）前应预试验，以得到符合密实度要求条件下的最优含水量和最少夯实（或碾压）遍数。含水量过小，夯实（碾压）不实；含水量过大，则易成橡皮土。各种土的最优含水量和最大干密度参考数值见表 2-1-6。

表 2-1-6　土的最优含水量和最大干密度参考值

项次	土的种类	变动范围	
		最优含水量(%,质量比)	最大干密度(t/m^3)
1	砂土	8～12	1.80～1.88
2	黏土	19～23	1.58～1.70
3	粉质黏土	12～15	1.85～1.95
4	粉土	16～22	1.61～1.80

(4)填方施工结束后,应检查标高、边坡坡度、压实程度等,检验标准应符合表 2-1-7 的规定。

表 2-1-7　填土工程质量检验标准　(单位:mm)

项目	序号	检查项目	允许偏差或允许值					检验方法
			桩基基坑基槽	场地平整		管沟	地(路)面基础层	
				人工	机械			
主控项目	1	标高	-50	±30	±50	-50	-50	水准仪
	2	分层压实系数	设计要求					按规定方法
一般项目	1	回填土料	设计要求					取样检查或直观鉴别
	2	分层厚度及含水量	设计要求					水准仪及抽样检查
	3	表面平整度	20	20	30	20	20	用靠尺或水准仪

(二)填土方法

填方施工中应检查排水设施,采取措施防止地表滞水流入填方区,浸泡地基,造成基土下陷;当填方位于水田、沟、渠、池塘或含水量很大的松软土地段时,应根据具体情况采取排水,或全部挖出换土、抛填片石、填砂砾石、掺石灰等措施进行处理。当填方场地地面坡度陡于 1/5 时,应先将斜坡挖成阶梯形,阶高 0.2～0.3 m,宽大于 1 m,然后分层填土,以利于结合和防止滑动。填筑厚度及压实遍数应根据土质、压实系数及所用机具确定。如无试验依据,应符合表 2-1-8 的规定。

表 2-1-8　填土施工时的分层厚度及压实遍数

压实机具	分层厚度(mm)	每层压实遍数
平碾	250～300	6～8
振动压实机	250～350	3～4
柴油打夯机	200～250	3～4
人工打夯	<200	3～4

(三)填方施工质量控制

1.施工质量控制要点

(1)对有密实度要求的填方,在夯实或压实之后,要对每层回填土的质量进行检验。一般采用环刀取样测定土的干密度和密实度,或用小轻便触探仪直接通过锤击数来检验干密度和密实度,符合设计要求后,才能填筑上层。

(2)基坑和室内回填土,由场地最低部位开始,由一端向另一端自下而上分层铺填,每层虚铺厚度,砂质土不大于30 cm,黏性土不大于20 cm,用人工木夯夯实;用打夯机械夯实时,不大于30 cm。每层按30～50 m^2 取样一组。场地平整填方,每层按400～900 m^2 取样一组;基坑或管沟回填每20～50 m^2 取样一组。但每层取样均不少于一组,取样部位在每层压实后的下半部。

(3)填方密实的干密度,应有90%以上符合设计要求;其余10%的最低值与设计值之差不得大于0.08 t/m^3,且不宜集中。

2.质量保证资料检查要求

(1)基槽隐蔽验收记录。

(2)土工试验记录。

(3)回填土干密度试验记录。

(4)施工日记。

(5)自检记录。

(6)土方分项工程质量检验评定表。

第三节 土方工程的排水与降水

一、场地排水方法

场地排水方法有直接排水和间接排水两种。

(一)基坑内挖明沟排水法

设若干集水井与明沟相连,用水泵直接排水。

(二)分层明沟排水法

当基坑开挖土层由多种土壤组成,中部夹有透水性强的砂类土壤时,为避免上层地下水冲刷基坑下部边坡,造成塌方,可在基坑边坡上设置2～3层明沟及相应的集水井分层阻截,排除上部土层中的地下水。

(三)深沟排水法

当地下设备基础成群,基坑相连,土层渗水量和排水量大时,为减小大量设置排水沟的复杂性,可在基坑外距坑边6～30 m或基坑内深基础部位开挖一条纵长、深的明排水沟,使附近基坑地下水均通过深沟自流入水沟或设集水井用水泵排到施工场地以外的沟道。在建筑物四周或内部设置支沟,将水流引至主沟排走。

(四)暗沟或渗排水层法排水

在场地狭窄、地下水很大的情况下,设置明沟困难,可结合工程设计,在基础底板四周设暗沟(盲沟)或渗排水层,暗沟或渗排水层的排水管(沟)坡向集水坑(井)。在挖土时先挖排水沟，随挖随加深，形成连通基坑内外的暗沟排水系统，以控制地下水位，至基础底板标高后做成暗沟，或渗排水层，使基础周围地下水流向永久性下水道或集中到设计永久性排水坑，用水泵将地下水排走，使水位降低到基础底板以下。

（五）工程设施排水法

选择基坑附近深基础先施工，作为施工排水的集水井或排水设施，使基础内的附近地下水汇流至较低处集中，再用水泵排走；或先施工建筑物周围或内部的正式防水、排水设计的渗排水工程或地下水道工程，利用其作为排水设施，在基础一侧或两侧设排水明沟或暗沟，将水流引至渗排水系统或下水道排走。该法利用永久性排水设施排水，省去大量挖沟工程和排水设施，因此最为经济。其适用于工程附近有较大型地下设施（如设备基础群、地下室、油库等）工程的排水。

（六）综合排水法

在深沟截水的基础上，如中部有透水性强的土层，再辅以分层明沟排水或在上部再辅以轻型井点截水等方法同时使用，以达到综合排除大量地下水的目的。该法排水效果好，可防止流砂现象，但多一道设施，费用稍高。其适用于土质不均、基坑较深、涌水量较大的大面积基坑排水。

（七）排水沟截面选择

排水沟截面选择与土质、基坑面积有关，参见表2-1-9。

表2-1-9　基坑（槽）排水沟常用截面

图示	基坑面积（m^2）	截面编号	粉质黏土			黏土		
			地下水位以下的深度（m）					
			4	4～8	8～12	4	4～8	8～12
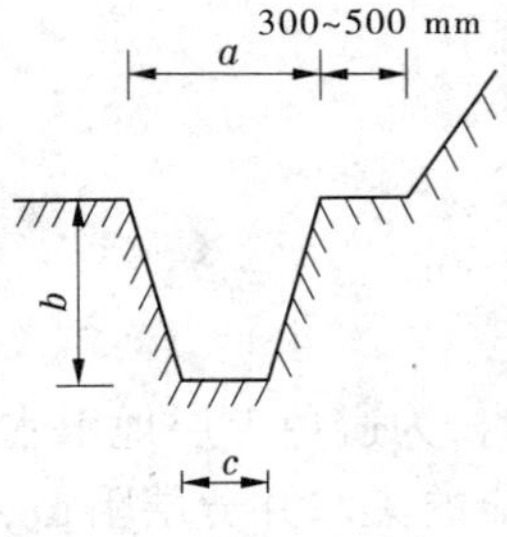	5 000 以下	*a*	0.5	0.7	0.9	0.4	0.5	0.6
		b	0.5	0.7	0.9	0.4	0.5	0.6
		c	0.3	0.3	0.3	0.2	0.3	0.3
	5 000～10 000	*a*	0.8	1.0	1.2	0.5	0.7	0.9
		b	0.8	1.0	1.2	0.5	0.7	0.9
		c	0.3	0.4	0.4	0.3	0.3	0.3
	10 000 以上	*a*	1.0	1.2	1.5	0.6	0.8	1.0
		b	1.0	1.2	1.5	0.6	0.8	1.0
		c	0.4	0.4	0.5	0.3	0.3	0.4

二、人工降低地下水方法

对不同的土质应用不同的降水形式，常用的降水形式有轻型井点和多级轻型井点、喷射井点、电渗井点、深井井点等，各种井点适用范围及方法原理参见表2-1-10。

表 2-1-10　各种井点的适用范围及方法原理

名称	适用范围	方法原理
轻型井点	适用于渗透系数为 0.5 ~ 50 m/d 的砂土、黏性土，降水深度为 3 ~ 6 m	在工程外围竖向埋设一系列井点管深入含水层内，井点管的上端通过连接弯管与集水总管连接，集水总管再与真空泵和离心水泵相连，启动真空泵，使井点系统形成真空，井点周围形成一个真空区，真空区通过砂井向上向外扩展一定范围，地下水便在真空泵吸力作用下，使井点附近的地下水通过砂井、滤水管被强制吸入井点管和集水总管，排除的空气，由离心水泵的排水管排出，使井点附近的地下水位得以降低
多级轻型井点	当一级轻型井点不能满足降水深度要求时，可用二级或多级轻型井点，降水深度为 6 ~ 12 m	在工程外围竖向埋设一系列井点管深入含水层内，井点管的上端通过连接弯管与集水总管连接，集水总管再与真空泵和离心水泵相连，启动真空泵，使井点系统形成真空，井点周围形成一个真空区，真空区通过砂井向上向外扩展一定范围，地下水便在真空泵吸力作用下，使井点附近的地下水通过砂井、滤水管被强制吸入井点管和集水总管，排除的空气，由离心水泵的排水管排出，使井点附近的地下水位得以降低
喷射井点	适用于渗透系数为 3 ~ 50 m/d 的砂土或渗透系数为 0.1 ~ 3 m/d 的粉砂、淤泥质土、粉质黏土	在井点内部装设特制的喷射器，用高压水泵或空气压缩机通过井点管中的内管向喷射器输入高压水(喷水井点)或压缩空气(喷气井点)，形成水气射流，将地下水经井点外管与内管之间的间隙抽出排走
电渗井点	适用于渗透系数为 0.002 ~ 0.1 m/d 的黏土和淤泥质土	利用黏性土的电渗现象和电泳特性，使黏性土空隙中的水流动加快，起到一定疏干作用，从而使软土地基排水效率得到提高
管井井点	适用于渗透系数为 20 ~ 200 m/d，地下水丰富的土层和砂层，降水深度为 3 ~ 5 m	由滤水井管、吸水管和抽水机械等组成
深井井点	适用于渗透系数为 10 ~ 250 m/d 的砂类土，地下水丰富，降水深、面积大、时间长的降水工程	在深基坑的周围埋设深于基底的井管，使地下水通过设置在井管内的潜水泵将地下水抽出，使地下水位低于坑底
小沉井井点	适用于渗透系数为 50 ~ 250 m/d，涌水量大的粉质黏土、粉土、砂土、砂卵石土	在基坑的周围或基坑部位下沉深于基坑底的小型沉井，使地下水通过设在沉井底的滤砂笼和潜水泵，将地下水降低至基坑底以下 500 mm
无砂混凝土管井点	适用于渗透系数为 0.1 ~ 250 m/d 的各种土层，特别适用于砂层、砂质黏土层	在基坑的周围或基坑部位埋设多个无砂混凝土滤水管井点，在管内设潜水泵，将地下水位降至要求的深度

三、排水与降水施工的质量检验

排水与降水施工的质量检验标准应符合表 2-1-11 的规定。

表 2-1-11　排水与降水施工质量检验标准

序号	检查项目	允许值或允许偏差		检查方法
		单位	数值	
1	排水沟坡度	‰	1～2	目测：坑内不积水，沟内排水畅通
2	井管（点）垂直度	%	1	插管时目测
3	井管（点）间距（与设计相比）	mm	≤150	用钢尺量
4	井管（点）插入深度（与设计相比）	mm	≤200	水准仪
5	过滤砂砾料填灌（与计算值相比）	mm	≤5	检查回填料用量
6	井点真空度：轻型井点 喷射井点	kPa kPa	>60 >93	真空度表 真空度表
7	电渗井点阴阳极距离：轻型井点 喷射井点	mm mm	80～100 120～150	用钢尺量 用钢尺量

第四节　基坑（槽）支护

一、基坑（槽）支护方法

（一）浅基坑（槽）、管沟的支撑方法

（1）间断式水平支撑。两侧挡土板水平放置，用工具式或木横撑借木楔顶紧，挖一层土，支顶一层。适用于能保持立壁的干土或天然湿度的黏土类土，地下水很少，深度在 2 m 以内。

（2）连续式水平支撑。挡土板水平连续放置，不留间隙，然后两侧同时对称立竖楞木，上、下各顶一根撑木，端头再用木楔顶紧。适用于土质较松散的干土或天然湿度的黏土类土，地下水很少，深度为 3～5 m 以内。

（3）连续或间断式垂直支撑。挡土板垂直放置，连续或留适当间隙，然后每侧上、下各水平顶一根枋木，并用横撑顶紧。适用于土质较松散或湿度很高的土，地下水较少，深度不限。

（4）水平垂直支撑。沟、槽上部设连续水平支撑，下部设连续垂直支撑。适用于沟槽深度较大，下部有含水土层的情况。

(5)多层水平垂直混合支撑。沟槽上、下部设多层连续水平支撑和垂直支撑。适用于沟槽深度较大,下部有含水土层的情况。

(6)斜撑支撑。水平挡土板钉在柱桩内侧,柱桩外侧用斜撑支顶,斜撑底端支在木桩上,在挡土板内侧回填土。适于开挖较大型、深度不大的基坑或使用机械挖土。

(7)锚拉支撑。水平挡土板支在柱桩的内侧,柱桩一端打入土中,另一端用拉杆与锚桩拉紧,在挡土板内侧回填土。适于开挖较大型、深度不大的基坑或使用机械挖土而不能安设横撑时使用。

(8)型钢柱横挡板支撑。沿挡土位置预先打入钢轨、工字钢或H型钢桩,间距1.0~1.5 m,然后边挖方,边将3~6 cm厚的挡土板塞进钢桩之间挡土,边在横向挡板与型钢桩之间打上楔子,使横板与土体紧密接触。适用于地下水位较低、深度不很大的一般黏性砂土层。

(9)短柱横隔。打入小短木桩,部分打入土中,部分露出地面,钉上水平挡土板,在背面填土。适用于开挖宽度大的基坑,当部分地段下部放坡不够时使用。

(10)临时挡土墙支撑。沿坡脚用砖、石叠砌或用草袋装土、砂堆砌,使坡脚保持稳定。适用于开挖宽度大的基坑。

(二)深基坑支护方法

(1)钢板桩支护。在开挖基坑的周围打钢板桩或钢筋混凝土板桩,板桩入土深度及悬臂长度应按高处确定,如基坑宽度很大,可加水平支撑。适用于一般地下水、深度和宽度不很大的黏性砂土层。

(2)钢板桩与钢构架结合支护。在开挖基坑的周围打钢板桩,在柱位置上打入暂时的钢柱,在基坑中挖土,每下挖3~4 m,安装一层构架支撑体系,挖土在钢构架网格中进行,亦可不预先打入钢柱,随挖随接长支柱。适于在饱和软弱土层中开挖较大、较深基坑,钢板桩钢度不够时采用。

(3)挡土灌注桩支护。在开挖基坑的周围用钻机钻孔,现场灌注钢筋混凝土桩,达到强度后,在基坑中间用人工或机械挖土,下挖1 m左右装上横撑,在桩背面装上拉杆,与已设锚桩拉紧,然后继续挖土至要求深度,在桩间土方挖成外拱形,使起土拱作用,若基坑深度小于6 m或邻近有建筑物,亦可不设锚拉杆,采取缩短柱距或加大桩径处理。适于在开挖较大、较深(>6 m)基坑,邻近有建筑物,不允许支护,背面地基有下沉、位移时采用。

(4)挡土灌注桩与土层锚杆结合支护。同挡土灌注桩支撑,但在桩顶不设锚桩拉杆,而是挖至一定深度每隔一定距离向桩背面斜下方用锚杆钻孔机打孔,安放钢筋锚杆,用水泥压力灌浆,达到强度后,安上横杆,拉紧固定,在桩中间进行挖土直至设计深度。如设2~3层锚杆,可挖一层土,装设一次锚杆。适于在开挖大型较深基坑,施工期较长,邻近有高层建筑,不允许支护,邻近地基有任何下沉、位移时使用。

(5)挡土灌注桩与旋喷桩组合支护。在深基坑内侧设置直径0.6~1.0 m的混凝土灌注桩,间距1.2~1.5 m;在紧靠混凝土灌注桩的外侧设置直径0.8~1.5 m的旋喷水泥浆方式形成的水泥土桩,使之与混凝土灌注桩紧密结合,组成一道防渗帷幕,既可起抵抗土压力、水压力作用,又起挡水抗渗透作用;挡土灌注桩与旋喷桩采取分段间隔施工。当基坑为淤泥质土层,有可能在基坑底部产生管涌、涌泥现象时,亦可在基坑底部以下用旋喷桩封闭。在混凝土灌注桩外侧设旋喷桩,有利于支护结构的稳定,加固后能有效减小作用于支护结构上的主动土压力,防止边坡坍塌、渗水和管涌等现象发生。适于土质条件较差、地下水位较高,要求既挡土又挡水防渗的支护工程。

(6)双层挡土灌注桩支护。将挡土灌注桩在平面布置上由单排桩改为双排桩,呈对应或梅花式排列,桩数保持不变,双排桩的桩径 d 一般为 400 ~ 600 mm,排距 L 为(1.5 ~ 3.0)d,在双排桩顶部设圈梁使之成为整体钢架结构。亦可在基坑每侧中段设双排桩,而在四角仍采用单排桩。采用双排桩可有效地使支护整体刚度增大,桩的内力和水平位移减小,提高护坡效果。适于基坑较深,采用单排悬臂混凝土灌注桩挡土,强度和刚度均不能胜任时采用。

(7)地下连续墙支护。在开挖的基坑周围先施工钢筋混凝土地下连续墙,达到强度后,在墙中间用机械或人工挖土直至要求深度。跨度、深度很大时可在内部加设水平支撑及支柱。用于逆作法施工,每下挖一层,把下一层梁、板、柱浇筑完成,以此作为地下连续墙的水平框架支撑,如此循环作业,直到地下室的底层全部挖完土。适用于开挖较大、较深(>10 m),有地下水,周围有建筑物、公路的基坑,作为地下结构外墙的一部分,或用于高层建筑的逆作法施工,作为地下室结构的部分外墙。

(8)地下连续墙与土层锚杆结合支护。在开挖的基坑周围,先施工地下连续墙支护,在墙中部用机械配合人工挖土至锚杆部位,用锚杆钻机在要求位置钻孔,放入锚杆,进行灌浆,待达到强度后,装上锚杆横梁或锚头垫座,然后继续下挖至要求深度,如设 2 ~ 3 层锚杆,每挖一层装一层。采用快凝砂浆灌浆。适于开挖较大、较深(>10 m),有地下水的大型基坑,周围有高层建筑,不允许支护有变形;采用机械挖方,要求有较大空间,不允许内部设支撑时采用。

(9)土层锚杆支护。沿开挖基坑边坡每 2 ~ 4 m 设置一层水平土层锚杆,直至挖土至要求深度。土层锚杆,每挖一层装一层。采用快凝砂浆灌浆。适于在较硬土层或破碎岩石中开挖较大、较深基坑,邻近有建筑物,必须保证边坡稳定时采用。

(10)板桩(灌注桩)中央横顶支护。在基坑周围打板桩或设挡土灌注桩,在内侧放坡,挖中间部分土方到坑底,先施工中间部分结构至地面,然后利用此结构作支承向板桩(灌注桩)支水平横顶撑,挖除放坡部分土方,每挖一层支一层水平横顶撑,直至设计深度,最后建该部分结构。适于开挖较大、较深基坑,支护桩刚度不够,又不允许设置过多支撑时采用。

(11)板桩(灌注桩)中央斜顶支护。在基坑周围打板桩或设挡土灌注桩,内侧放坡,挖中间部分土方到坑底,并先施工好中间部分基础,再从基础向桩上方支斜顶撑,然后把放坡的土方挖除,每挖一层支一层斜顶撑,直至坑底,最后建该部分结构。适于开挖较大、较深基坑,支护桩刚度不够,坑内又不允许设置过多支撑时采用。

(12)分层板桩支护。在开挖厂房群基础周围先打支护板桩,然后在内侧挖土方至群基础底标高,再在中部主体深基础四周打二级支护板桩,挖深基础土方,施工主体结构至地面,最后施工外围群基础。适于开挖较大、较深基坑,当中部主体与周围群基础标高不等,而又无重型板桩时采用。

(三)圆形深基坑支护方法

(1)钢筋笼支护。应用短钢筋笼悬挂在孔口作圆形基坑的支护,笼与土壁间插木板支垫。适用于天然湿度的较松软黏土类土,作直径不大的圆形结构挖孔桩支护,深度为 3 ~ 6 m。

(2)钢筋或钢筋骨架支护。每挖 0.6 ~ 1.0 m,用 2 根直径 25 ~ 32 mm 的钢筋或钢筋骨架作顶箍,接头用螺栓连接,顶箍之间用吊筋连接,靠土一面插木护板作支撑。适用于天然湿度的黏土类土,地下水很少,作圆形结构支护,深度为6~8 m。

(3)混凝土或钢筋混凝土支护。每挖1.0 m,拆上节横板,支下节,浇下节混凝土,循环作业直至要求深度。主筋用搭接或焊接,浇灌斜口用砂浆堵塞。适用于天然湿度的黏土类土,地下水很少,地面荷载较大,深度为6~30 m的圆形结构护壁或直径1.5 m以上的人工挖孔桩护壁。

(4)砖砌或抹砂浆支护。每挖1.0~1.5 m,用M10砂浆砌半砖或1/4砖厚护壁,用3 cm厚的M10水泥砂浆填实于砖与土壁之间的空隙,每挖好一段,即砌筑一段,要求灰缝饱满,挖(砌)第二段时,比上一段的孔径缩小60 mm,以下逐段进行,直到要求深度。适用于土质较好、直径不大、停留时间较短的圆形基坑,直径1.5~2.0 m、深30 m以内人工挖孔桩护壁。

(5)局部砖砌支护。上部1.0 m高,用M10砂浆砌半砖或1/4砖厚护口,下部如土质较好,不砌护壁,如局部遇软弱土或粉细砂层,则仅在该层用M10砂浆砌半砖或1/4砖厚护壁,并高出土层交界各250~300 mm。适用于无地下水、土质较好、直径1.0~1.5 m、深15 m以内人工挖孔桩护壁。

二、支护结构的监测

(1)在设计深基坑支护结构时,虽已事先对地质和周围环境作了调查,并经过详细计算,但设计往往与实际情况不一致。所以,在基坑开挖过程中及开挖后,对支护结构、重点杆件进行监测,能随时掌握土层与支护结构的变化情况。对每一阶段的实际受力情况与设计值对比,如实际值超过设计值过大,就需要采取必要的加固措施,以保证下一阶段施工的顺利进行。在挖土过程中.对于周围可能受到影响的建筑物、管线、道路等设施也要进行监测。若达到警戒值,则根据具体情况采取必要的措施。保证邻近建筑物和地下管线的安全与正常功能,并在出现险情时能把所造成的危害降到最低程度。

(2)基坑变形的监控值应符合要求。当有设计指标时,以设计要求为依据,如无设计指标,应按表2-1-12的规定执行。

表2-1-12　基坑变形的监控值　(单位:cm)

基坑类别	围护结构墙顶位移监控值	围护结构墙体最大位移监控值	地面最大沉降监控值
一级基坑	3	5	3
二级基坑	6	8	6
三级基坑	8	10	10

注:1. 符合下列情况之一者,为一级基坑:

①重要工程或支护结构作主体结构的一部分;

②开挖深度大于10 m;

③与邻近建筑物、重要设施的距离在开挖深度以内的基坑;

④基坑范围内有历史文物、近代优秀建筑、重要管线等需严加保护的基坑。

2. 三级基坑为开挖深度小于7 m,且周围环境无特别要求时的基坑。

3. 除一级和三级外的基坑属二级基坑。

4. 当周围已有的设施有特殊要求时,尚应符合这些要求。

第二章　地基与基础工程

地基与基础工程是建筑工程中重要的组成部分，任何一个建筑物或构筑物都是由上部结构、基础和地基三部分组成的。基础担负着承受建筑物的全部荷载并将其传给地基的任务。

第一节　地基处理

一、一般规定

(1)建筑物地基的施工应具备下述资料：

①岩土工程勘察资料；

②邻近建筑物和地下设施类型、分布及结构质量情况；

③工程设计图纸、设计要求及需达到的标准、检验手段。

(2)砂、石子、水泥、钢材、石灰、粉煤灰等原材料的质量，检验项目、批量和检验方法，应符合国家现行标准的规定。

(3)地基施工结束，宜在一个间歇期后进行质量验收，间歇期由设计确定。

地基施工考虑间歇期是因为地基土的密实、孔隙水压力的消散、水泥或化学浆液的固结等均无原则，有一个期限，施工结束即进行验收有不符实际的可能。至于间歇多长时间在各类地基规范中有所考虑，但仅是参考数字，具体可由设计人员根据要求确定。有些大工程施工周期较长，一部分已到间歇要求，另一部分仍有施工，就不一定待全部工程施工结束后再进行取样检查，可先在已完工程部位进行，但是否有代表性就应由设计方确定。

(4)地基加固工程，应在正式施工前进行试验施工，论证设定的施工参数及加固效果。为验证加固效果所进行的载荷试验，其施加载荷应不低于设计载荷的2倍。

(5)对灰土地基、砂和砂石地基、土工合成材料地基、粉煤灰地基、强夯地基、注浆地基、预压地基，其竣工后的结果(地基强度或承载力)必须达到设计要求的标准。检验数量，每单位工程不应少于3点；1 000 m^2 以上工程，每100 m^2 至少应有1点；3 000 m^2 以上工程，每300 m^2 至少应有1点；每一独立基础下至少应有1点；基槽每20延米应有1点。

(6)对水泥土搅拌复合地基、高压喷射注浆桩复合地基、砂桩地基、振冲桩复合地基、土和灰土挤密桩复合地基、水泥粉煤灰碎石桩复合地基及夯实水泥土桩复合地基，其承载力检验数量为总数的1.5% ~1%，且不应少于3根。

水泥土搅拌桩地基、高压喷射注浆桩地基、砂桩地基、振冲桩地基、土和灰土挤密桩地基、水泥粉煤灰碎石桩地基及夯实水泥土桩地基为复合地基，桩是主要施工对象，首先应检验桩的质量，检验方法可按国家现行行业标准《建筑基桩检测技术规范》(JGJ 106)的规定执行。

(7)当灰土地基、砂和砂石地基底面标高不同时，应挖成阶梯形或斜坡搭接，并按先深后浅的顺序施工，搭接处应夯压密实。分层铺设时，接头应做成斜坡和阶梯形搭接，每层错开0.5～1.0 m，并注意充分捣实。

（8）除上述（5）、（6）指定的主控项目外，其他主控项目及一般项目可随意抽查，但复合地基中的水泥土搅拌桩、高压喷射注浆桩、振冲桩、土和灰土挤密桩、水泥粉煤灰碎石桩及夯实水泥土桩至少应抽查20%。

二、地基处理

（一）换填垫层法

1. 换填法施工材料要求

1）素土

一般的黏土或粉质黏土，土料中有机物含量不得超过5%，土料中不得含有冻土或膨胀土，土料中含有碎石时，其粒径不宜大于50 mm。

2）灰土

土料宜用黏性土及塑性指数大于4的粉土，不得含有松软杂质，土料应过筛，颗粒不得大于15 mm，石灰应用Ⅲ级以上新鲜块灰，氧化钙、氧化镁含量越高越好，石灰消解后使用，颗粒不得大于5 mm，消石灰中不得夹有未熟化的生石灰块粒及其他杂质，也不得含有过多的水分。灰土采用体积配合比，一般宜为2∶8或3∶7。

3）砂

宜用颗粒级配良好、质地坚硬的粗砂或中砂，当用细砂、粉砂时应掺加粒径25%～30%的卵石或碎石，最大粒径不大于5 mm，但要分布均匀，砂中不得含有杂草、树根等有机物，含泥量应小于5%。

4）砂石

采用自然级配的砂砾石或碎石的混合物，最大粒径不得大于50 mm，不得含有植物残体、有机物、垃圾等杂物。

5）粉煤灰

粉煤灰是电厂的工业废料，选用的粉煤灰中SiO_2、Al_2O_3、Fe_2O_3总含量越高越好，颗粒宜粗，烧失量宜低，含SO_3宜小于0.4%，以免对地下金属管道等具有腐蚀性，粉煤灰中严禁混入植物、生活垃圾及其他有机杂质。

6）工业废渣

工业废渣俗称干渣，可选用分级干渣、混合干渣或原状干渣。小面积垫层用8～40 mm与40～60 mm分级干渣或0～60 mm的混合干渣；大面积铺填时，用混合干渣或原状干渣，混合干渣最大粒径不大于200 mm或不大于碾压分层需铺厚度的2/3。干渣必须具备质地坚硬、性能稳定、松散重度不小于11 kN/m^3、泥土与有机杂质含量不大于5%的条件。

2. 换填法施工质量控制

1）施工质量控制要点

（1）当对湿陷性黄土地基进行换填加固时，不得选用砂石，土料中不得夹有砖瓦和石块等可导致渗水的材料。

（2）当用灰土作换填垫层加固材料时，应加强对活性氧化钙含量的控制。

（3）当换填垫层底部存在古井、古墓、洞穴、旧基础、暗塘等软硬不均的部位时，应根据《建筑地基处理技术规范》（JGJ 79—2002）第4.3.4条予以处理。

(4)垫层施工的最优含水量。垫层材料的含水量,在当地无可靠经验值可取时,应通过击实试验来确定最优含水量。分层铺筑厚度、每层压实遍数和机械碾压速度应根据选用不同材料及使用的施工机械通过压实试验确定。灰土分层最大虚铺厚度可参考表 2-2-1 数值,砂垫层和砂石垫层铺筑厚度及施工最优含水量可参考表 2-2-2 数值。

表 2-2-1 灰土分层最大虚铺厚度

序号	夯实机具	质量(t)	厚度(mm)	说明
1	石夯、木夯	0.04~0.08	200~250	人力送夯,落距 400~500 mm,每夯搭接半夯
2	轻型夯实机械	—	200~250	蛙式或柴油打夯机
3	压路机	6~10	200~300	双轮

表 2-2-2 砂垫层和砂石垫层铺筑厚度及施工最优含水量

项次	压实方法	每层铺筑厚度(mm)	施工时的最优含水量(%)	施工要点	说明
1	平振法	200~250	15~20	1. 用平板式振动器往复振捣,往复次数以测定密实度合格为准; 2. 振动器移动时,每行应搭接 1/3,以防振动器移动而不搭接	不宜使用于干细砂或含泥量较大的砂所铺筑的砂地基
2	插振法	振捣器插入深度	饱和	1. 用插入式振动器; 2. 插入点间距可根据机械振动大小决定; 3. 不应插至下卧黏性土层; 4. 插入振动完毕所留的孔洞应用砂填实; 5. 应有控制地注水和排水	不宜使用于细砂或含泥量较大的砂所铺筑的砂地基
3	水撼法	250	饱和	1. 注水高度略超过铺设面层; 2. 用钢叉摇撼捣实,插入点间距 100 mm 左右; 3. 有控制地注水和排水; 4. 钢叉分四齿,齿的间距 30 mm,长 300 mm,木柄长 900 mm,重 4 kg	湿陷性黄土、膨胀土、细砂地基上不得使用
4	夯实法	150~200	饱和	1. 用木夯或机械夯; 2. 木夯重 40 kg,落距 400~500 mm; 3. 一夯压半夯,全面夯实	适用于砂石垫层
5	碾压法	150~350	8~12	用压路机往复碾压,碾压次数以达到要求密实度为准,一般不少于 4 遍;用振动压实机械,振动 3~5 min	适用于大面积的石垫层,不宜用于地下水位以下的砂垫层

注:在地下水位以下的地基,其最下层的铺筑厚度可比本表增加 50 mm。

(5)垫层分段施工或垫层在不同标高层上施工时应遵守 JGJ 79—2002 第 4.3.7 条规定。

2)施工质量检验要求

(1)对素土、灰土、砂垫层用贯入仪检验垫层质量,对砂垫层也可用钢筋贯入度检验。灰土地基的质量检验标准应符合表 2-2-3 的规定,砂和砂石地基的质量检验标准应符合表 2-2-4 的规定。

表 2-2-3 灰土地基质量检验标准

项目	序号	检查项目	允许偏差或允许值		检查方法
			单位	数量	
主控项目	1	地基承载力	设计要求		按规定方法
	2	配合比	设计要求		按拌和时的体积比
	3	压实系数	设计要求		现场实测
一般项目	1	石灰粒径	mm	≤5	筛分法
	2	土料有机质含量	%	≤5	实验室焙烧法
	3	土颗粒粒径	mm	≤5	筛分法
	4	含水量(与要求的最优含水量比较)	%	±2	烘干法
	5	分层厚度(与设计要求比较)	mm	±50	水准仪法

表 2-2-4 砂和砂石地基质量检验标准

项目	序号	检查项目	允许偏差或允许值		检查方法
			单位	数量	
主控项目	1	地基承载力	设计要求		按规定方法
	2	配合比	设计要求		按拌和时的体积比
	3	压实系数	设计要求		现场实测
一般项目	1	砂石料有机质含量	%	≤5	实验室焙烧法
	2	砂石料含泥量	%	≤5	水洗法
	3	石料粒径	mm	≤100	筛分法
	4	含水量(与要求的最优含水量比较)	%	±2	烘干法
	5	分层厚度(与设计要求比较)	mm	±50	水准仪法

(2)检验的数量、分层检验的深度按 JGJ 79—2002 第 4.4.3 条规定执行。

(3)当用贯入仪和钢筋检验垫层质量时,均应以现场控制压实系数所对应的贯入度为合格标准,压实系数检验可用环刀法或其他方法。

(4)粉煤灰垫层的压实系数大于等于 0.9 倍施工试验确定的压实系数为合格。

(5)干渣垫层表面应达到坚实、平整、无明显软陷,每层压陷差 < 2 mm 为合格。

3)质量保证资料检查要求

(1)检查地质资料与验槽是否吻合,当不吻合时,对进一步搞清地质情况的记录及设计采取进一步加固的图纸和说明进行检查。

(2)确定施工四大参数的试验报告和记录：

①最优含水量的试验报告；

②分层虚铺厚度、每层压实遍数、机械碾压运行速度的记录；

③每层垫层施工时的检验记录和检验点的图示。

(二)预压法

预压法分为堆载预压法和真空预压法两种，适用于处理淤泥质土、淤泥和冲填土等饱和黏性土地基。

1. 堆载预压法

1)堆载预压法施工技术要求

(1)用以灌入砂井的砂应用干砂。

(2)用以造孔成井的钢管内径应比砂井需要的直径略大，以减少施工过程中对地基土的扰动。

(3)用以排水固结用的塑料排水板应有良好的透水性、足够的湿润抗拉强度和抗弯曲能力。

2)堆载预压法施工质量控制

(1)砂袋放入孔内高出孔口的高度不宜小于200 mm，以利于排水砂井和砂垫层形成垂直水平排水通道。

(2)砂井的实际灌砂量应不小于砂井计算灌砂量的95%，砂井计算灌砂量的原则是按井孔的体积和砂在中密时的干密度计算。

(3)袋装砂井和塑料排水带施工时平面井距偏差应不大于井径，垂直度偏差小于1.5%，拔管时被管子带上的砂袋或塑料排水带的长度不宜超过500 mm。塑料排水带需要接长时，应采用滤膜内芯板平搭接的连接方式，搭接长度宜大于200 mm。

(4)严格控制加载速率，竖向变形每天不应超过10 mm，边桩水平位移每天不应超过4 mm。

2. 真空预压法

1)真空预压法施工技术要求

(1)抽真空用密封膜应为抗老化性能好、韧性好、抗穿刺能力强的不透气材料。

(2)真空预压用的抽气设备宜用射流真空泵，空抽时必须达到95 kPa以上的真空吸力。

(3)滤水管的材料应用塑料管和钢管，管的连接采用柔性接头，以适应预压过程地基的变形。

2)真空预压法施工质量控制

(1)垂直排水系统要求同堆载预压法。

(2)水平向排水的滤水管布置应形成回路，并把滤水管设在排水砂垫层中，其上覆盖100~200 mm厚砂。滤水管外宜围绕钢丝或尼龙纱或土工织物等滤水材料，保证滤水能力。

(3)密封膜热合黏结时用两条膜的热合黏结缝平搭接，搭接宽度大于15 mm。密封膜宜铺三层，覆盖膜周边要严密封堵，封堵的方法参见JGJ 79—2002第5.3.8条。

(4)为避免密封膜内的真空度在停泵后很快降低，在真空回路中设置止回阀和闸阀。

(5)为防止密封膜被锐物刺破，在铺密封膜前，要认真清理平整砂垫层，拣除带尖石子，填平打设袋装砂井或塑料排水带留下的空洞。

(6)真空度可一次抽气至最大,当连续5 d实测沉降速率≤2 mm/d或固结度≥80%或符合设计要求时,可停止抽气。

3. 施工质量检验要求

施工结束后,应检查地基土的强度及要求达到的其他物理力学指标,重要建筑物地基应做承载力检验。一般工程在预压结束后,做十字板剪切强度或标准贯入、静力触探试验即可,重要的建筑物地基应做承载力检验。如设计有明确规定,应按设计要求进行检验。

预压地基和塑料排水带质量检验标准应符合表2-2-5的规定。

表2-2-5 预压地基和塑料排水带质量检验标准

项目	序号	检查项目	允许偏差或允许值		检查方法
			单位	数量	
主控项目	1	预压荷载	%	≤2	水准仪
	2	固结度(与设计要求比)	%	≤2	根据设计要求采用不同的方法
	3	承载能力或其他性能指标	设计要求		按规定方法
一般项目	1	沉降速率(与控制值比)	%	±10	水准仪
	2	砂井或塑料排水带位置	mm	±100	用钢尺量
	3	砂井或塑料排水带插入深度	mm	±200	插入时用经纬仪检查
	4	插入塑料排水带时的回带长度	mm	≤500	用钢尺量
	5	塑料排水带或砂井高出砂垫层距离	mm	≥200	用钢尺量
	6	插入塑料排水带的回带根数	%	<5	目测

(三)振冲法

振冲法分为振冲置换法和振冲密实法两类。

1. 振冲置换法

1)振冲置换法施工技术要求

(1)材料要求:置换桩体材料可选用含泥量不大于5%的碎石、卵石、角砾、圆砾等硬质材料,粒径为20~50 mm,最大粒径不宜超过80 mm。

(2)施工设备要求:振冲器的功率为30 kW,用55~75 kW更好。

2)振冲置换法施工质量控制

(1)振冲置换法施工质量三参数(密实电流、填料量、留振时间)应通过现场成桩试验确定。施工过程中要严格按施工三参数执行,并做好详细记录。

(2)施工质量监督要严格检查每米填料的数量,达到密实电流值,振冲达到密实电流值时,要保证留振数10 s后,才能提升振冲器进行上段桩体施工,留振是防止瞬间电流桩体尚不密实假象的措施。

(3)开挖施工时,应将桩顶的松散桩体挖除,或用碾压等方法使桩顶松散材料密实,防止因桩顶松散而发生附加沉降。

2. 振冲密实法

振冲密实法的材料和设备要求同振冲置换法,振冲密实法又分填料和不填料两种。振冲密实法施工质量控制如下：

(1)填料法是把填料放在孔口，振冲点上要放钢护筒护好孔口，振冲器对准护筒中心，使桩中心不偏斜。

(2)振冲器下沉速率控制在1~2 mm/min。

(3)每段填料密实后，振冲器向上提0.3~0.5 m，不要多提，以免造成多提高度内达不到密实效果。

(4)不加填料的振冲密实法用于砂层中，每次上提振冲器高度不能大于0.3~0.5 m。

(5)详细记录各深度的最终电流值、填料量。不加填料的记录各深度留振时间和稳定密实电流值。

(6)加料或不加料振冲密实加固均应通过现场成桩试验确定施工参数。

3. 施工质量检验要求

振冲地基的质量检验标准应符合表2-2-6的规定。

表2-2-6　振冲地基质量检验标准

项目	序号	检查项目	允许偏差或允许值		检查方法
			单位	数量	
主控项目	1	填料粒径	设计要求		抽样检查
	2	密实电流(黏性土) 密实电流(砂性土或粉土) (以上为30 kW振冲器) 密实电流(其他类型振冲器)	A A	50~55 40~50 $(1.5\sim2.0)A_0$	电流表读数 电流表读数，A_0为空振电流
	3	地基承载力	设计要求		按规定方法
一般项目	1	填料含泥量	%	<5	抽样检查
	2	振冲器喷水中心与孔径中心偏差	mm	≤50	用钢尺量
	3	成孔中心与设计孔位中心偏差	mm	≤100	用钢尺量
	4	桩体直径	mm	<50	用钢尺量
	5	孔深	mm	±200	量钻杆或重锤测

(四)砂桩法

1. 砂桩法施工技术要求

(1)振动施工时，控制好填砂石量、提升速度和高度、挤压次数和时间、电机的工作电流等，拔管速度为1~1.5 m/min，且振动过程不断以振动棒捣实管中砂子，使其更加密实。

(2)砂桩施工应从外围或两侧向中间进行。灌砂量应按桩孔的体积和砂在中密度时的干密度计算(一般取2倍桩管入土体积)，可在原位进行复打灌砂。

2. 砂石桩法施工质量控制

(1)施工前应检查砂料的含泥量及有机质含量、样桩的位置等。

(2)桩孔内实际填砂石量(不包括水重)，不应少于设计值的95%。

(3)施工中检查每根砂桩的桩位、灌砂量、标高、垂直度等。

(4)施工结束后，应检查被加固地基的强度和承载力。

3. 施工质量检验要求

砂桩地基的质量检验标准应符合表2-2-7的规定。

表2-2-7 砂桩地基质量检验标准

项目	序号	检查项目	允许偏差或允许值		检查方法
			单位	数量	
主控项目	1	灌砂量	%	≥95	实际用砂量与计算量体积比
	2	地基强度	设计要求		按规定方法
	3	地基承载力	设计要求		按规定方法
一般项目	1	砂料的含泥量	%	≤3	实验室测定
	2	砂料的有机质含量	%	≤5	焙烧法
	3	桩位	mm	≤50	用钢尺量
	4	砂桩标高	mm	±150	水准仪
	5	垂直度	%	≤1.5	经纬仪检查桩管垂直度

(五)水泥土搅拌法

水泥土搅拌法分为深层搅拌法(又称做湿法)和粉体喷搅法(又称做干法)。

1. 水泥土搅拌法施工技术要求

(1)固化剂:宜选用32.5级及其以上普通硅酸盐水泥，水泥的参入量一般为被加固湿土重的10%~15%。湿法的水泥浆水灰比可选用0.45~0.55。

(2)外加剂:外加剂可根据工程需要和土质条件选用具有早强、缓凝、减水以及节省水泥等作用的材料，但应避免污染环境。

早强剂可选用三乙醇胺、氯化钙、碳酸钠和水玻璃等，掺入量宜分别取水泥质量的0.05%、2%、0.5%、2%;减水剂可选用木质素磺酸钙，其掺入量宜为水泥质量的0.2%;缓凝早强剂可选用石膏，石膏兼有缓凝和早强的作用，其掺入量宜为水泥质量的2%。

(3)施工设备:为使搅入土中的水泥浆和喷入土中的水泥粉体计量准确，湿法施工的深层搅拌机必须采用喷浆量及搅拌深度的计量装置;干法施工的粉喷桩机必须安装能瞬时检测并记录粉体喷出的流量计及搅拌深度自动记录仪，无计量装置的机械不能投入施工生产使用。

2. 水泥土搅拌法施工质量控制

(1)水泥土搅拌法施工现场事先应予以平整，必须清除地上和地下的障碍物。遇有明沟、池塘及洼地时应抽水和清淤，回填黏性土料并予以压实，不得回填杂填土或生活垃圾。

(2)水泥土搅拌桩施工前应根据设计进行工艺性试桩，数量不得少于2根。把灰浆泵的输浆量和搅拌机的提升速度等施工参数通过成桩试验使之符合设计要求，以确定搅拌桩的水泥浆配合比、每分钟输浆量、每分钟搅拌头提升速度等施工参数，以决定选用一喷二搅或二喷三搅施工工艺。

(3)为了保证桩端的质量，当水泥浆液或粉体到达桩端设计标高后，搅拌头停止提升，喷浆或喷粉 30 s，使浆液或粉体与已搅拌的松土充分搅拌固结。

(4)水泥土作为工程桩使用时，施工时设计停灰面一般应高出基础底面标高 300 ~ 500 mm，在基础开挖时将其人工挖除。

(5)为了保证桩顶质量，当喷浆口达到桩顶标高时，搅拌头停止提升，搅拌数秒，保证桩头均匀密实，当选用干法施工且地下水位标高在桩顶以下时，粉喷制桩结束后，应在地面浇水，使水泥干粉与土搅拌后水解水化反应充分。

3. 施工质量检验要求

施工结束后，应检查桩体强度、桩体直径及地基承载力。水泥土搅拌桩地基质量检验标准应符合表 2-2-8 的规定。

表 2-2-8　水泥土搅拌桩地基质量检验标准

项目	序号	检查项目	允许偏差或允许值		检查方法
			单位	数量	
主控项目	1	水泥及外加剂质量	设计要求		查产品合格证书或抽样送检
	2	水泥用量	参数指标		查看流量计
	3	桩体强度	设计要求		按规定方法
	4	地基承载力	设计要求		按规定方法
一般项目	1	机头提升速度	m/min	≤0.5	量机头上升距离及时间
	2	桩底标高	mm	±200	测机头深度
	3	桩顶标高	mm	+100，-50	水准仪(最上部 500 mm 不计入)
	4	桩位偏差	mm	<50	用钢尺量
	5	桩径		<0.04D	用钢尺量，D 为桩径
	6	垂直度	%	≤1.5	经纬仪
	7	搭接	mm	>200	用钢尺量

(六)高压喷射注浆法

1. 高压喷射注浆法施工技术要求

(1)高压喷射注浆的主要材料为水泥，对于无特殊要求的工程，宜采用强度等级为 32.5 级及其以上的普通硅酸盐水泥。根据需要可加入适量的外加剂及掺合料。外加剂和掺合料的用量，应通过试验确定。

(2)水泥浆液的水灰比应按工程要求确定，可取 0.8 ~ 1.5，常用 1.0。稠度过大，流动缓慢，喷嘴常会被堵塞；稠度过小，对强度有影响。为防止浆液沉淀和离析，一般可加入水泥量的 3% 的陶土、0.09% 的碱。浆液应在旋喷前 1 h 以内配制，使用时滤去硬块、砂石等，以免堵塞管路和喷嘴。

2. 高压喷射注浆法施工质量控制

(1)为防止浆液凝固收缩影响桩顶标高，应在原孔位采用冒浆回灌或二次注浆。

(2)注浆管分段提升搭接长度不得小于 100 mm。

(3)当处理和加固原有建筑物时，要加强对原有建筑物的沉降观测；高压旋喷注浆过程中要大间距隔孔旋喷和及时用冒浆回灌，防止地基与基础之间有脱空现象而产生附加沉降。

3. 施工质量检验要求

桩体质量及承载能力检验宜在高压喷射注浆结束 28 d 后进行。高压喷射注浆地基检验标准应符合表 2-2-9 的规定。

表 2-2-9　高压喷射注浆地基检验标准

项目	序号	检查项目	允许偏差或允许值		检查方法
			单位	数量	
主控项目	1	水泥及外加剂质量	符合出厂要求		查产品合格证书或抽样送检
	2	水泥用量	设计要求		查看流量计及水泥浆水灰比
	3	桩体强度或完整性试验	设计要求		按规定方法
	4	地基承载力	设计要求		按规定方法
一般项目	1	钻孔位置	mm	≤50	用钢尺量
	2	钻孔垂直度	%	≤1.5	经纬仪测钻杆或实测
	3	孔深	mm	±200	用钢尺量
	4	注浆压力	按设定参数指标		查看压力表
	5	桩体搭接	mm	>200	用钢尺量
	6	桩体直径	mm	≤50	开挖后用钢尺量
	7	桩身中心允许偏差		≤0.2D	开挖后桩顶下 500 mm 用钢尺量，D 为桩径

第二节　桩基工程

一、一般规定

(1)桩位的放样允许偏差为:群桩 20 mm,单排桩 10 mm。

(2)桩基工程的桩位验收,除设计有规定外,应按下述要求进行:

①当桩顶设计标高与施工现场标高相同,或桩基施工结束后,有可能对桩位进行检查时,桩基工程的验收应在施工结束后进行。

②当桩顶设计标高低于施工场地标高,送桩后无法对桩位进行检查时,对打入桩可在每根桩桩顶沉至场地标高时,进行中间验收,待全部桩施工结束,承台或底板开挖到设计标高后,再做最终验收。对灌注桩可对护筒位置做中间验收。

桩顶设计标高低于施工场地标高时,如不做中间验收,在土方开挖后如有桩顶位移发生,则不易明确责任,究竟是土方开挖不妥,还是本身桩位不准(打入桩施工不慎,会造成挤土,导致桩位位移),加一次中间验收有利于责任区分,应引起打桩及土方承包商的重视。

(3)打(压)入桩(预制混凝土方桩、先张法预应力管桩、钢桩)的桩位偏差,必须符合表 2-2-10的规定。斜桩倾斜度的偏差不得大于倾斜角正切值的 15%(倾斜角为桩的纵向中心线与铅垂线间夹角)。

表 2-2-10　预制桩（钢桩）桩位的允许偏差　（单位：mm）

项次	项目	允许偏差
1	盖有基础梁的桩：垂直基础梁的中心线 沿基础梁的中心线	$100 + 0.01H$ $150 + 0.01H$
2	桩数为 1 ~ 3 根桩基中的桩	100
3	桩数为 4 ~ 16 根桩基中的桩	1/2 桩径或边长
4	桩数大于 16 根桩基中的桩：最外边的桩 中间桩	1/3 桩径或边长 1/2 桩径或边长

注：H 为施工现场地面标高与桩顶设计标高的距离。

（4）灌注桩的桩位偏差必须符合表 2-2-11 的规定，桩顶标高至少要比设计标高高出 0.5 m，桩底清孔质量按不同的成桩工艺有不同的要求，应按本章的各节要求执行。每浇筑 50 m^3 必须有一组试件，小于 50 m^3 的桩，每根桩必须有一组试件。

表 2-2-11　灌注桩的平面位置和垂直度的允许偏差

序号	成孔方法		桩径允许偏差（mm）	垂直度允许偏差（%）	桩位允许偏差（mm）	
					1 ~ 3 根、单排桩基垂直于中心线方向和群桩基础的边桩	条形桩基沿中心线方向和群桩基础的中间桩
1	泥浆护壁	$D \leqslant 1\ 000$ mm	±50	<1	$D/6$，且不大于 100	$D/4$，且不大于 150
		$D > 1\ 000$ mm			$100 + 0.01H$	$150 + 0.01H$
2	套管成孔灌注桩	$D \leqslant 500$ mm	−20	<1	70	150
		$D > 500$ mm			100	150
3	干成孔灌注桩		−20	<1	70	150
4	人工挖孔桩	混凝土护壁	+50	<0.5	50	150
		钢套管护壁	+50	<1	100	200

注：1. 桩径允许偏差的负值是指个别断面。
2. 采用复打、反插法施工的桩，其桩径允许偏差不受本表限制。
3. H 为施工现场地面标高与桩顶设计标高的距离，D 为设计桩径。

（5）工程桩应进行承载力检验。对于地基基础设计等级为甲级或地质条件复杂，成桩质量可靠性低的灌注桩，应采用静载荷试验的方法进行检验，检验桩数不应少于总数的 1%，且不应少于 3 根，当总桩数不少于 50 根时，检验桩数不应少于 2 根。

（6）桩身质量应进行检验。对设计等级为甲级或地质条件复杂，成桩质量可靠性低的灌注桩，抽检数量不应少于总数的 30%，且不应少于 20 根；其他桩基工程的抽检数量不应少于总数的 20%，且不应少于 10 根；对混凝土预制桩及地下水位以上且终孔后经过核验的灌注桩，检验数量不应少于总桩数的 10%，且不得少于 10 根。每个柱子承台下不得少于 1 根。打入预制桩的质量容易控制，问题也较易发现，抽查数可较灌注桩少。

（7）对砂、石子、钢材、水泥等原材料的质量，检验项目、批量和检验方法，应符合国家现行标准的规定。

(8)除(5)、(6)规定的主控项目外,其他主控项目应全部检查。对一般项目,除已明确规定外,其他可按20%抽查,但混凝土灌注桩应全部检查。

二、静力压桩

(一)静压力桩质量控制

(1)施工前应对成品桩(锚杆静压成品桩一般均由工厂制造,运至现场堆放)做外观及强度检验,接桩用的焊条或半成品硫磺胶泥应有产品合格证书,或送有关部门检验,压桩用压力表、锚杆的规格及质量也应进行检查。应每100 kg做一组试件(3件)。

半成品硫磺胶泥必须在进场后做检验。压桩用压力表必须标定合格方能使用,压桩时的压力数值是判断承载力的依据,也是指导压桩施工的一项重要参数。

(2)静力压桩在一般情况下桩分段预制,分段压入,逐段接长。接桩方法有焊接法和硫磺胶泥锚接法。

(3)压桩施工前,应了解施工现场土层土质情况,检查桩机设备,以免压桩时中途中断,造成土层固结,使压桩困难。如果压桩过程原定需要停歇,则应考虑桩尖应停歇在软土层中,以使压桩启动阻力不致过大。压桩机自重大,行驶路基必须有足够承载力,必要时应作加固处理。

(4)压桩过程中应检查压力、桩垂直度、接桩间歇时间、桩的连接质量及压入深度。重要工程应对电焊接桩的接头做10%的探伤检查。对承受反力的结构应加强观测。接桩间歇时间对硫磺胶泥必须控制,浇注硫磺胶泥速度必须快,慢了硫磺胶泥在容器内结硬,浇注入连接孔内不易均匀流淌,质量也不易保证。

(5)压桩时,应始终保持桩轴心受压,若有偏移应立即纠正。接桩应保证上下节桩轴线一致,并应尽量减少每根桩的接头个数,一般不宜超过4个接头。施工中有可能桩尖遇到厚砂层等使阻力增大,这时可以用最大压桩力作用于桩顶,采用忽停忽开的办法,使桩有可能缓慢下沉,穿过砂层。

(6)当桩压至接近设计标高时,不可过早停压,应使压桩一次成功,以免发生压不下或超压的现象。若工程中有少数桩不能压至设计标高,可采取截去桩顶的方法。

(7)施工结束后,应做桩顶承载力及桩体质量检验。压桩的承载力试验,在有经验地区将最终压入力作为承载力估算的依据,如果有足够的经验则是可行的,但最终应由设计确定。

(二)施工质量检验要求

锚杆静压力桩质量检验标准应符合表2-2-12的规定。

三、混凝土灌注桩

(一)混凝土灌注桩施工质量控制

1. 混凝土灌注桩施工材料要求

(1)粗骨料:选用卵石或碎石,含泥量控制按设计混凝土强度等级从《普通混凝土用碎石或卵石质量标准及检验方法》(JGJ 53—92)中选取。粗骨料粒径,用沉管成孔时不宜大于50 mm,用泥浆护壁成孔时不宜大于40 mm,并不得大于钢筋净距的1/3;对于素混凝土灌注

表 2-2-12　静压力桩质量检验标准

<table>
<tr><th rowspan="2">项目</th><th rowspan="2">序号</th><th rowspan="2" colspan="3">检查项目</th><th colspan="2">允许偏差或允许值</th><th rowspan="2">检查方法</th></tr>
<tr><th>单位</th><th>数值</th></tr>
<tr><td rowspan="3">主控项目</td><td>1</td><td colspan="3">桩体质量检验</td><td colspan="2">按建筑基桩检测技术规范</td><td>按建筑基桩检测技术规范</td></tr>
<tr><td>2</td><td colspan="3">桩位偏差</td><td colspan="2">见表 2-2-10</td><td>用钢尺量</td></tr>
<tr><td>3</td><td colspan="3">承载力</td><td colspan="2">按建筑基桩检测技术规范</td><td>按建筑基桩检测技术规范</td></tr>
<tr><td rowspan="13">一般项目</td><td rowspan="3">1</td><td rowspan="3" colspan="2">成品桩质量</td><td>外观</td><td colspan="2">表面平整，颜色均匀，掉角深度 < 10 mm，蜂窝面积小于总面积的 0.5%</td><td>直观</td></tr>
<tr><td>外形尺寸</td><td colspan="2">见表 2-2-16</td><td>见表 2-2-16</td></tr>
<tr><td>强度</td><td colspan="2">满足设计要求</td><td>查产品合格证书或钻芯试压</td></tr>
<tr><td>2</td><td colspan="3">硫磺胶泥质量（半成品）</td><td colspan="2">设计要求</td><td>查产品合格证书或抽样送检</td></tr>
<tr><td rowspan="4">3</td><td rowspan="4">接桩</td><td rowspan="2">电焊接桩</td><td>焊缝质量</td><td colspan="2">见规范 GB 5020—2002 表 5.5.4-2</td><td>见规范 GB 5020—2002 表 5.5.4-2</td></tr>
<tr><td>电焊结束后停歇时间</td><td>min</td><td>>1.0</td><td>秒表测定</td></tr>
<tr><td rowspan="2">硫磺胶泥接桩</td><td>胶泥浇注时间</td><td>min</td><td><2</td><td>秒表测定</td></tr>
<tr><td>浇注后停歇时间</td><td>min</td><td>>7</td><td>秒表测定</td></tr>
<tr><td>4</td><td colspan="3">电焊条质量</td><td colspan="2">设计要求</td><td>查产品合格证书</td></tr>
<tr><td>5</td><td colspan="3">压桩压力（设计有要求时）</td><td>%</td><td>±5</td><td>查压力表读数</td></tr>
<tr><td rowspan="2">6</td><td colspan="3">接桩时上下节平面偏差</td><td>mm</td><td><10</td><td>用钢尺量</td></tr>
<tr><td colspan="3">接桩时节点弯曲矢高</td><td colspan="2"><1/1 000l</td><td>用钢尺量（l 为两节桩长）</td></tr>
<tr><td>7</td><td colspan="3">桩顶标高</td><td>mm</td><td>±50</td><td>水准仪</td></tr>
</table>

桩，不得大于桩径的 1/4，并不宜大于 70 mm。

(2)细骨料：选用中、粗砂，含泥量控制按设计混凝土强度等级从《普通混凝土用砂、石质量及检验方法标准》(JGJ 52—2006)中选取。

(3)水泥：宜选用普通硅酸盐水泥、矿渣硅酸盐水泥、粉煤灰硅酸盐水泥，当灌注桩浇注方式为水下混凝土时，严禁选用快硬水泥作胶凝材料。

(4)钢筋：钢筋的质量应符合国家标准《钢筋混凝土用热轧带肋钢筋》(GB 1499—98)的有关规定。进口热轧变形钢筋应符合《进口热轧变形钢筋应用若干规定》(80)建发施字82 号的有关规定。

以上四种材料进场均应有出厂质量证明书，材料到达施工现场后，取样复试合格后才能用于工程。对于钢筋进场时应保护标牌不缺损，按标牌批号进行外观检验，外观检验合格后再取样复试，复试报告上应填明批号标识，施工现场核对批号标识进行加工。

2. 混凝土灌注桩施工质量控制

(1)施工前应对水泥、砂、石子(如现场搅拌)、钢材等原材料进行检查，对施工组织设计中制定的施工顺序、监测手段（包括仪器、方法）也应检查。

(2)施工中应对成孔、清渣、放置钢筋笼、灌注混凝土等进行全过程检查，人工挖孔桩尚应复验孔底持力层土（岩）性。嵌岩桩必须有桩端持力层的岩性报告。

沉渣厚度应在钢筋笼放入后、混凝土浇筑前测定，成孔结束后，放钢筋笼、混凝土导管都会造成土体跌落，增加沉渣厚度，因此沉渣厚度应是二次清孔后的结果。沉渣厚度的检查目前均用重锤，有些地方用较先进的沉渣仪，这种仪器应预先做标定。

(3)施工结束后，应检查混凝土强度，并应做桩体质量及承载力的检验。

(二)施工质量检验要求

混凝土灌注桩钢筋笼质量检验标准和混凝土灌注桩的质量检验标准应分别符合表2-2-13、表2-2-14的规定。

表2-2-13　混凝土灌注桩钢筋笼质量检验标准

项目	序号	检查项目	允许偏差或允许值(mm)	检查方法
主控项目	1	主筋间距	±10	用钢尺量
	2	长度	±10	用钢尺量
一般项目	1	钢筋材质	设计要求	抽样送检
	2	箍筋间距	±20	用钢尺量
	3	直径	±10	用钢尺量

四、混凝土预制桩

(一)混凝土预制桩施工质量控制

1. 预制桩钢筋骨架质量控制

(1)预制桩在锤击时，桩主筋可采用对焊或电弧焊，在对焊和电弧焊时同一截面的主筋接头不得超过50%，相邻主筋接头截面的距离应大于$35d$且不小于500 mm。

(2)为了防止桩顶击碎，桩顶钢筋网片位置要严格控制按图施工，并采取措施使网片位置固定正确、牢固，保证混凝土浇捣时不移位；浇筑预制桩的混凝土时，从桩顶开始浇筑，要保证桩顶和桩尖不积聚过多的砂浆。

(3)为防止锤击时桩身出现纵向裂缝，导致桩身击碎，被迫停锤，预制桩钢筋骨架中，主筋距桩顶的距离必须严格控制，绝不允许出现主筋距桩顶面过近甚至触及桩顶的质量问题。

(4)预制桩分节长度的确定。应在掌握地层土质的情况下，避开桩尖接近硬持力层或桩尖处于硬持力层中接桩。桩尖停在硬持力层内接桩时，由于电焊接桩耗时长，桩周围摩阻得到恢复，使继续沉桩发生困难。

(5)沉桩应做到强度和龄期双控制。根据许多工程的实践经验，凡龄期和强度都达到要求的预制桩，大都能顺利打入土中，很少打裂。

2. 混凝土预制桩的起吊、运输和堆存质量控制

(1)预制桩达到设计强度的70%方可起吊，达到100%才能运输。

(2)桩水平运输，应用运输车辆，严禁在场地上直接拖拉桩身。

(3)垫木和吊点应保持在同一横断面上，且各层垫木上下对齐，防止垫木参差，桩被剪切断裂。

表 2-2-14　混凝土灌注桩质量检验标准

项目	序号	检查项目	允许偏差或允许值		检查方法
			单位	数值	
主控项目	1	桩位	见表 2-2-11		基坑开挖前量护筒，开挖后量桩中心
	2	孔深	mm	+300	只深不浅，用重锤测，或测钻杆、套管长度，嵌岩桩应确保进入设计要求的嵌岩深度
	3	桩体质量检验	按建筑基桩检测技术规范。如钻芯取样，大直径嵌岩桩应钻至桩尖下 50 mm		按建筑基桩检测技术规范
	4	混凝土强度	设计要求		试件报告或钻芯取样送检
	5	承载力	按建筑基桩检测技术规范		按建筑基桩检测技术规范
一般项目	1	垂直度	见表 2-2-11		测套管或钻杆，或用超声波探测，干施工时吊垂球
	2	桩径	见表 2-2-11		井径仪或超声波检测，干施工时用钢尺量，人工挖孔桩不包括内衬厚度
	3	泥浆相对密度（黏性土或砂性土中）	1.15～1.20		清孔后在距孔底 50 cm 处取样
	4	泥浆面标高（高于地下水位）	m	0.5～1.0	目测
	5	沉渣厚度：端承桩 摩擦桩	mm mm	≤50 ≤150	用沉渣仪或重锤测量
	6	混凝土坍落度：水下灌注 干施工	mm mm	160～220 70～100	坍落度仪
	7	钢筋笼安装深度	mm	±100	用钢尺量
	8	混凝土充盈系数	>1		检查每根桩的实际灌注量
	9	桩顶标高	mm	+30，-50	水准仪，需扣除桩顶浮浆层及劣质桩体

3. 混凝土预制桩接桩施工质量控制

（1）硫磺胶泥锚接法仅适用于软土层，管理和操作要求较严；一级建筑桩基或承受拔力的桩应慎用。

（2）焊接接桩材料：钢板宜用低碳钢，焊条宜用 E43。焊条使用前必须经过烘焙，降低烧焊时含氢量，防止焊缝产生气孔而降低强度和韧性。焊条烘焙应有记录。

（3）焊接接桩时，应先将四角焊固定，焊接必须对称进行以保证设计尺寸正确，使上下节桩对中好。

4. 混凝土预制桩沉桩质量控制

(1)沉桩顺序是打桩施工方案的一项十分重要的内容,必须督促施工企业认真对待,预防桩位偏移、上拔,地面隆起过多,邻近建筑物破坏事故发生。

(2)《建筑桩基技术规范》(JGJ 94—2008)第7.4.5条停止锤击的控制原则适用于一般情况。如软土中的密集桩群,按设计标高控制,但由于大量桩沉入土中产生挤土效应,后续沉桩发生困难,如坚持按设计标高控制很难实现。按贯入度控制的桩,有时也会产生贯入度过大而满足不了设计要求的情况。又有些重要建筑,按设计要求标高和贯入度实行双控,而发生贯入度已达到,桩身不等长度地冒出在地面而采取大量截桩的现象,因此确定停锤标准是较复杂的。发生不能按《建筑桩基技术规范》(JGJ 94—2008)第7.4.5条停锤控制沉桩的情况时,应由建设单位邀请设计单位、施工单位在借鉴当地沉桩经验与通过静(动)载试验综合研究来确定停锤标准,作为沉桩检验的依据。

(3)为避免或减小沉桩挤土效应和对邻近建筑物、地下管线的影响,在施打大面积密集桩群时,有采取预钻孔,设置袋装砂井或塑料排水板,消除部分超孔隙水压力以减少挤土现象,设置隔离板桩或地下连续墙、开挖地面防振沟以消除部分地面振动,限制打桩速率等辅助措施。不论采取一种或多种措施,在沉桩前都应对周围建筑、管线进行原始状态观测数据记录,在沉桩过程中应加强观测和监护,每天在监测数据的指导下进行沉桩,做到有备无患。

(4)锤击法沉桩和静压法沉桩同样有挤土效应,导致孔隙水压力增加,而发生土体隆起,相邻建筑物破坏等,为此在选用静压法沉桩时仍然应采取辅助措施消除超大型孔隙水压力和挤土等破坏现象,并加强监测。

(5)插桩是保证桩位正确和桩身垂直度的重要开端,插桩应用两台经纬仪从两个方向来控制插桩的垂直度,并应逐桩记录,以备核对查验。

(二)施工质量检验要求

(1)预制桩钢筋骨架质量检验标准应符合表2-2-15的规定。

表2-2-15　预制桩钢筋骨架质量检验标准

项目	序号	检查项目	允许偏差或允许值(mm)	检查方法
主控项目	1	主筋距桩顶距离	±5	用钢尺量
	2	多节桩锚固钢筋位置	5	用钢尺量
	3	多节柱预埋铁件	±3	用钢尺量
	4	主筋保护层厚度	±5	用钢尺量
一般项目	1	主筋间距	±5	用钢尺量
	2	桩尖中心线	10	用钢尺量
	3	箍筋间距	±20	用钢尺量
	4	桩顶钢筋网片	±10	用钢尺量
	5	多节桩锚固钢筋长度	±10	用钢尺量

(2)钢筋混凝土预制桩的质量检验标准应符合表2-2-16的规定。

表 2-2-16　钢筋混凝土预制桩质量检验标准

项目	序号	检查项目		允许偏差或允许值 单位	数值	检查方法
主控项目	1	桩体质量检验		按建筑基桩检测技术规范		按建筑基桩检测技术规范
	2	桩位偏差		见表 2-2-10		用钢尺量
	3	承载力		按建筑基桩检测技术规范		按建筑基桩检测技术规范
一般项目	1	砂、石、水泥、钢材等原材料（现场预制时）		符合设计要求		查出厂质保文件或抽样送检
	2	混凝土配合比及强度（现场预制时）		符合设计要求		检查称量及查试块记录
	3	成品桩外形		表面平整，颜色均匀，掉角深度 <10 mm，蜂窝面积小于总面积的 0.5%		直观
	4	成品桩裂缝（收缩裂缝或起吊、装运、堆放引起的裂缝）		深度 <20 mm，宽度 <0.25 mm，横向裂缝不超过边长的一半		裂缝测定仪，该项在地下水有侵蚀地区及锤击数超过 500 击的长桩不适用
	5	成品桩尺寸	横截面边长	mm	±5	用钢尺量
			桩顶对角线差	mm	<10	用钢尺量
			桩尖中心线	mm	<10	用钢尺量
			桩身弯曲矢高	$<1/1\ 000l$		用钢尺量，l 为桩长
			桩顶平整度	mm	<2	用水平尺量
	6	电焊接桩	焊缝质量	见规范 GB 5020—2002 表 5.5.4-2		见规范 GB 5020—2002 表 5.5.4-2
			电焊结束后停歇时间	min	>1.0	秒表测定
			上下节平面偏差	mm	<10	用钢尺量
			节点弯曲矢高	$<1/1\ 000l$		用钢尺量，l 为两节桩长
	7	硫磺胶泥接桩	胶泥浇注时间	min	<2	秒表测定
			浇注后停歇时间	min	>7	秒表测定
	8	桩顶标高		mm	±50	水准仪
	9	停锤标准		设计要求		现场实测或查沉桩记录

五、钢桩

(一)钢桩施工质量控制

1. 钢桩(钢管桩、H型钢桩及其他异型钢桩)制作施工质量控制

1)材料要求

(1)国产低碳钢加工前必须具备钢材合格证和试验报告。

(2)进口钢管:在钢桩到港后,由商检局做抽样检验,检查钢材化学成分和机械性能是否满足合同文本要求,加工制作单位在收到商检报告后才能加工。

2)加工要求

(1)钢桩制作偏差应满足《建筑桩基技术规范》(JGJ 94—2008)第7.4.3条的规定。

(2)钢桩制作分两部分完成:

①加工厂制作均为定尺钢桩,定尺钢桩进场后应逐根检查在运输和堆放过程中桩身有无局部变形,变形的应予以纠正或割除,检查应留下记录。

②现场整根桩的焊接组合,设计桩的尺寸不一定是定尺桩的组合,在多数情况下,最后一节是非定尺桩,这就要进行切割,要对切割后的节段和拼装后的桩进行外形尺寸检验,合格后才能沉桩。检验应留有记录。

3)防腐要求

地下水有侵蚀的地区或腐蚀性土层中用的钢桩,沉桩前必须按设计要求做好防腐处理。

2. 钢桩焊接施工质量控制

(1)焊丝或焊条应有出厂合格证,焊接前必须在200~300 ℃温度下烘干2 h,避免焊丝不烘干,引起烧焊时含氢量高,使焊缝容易产生气孔而降低强度和韧性,烘干应留有记录。

(2)焊接质量受气候影响很大,雨云天气,在烧焊时,由于水分蒸发,会有大量氢气混入焊缝内形成气孔。大于10 m/s的风速会使保护气体和电弧火焰不稳定。无防风避雨措施,在下雨或刮风天气不能施工。

(3)焊接质量检验:

①按《建筑桩基技术规范》(JGJ 94—2008)第7.6.1条的规定进行接桩焊缝外观允许偏差检查。

②按《建筑桩基技术规范》(JGJ 94—2008)第7.6.1.8条进行超声或拍片检查。

(4)异型钢桩连接加强处理。H型钢桩或其他异型薄壁钢桩,应按设计要求在接头处加连接板,如设计无规定形式,可按等强度设置,防止沉桩时在刚度小的一侧失稳。

3. 钢桩沉桩施工质量控制

(1)混凝土预制桩沉桩质量控制要点均适用于钢桩施工。

(2)H型钢桩沉桩时为防止横向失稳,锤重不宜大于4.5 t级(柴油锤),且在锤击过程中桩架前应有横向约束装置。持力层较硬时,H型钢桩不宜送桩。

(3)钢管桩如锤击沉桩有困难,可在管内取土以助沉。

(4)施工结束后应做承载力检验。

(二)施工质量检验要求

钢桩施工质量检验标准应符合表2-2-17的规定。

表 2-2-17　钢桩施工质量检验标准

项目	序号	检查项目			允许偏差或允许值		检查方法
					单位	数量	
主控项目	1	桩位偏差			见表 2-2-10		用钢尺量
	2	承载力			按建筑基桩检测技术规范		按建筑基桩检测技术规范
一般项目	1	电焊接桩焊缝	上下节端部错口	外径≥700 mm	mm	≤3	用钢尺量
				外径<700 mm	mm	≤2	用钢尺量
			焊缝咬边深度		mm	≤0.5	焊缝检查仪
			焊缝加强层高度		mm	2	焊缝检查仪
			焊缝加强层宽度		mm	2	焊缝检查仪
			焊缝电焊质量外观		无气孔，无焊瘤，无裂缝		直观
			焊缝探伤检验		满足设计要求		按设计要求
	2	电焊结束后停歇时间			min	>1.0	秒表测定
	3	节点弯曲矢量				<1/1 000l	用钢尺量，l 为两节桩长
	4	桩顶标高			mm	±50	水准仪
	5	停锤标准			设计要求		用钢尺量或查沉桩记录

第三节　基础工程

一、刚性基础施工

刚性基础是指用砖、石、混凝土、灰土、三合土等材料建造的基础，这种基础的特点是抗压性能好，而整体性及抗拉、抗弯、抗剪性能差。它适用于地基坚实、均匀，上部荷载较小，六层和六层以下（三合土基础不宜超过四层）的一般民用建筑和墙承重的轻型厂房。

（一）混凝土基础施工质量控制

1. 施工质量控制要点

（1）基坑（槽）应进行验槽，局部软弱土层应挖去，用灰土或砂砾石分层回填夯实至与基底相平。如有地下水或地面滞水，应挖沟排除；对粉土或细砂土地基，应用轻型井点法降低地下水位至基坑（槽）底以下 50 mm 处；基坑（槽）内浮土、积水、淤泥、垃圾、杂物应清除干净。

（2）如地基土质良好，且无地下水，基坑（槽）第一阶可利用原坑（槽）浇筑，但应保证尺寸正确，砂浆不流失。上部台阶应支模浇筑，模板要支撑牢固，缝隙孔洞应堵严，木模应浇水湿润。

（3）基础混凝土浇筑高度在 2 m 以内，混凝土可直接卸入基坑（槽）内，应注意使混凝土能充满边角；浇筑高度在 2 m 以上时，应通过漏斗、串筒或溜槽下料。

(4)浇筑台阶式基础应按台阶分层一次浇筑完成，每层先浇边角，后浇中间，施工时应注意防止上下台阶交接处混凝土出现蜂窝和脱空（即吊脚、烂脖子）现象，措施是待第一台阶捣实后，继续浇筑第二台阶前，先沿第二台阶模板底圈做成内外坡度，待第二台阶混凝土浇筑完成后，再将第一台阶混凝土铲平、拍实、抹平；或第一台阶混凝土浇完成后稍停0.5～1 h，待下部沉实，再浇上一台阶。

(5)锥形基础如斜坡较陡，斜面部分应支模浇筑，或随浇随安装模板，应注意防止模板上浮。斜坡较平时，可不支模，但应注意斜坡部位及边角部位混凝土的捣固密实，振捣完后，再用人工将斜坡表面修正、拍实、抹平。

(6)当基坑（槽）因土质不一挖成阶梯形式时，应先从最低处开始浇筑，按每阶高度，其各边搭接长度应不小于500 mm。

(7)混凝土浇筑完成后，外露部分应适当覆盖，洒水养护；拆模后及时分层填土并夯实。

2. 质量控制资料检查要求

(1)混凝土配合比。

(2)掺合料、外加剂的合格证明书、复试报告。

(3)试块强度报告。

(4)施工日记。

(5)混凝土质量自检记录。

(6)隐蔽工程验收记录。

(7)混凝土分项工程质量验收记录。

(二)砖基础施工质量控制

1. 施工质量控制要点

(1)砖基础应用强度等级不低于MU7.5、无裂缝的砖和不低于M10的砂浆砌筑。在严寒地区，应采用高强度等级的砖和水泥砂浆砌筑。

(2)砖基础一般做成阶梯形，俗称大放脚。大放脚做法有等高式（两皮一收）和间隔式（两皮一收和一皮一收相间）两种，每一种收退台宽度均为1/4砖，后者节省材料，采用较多。

(3)砖基础施工前应清理基坑（槽）底，除去松散软弱土层，用灰土填补夯实，并铺设垫层；按基础大样图，吊线分中，弹出中心线和大放脚边线；检查垫层标高、轴线尺寸，并清理好垫层；先用干砖试摆，以确定排砖方法和错缝位置，使砌体平面尺寸符合要求；砖应浇水湿透，垫层适量洒水湿润。

(4)砌筑时，应先铺底灰，再分皮挂线砌筑；铺砖按“一丁一顺”砌法，做到里外咬槎、上下层错缝。竖缝至少错开1/4砖长；转角处要放七分头砖，并在山墙和槽墙两处分层交替设置，不能通缝，基础最下与最上一皮砖宜采用丁砌法。先在转角处及交接处砌几皮砖，然后拉通线砌筑。

(5)内外墙基础应同时砌筑或做成踏步式。如基础深浅不一，应从低处砌起，接槎高度不宜超过1 m，高低相接处要砌成阶梯，台阶长度应不小于1 m，其高度不大于0.5 m，砌到上面后再和上面的砖一起退台。

(6)如砖基础下半部为灰土，则灰土部分不做台阶，其宽高比应按要求控制，同时应核算灰土顶面的压应力，以不超过250～300 kPa为宜。

(7)砌筑时，灰缝砂浆要饱满。严禁用冲浆法灌缝。

(8)基础中预留洞口及预埋管道，其位置、标高应准确，管道上部应预留沉降空隙。基础上铺放地沟盖板的出槽砖，应同时砌筑。

(9)基础至防潮层时，须用水平仪找平，并按规定铺设 20 mm 厚 1∶2.5～1∶3.0 防水水泥砂浆(掺加水泥质量 3% 的防水剂)防潮层，要求压实抹平。用一油一毡防潮层，待找平层干硬后，刷冷底子油一道，浇沥青玛琋脂，摊铺卷材并压紧，卷材搭接宽度不小于 100 mm，如无卷材，亦可用塑料薄膜代替。

(10)砌完基础应及时清理基槽(坑)内杂物和积水，在两侧同时回填土，并分层夯实。

2. 质量控制资料检验要求

(1)材料合格证及试验报告，水泥复试报告。

(2)砂浆试块强度报告。

(3)砂浆配合比。

(4)施工日记。

(5)自检记录。

(6)砌筑分项工程质量验收记录。

二、扩展基础施工

扩展基础是指柱下钢筋混凝土独立基础和墙下混凝土条形基础，它由于钢筋混凝土的抗弯性能好，可充分放大基础底面尺寸，达到减小地基应力的效果，同时可有效地减小埋深，节省材料和土方开挖量，加快工程进度。适用于六层和六层以下一般民用建筑和整体式结构厂房承重的柱基和墙基。柱下独立基础，当柱荷载的偏心距不大时，常用方形，偏心距大时，则用矩形。

(一)扩展基础施工技术要求

(1)锥形基础(条形基础)边缘高度一般不小于 200 mm；阶梯形基础的每阶高度一般为 300～500 mm。基础高度 $h \leqslant 350$ mm，用一阶；350 mm $< h \leqslant 900$ mm，用二阶；$h > 900$ mm，用三阶。为使扩展基础有一定刚度，要求基础台阶的宽高比不大于 2.5。

(2)垫层厚度一般为 100 mm，混凝土强度等级为 C10，基础混凝土强度等级不宜低于 C15。

(3)底部受力钢筋的最小直径不宜小于 8 mm。当有垫层时，钢筋保护层的厚度不宜小于 35 mm；当无垫层时，不宜小于 70 mm。插筋的数目和直径应与柱内纵向受力钢筋相同。

(4)钢筋混凝土条形基础，在 T 字形与十字形交接处的钢筋沿一个主要受力方向通长放置。

(5)柱基础纵向钢筋混凝土除应满足冲切要求外，尚应满足锚固长度的要求，当基础高度在 900 mm 以内时，插筋应伸至基础底部的钢筋网，并在端部做成直弯钩；当基础高度较大时，位于柱子四角的插筋应伸到基础底部，其余的钢筋只需伸至锚固长度即可。插筋伸出基础部分长度应按柱的受力情况及钢筋规格确定。

(二)扩展基础施工质量控制

1. 施工质量控制要点

(1)基坑验槽清理同刚性基础。垫层混凝土在基坑验槽后应立即浇筑，以免地基土被扰动。

(2)垫层达到一定强度后,在其上画线、支模、铺放钢筋网片。上下部垂直钢筋应绑扎牢,并注意将钢筋弯钩朝上,连接柱的插筋,下端要用90°弯钩与基础钢筋绑扎牢固,按轴线位置校核后用方木架成井字形,将插筋固定在基础外模板上;底部钢筋网片应用与混凝土保护层同厚度的水泥砂浆垫塞,以保证位置正确。

(3)在浇筑混凝土前,模板和钢筋上的垃圾、泥土及钢筋上的油污、杂物,应清除干净。模板应浇水加以润湿。

(4)浇筑现浇柱下基础时,应特别注意柱子插筋位置的正确,防止造成位移和倾斜,在浇筑开始时,先满铺一层5~10 cm厚的混凝土,并捣实使柱子插筋下段和钢筋网片上的位置基本固定,然后对称浇筑。

(5)基础混凝土宜分层连续浇筑完成,对于阶梯形基础,每一台阶高度内应整分浇捣层,每浇筑完一台阶应稍停0.5~1 h,待其初步获得沉实后,再浇筑上层,以防止下台阶混凝土溢出,在上台阶根部出现"烂脖子"。每一台阶浇完,表面应随即用原浆抹平。

(6)对于锥形基础,应注意保持锥体斜面坡度的正确,斜面部分的模板应随混凝土浇捣分段支设,以防模板上浮变形,边角处的混凝土必须注意捣实。严禁斜面部分不支模,用铁锹拍实。基础上部柱子后施工时,可在上部水平面留设施工缝。施工缝的处理应按有关规定执行。

(7)条形基础应根据高度分段分层连续浇筑,一般不留施工缝,各段各层间应相互衔接,每段长2~3 m,做到逐段逐层呈阶梯形推进。浇筑时应先使混凝土充满模板内边角,然后浇筑中间部分,以保证混凝土密实。

(8)基础上插筋时,要加以固定,保证插筋位置的正确,防止浇捣混凝土时发生移位。

(9)混凝土浇筑完毕,外露表面应覆盖浇水养护。

2. 质量控制资料检查要求

(1)混凝土配合比。

(2)掺合料、外加剂的合格证明书、复试报告。

(3)试块强度报告。

(4)施工日记。

(5)混凝土质量自检记录。

(6)隐蔽工程验收记录。

(7)混凝土分项工程质量验收记录。

三、杯形基础施工

杯形基础形式有杯口、双杯口、高杯口钢筋混凝土基础等,接头采用细石混凝土灌浆。杯形基础主要用做工业厂房装配式钢筋混凝土柱的高度不大于5 m的一般工业厂房柱基础。

(一)杯形基础施工技术要求

(1)柱的插入深度 h_1 可按表2-2-18选用,此外,h_1 应满足锚固长度的要求(一般为20倍纵向受力钢筋直径)和吊装时柱的稳定性(不小于吊装时柱长的0.05倍)。

表 2-2-18 柱的插入深度 h_1 （单位:mm）

矩形或工字形柱				单肢管柱	双肢柱
$h<500$	$500\leqslant h<800$	$800\leqslant h<1\ 000$	$h\geqslant 1\ 000$		
$(1\sim 1.2)h$	h	$0.9h$, 且$\geqslant 800$	$0.8h$, 且$\geqslant 1\ 000$	$1.5d$, 且$\geqslant 500$	$(1/3\sim 2/3)h_a$ 或 $(1.5\sim 1.8)h_b$

注:1. h 为柱截面长边尺寸;d 为管柱的外直径;h_a 为双肢柱整个截面长边尺寸;h_b 为双肢柱整个截面短边尺寸。

2. 柱轴心受压或小偏心受压时,h_1 可以适当减小,偏心距 $e_0>2h$(或 $e_0>2d$)时,h_1 适当加大。

(2)基础的杯底厚度和杯壁厚度,可按表 2-2-19 采用。

表 2-2-19 基础的杯底厚度和杯壁厚度 （单位:mm）

柱截面长边尺寸(h)	杯底厚度(a_1)	杯壁厚度
$h<500$	$\geqslant 150$	150 ~ 200
$500\leqslant h<800$	$\geqslant 200$	$\geqslant 200$
$800\leqslant h<1\ 000$	$\geqslant 200$	$\geqslant 300$
$1\ 000\leqslant h<1\ 500$	$\geqslant 250$	$\geqslant 350$
$1\ 500\leqslant h<2\ 000$	$\geqslant 300$	$\geqslant 400$

注:1. 双肢柱的 a_1 值可适当加大。

2. 当有基础梁时,基础梁下的杯壁厚度应满足其支撑宽度的要求。

3. 柱子插入杯口部分的表面,应尽量凿毛,柱子与杯口之间的空隙,应用细石混凝土(比基础混凝土强度等级高一级)密实充填,其强度达到基础设计强度等级的 70% 以上(或采取其他相应措施)时,方能进行上部吊装。

(3)大型工业厂房柱双杯口和高杯口基础与一般杯口基础构造要求基本相同。

(二)杯形基础施工质量控制

1. 施工质量控制要点

(1)杯口模板可用木或钢定型模板,可做成整体,也可做成两半形式,中间各加楔形板一块,拆模时,先取出楔形板,然后分别将两半杯口模取出。为便于周转,宜做成工具式。支模时杯口模板要固定牢固。

(2)混凝土应按台阶分层浇筑。对杯口基础的高台阶部分按整体分层浇筑,不留施工缝。

(3)浇捣杯口混凝土时,应注意杯口的位置,由于模板仅上端固定,浇捣混凝土时,四侧应对称均匀下灰,避免将杯口模板挤向一侧。

(4)杯形基础一般在杯底均留有 50 mm 厚的细石混凝土找平层,在浇筑基础混凝土时,要仔细控制标高,如用无底式杯口模板施工,应先将杯底混凝土振实,然后浇筑杯口四周的混凝土,此时宜采用低流动性混凝土;或采用杯底混凝土浇完后停 0.5 ~ 1 h,待混凝土沉实,再浇杯口四周混凝土等办法,避免混凝土从杯底挤出,造成蜂窝麻面。基础浇筑完毕后,将杯口底冒出的少量混凝土掏出,使其与杯口模下口齐平。如用封底式杯口模板施工,应注意将杯口模板压紧,杯底混凝土振捣密实,并加强检查,以防止杯口模板上浮。基础浇捣完毕,混凝土终凝后用倒链将杯口模板取出,并将杯口内侧表面混凝土划(凿)毛。

(5)施工高杯口基础时,由于最上一台阶较高,可采用后安装杯口模板的方法施工,即当混凝土浇捣接近杯口底时，再安装固定杯口模板，继续浇筑杯口四侧混凝土，但应注意位置标高正确。

(6)其他施工监督要点同扩展基础。

2. 质量控制资料检查要求

(1)混凝土配合比。

(2)掺合料、外加剂的合格证明书、复试报告。

(3)试块强度报告。

(4)施工日记。

(5)混凝土质量自检记录。

(6)隐蔽工程验收记录。

(7)混凝土分项工程质量验收记录。

四、筏形基础施工

筏形基础由整块式钢筋混凝土平板或板与梁等组成，它在外形和构造上像倒置的钢筋混凝土平面无梁楼盖或肋形楼盖，分为平板式和梁板式两类，前者一般在荷载不很大，柱网较均匀，且间距较小的情况下采用，后者用于荷载较大的情况。由于筏形基础扩大了基底面积，增强了基础的整体性，抗弯刚度大，可调整建筑物局部发生显著的不均匀沉降。适用于地基土质软弱又不均匀(或有人工垫层的软弱地基)、有地下水或当柱子或承重墙传来的荷载很大的情况，或建造六层或六层以下横墙较密的民用建筑。

(一)筏形基础施工技术要求

(1)垫层厚度宜为 100 mm，混凝土强度等级采用 C10，每边伸出基础底板不小于 100 mm；基础混凝土强度等级不宜低于 C15；当有防水要求时，混凝土强度等级不宜低于 C20，抗渗等级不宜低于 P6。

(2)筏板厚度应根据抗冲切、抗剪切要求确定，但不得小于 200 mm；梁截面按计算确定，高出底板的顶面一般不小于 300 mm，梁宽不小于 250 mm。筏板悬挑墙外的长度，从轴线起算，横向不宜大于 1 500 mm，纵向不宜大于 1 000 mm，边端厚度不小于 200 mm。

(3)当采用墙下不埋式筏板时，四周必须设置向下边梁，其埋入室外地面下不得小于 500 mm，梁宽不宜小于 200 mm，上下钢筋可取最小配筋率，并不少于 2 Φ 10，箍筋及腰盘一般采用Φ 8@ 150 ~ 250 mm，与边梁连接的筏板上部要配置受力钢筋，底板四角应布置放射状附加钢筋。

(二)筏形基础施工质量控制

1. 施工质量监督要点

(1)地基开挖，如有地下水，应采用人工降低地下水位至基坑底 50 cm 以下部位，保持在无水的情况下进行土方开挖和基础结构施工。

(2)基坑土方开挖应注意保持基坑底土的原状结构，如采用机械开挖，基坑底面以上 20 ~ 30 cm 厚的土层应采用人工清除，避免超挖或破坏基土。如局部有软弱土层或超挖，应进行换填，采用与地基土压缩性相近的材料进行分层回填，并夯实。基坑开挖应连续进行，如基坑挖好后不能立即进行下一道工序，应在基底以上留置 150 ~ 200 mm 厚土层不挖，待下道工序施工时再挖至设计基坑底标高，以免基土被扰动。

(3)筏形基础施工,采取底板和梁钢筋、模板一次同时支好,梁侧模板用混凝土支墩或钢支脚支撑,并固定牢固,混凝土一次连续浇筑完成。

(4)当筏形基础长度很长(40 m 以上)时,应考虑在中部适当部位留设贯通后浇带,以避免出现温度收缩缝和便于进行施工分段流水作业;对超厚的筏形基础应考虑采取降低水泥水化热和浇筑入模温度措施,以避免出现大温度收缩应力,导致基础底板裂缝,做法参见箱形基础施工相关部分。

(5)基础浇筑完毕,表面应覆盖和洒水养护,并不少于 7 d,必要时应采取保温养护措施,并防止浸泡地基。

(6)在基础底板上埋设好沉降观测点,定期进行观测、分析,并作好记录。

2. 质量控制资料检查要求

(1)混凝土配合比。

(2)掺合料、外加剂的合格证明书、复试报告。

(3)试块强度报告。

(4)施工日记。

(5)混凝土质量自检记录。

(6)隐蔽工程验收记录。

(7)混凝土分项工程质量验收记录。

五、箱形基础施工

箱形基础是由钢筋混凝土底板、顶板、外墙和一定数量的内隔墙构成一封闭空间的整体箱体,基础中空部分可在内隔墙开门洞作地下室。它具有整体性好、刚度大、抗不均匀沉降能力及抗震能力强,可消除因地基变形使建筑物开裂的可能性,减小基底处原有地基自重应力,降低总沉降量等特点。适用于软弱地基上的面积较大、平面轴线分布简单、荷载较大或上部结构分间不均匀的高层建筑物的基础及对建筑物沉降有严格要求的设备基础或特种构筑物基础,特别是在城市高层建筑物基础中得到较广泛的采用。

(一)箱形基础施工技术要求

(1)箱形基础的埋置深度除须满足一般基础埋置深度有关规定外,还应满足抗倾覆和抗滑稳定性要求,同时考虑使用功能要求,一般最小埋置深度为 3.0 ~ 5.0 m。在地震区,埋置深度不宜小于建筑物总高度的 1/10。

(2)箱形基础高度应满足结构刚度和使用要求,一般可取建筑物高度的 1/8 ~ 1/12,且不宜小于箱形基础长度的 1/6 ~ 1/8,且不小于 3 m。

(3)基础混凝土强度等级不应低于 C20,当采用密实混凝土防水时,宜采用 C30,其外围结构的混凝土抗渗等级不宜低于 P6。

(二)箱形基础施工质量控制

1. 施工质量监督要点

(1)施工前应查明建筑物荷载影响范围内地基土组成、分布、均匀性及性质和水文情况,判明深基坑和稳定性及对相邻建筑物的影响;编制施工组织设计,包括土方开挖、地基处理、深基坑降水和支护以及对邻近建筑物的保护等方面和具体施工方案。

(2)基坑开挖,如地下水位较高,应采取措施降低地下水位至基坑底以下 50 cm 处。当地下水位较高，土质为粉土、粉砂或细砂时，不得采用明沟排水，宜采用轻型井点或深井井点方法降水，并应设置水位降低观测孔，井点设置应有专门设计。

（3）基础开挖应验算边坡稳定性，当地基为软弱土或基坑邻近有建（构）筑物时，应有临时支护措施，如设钢筋混凝土钻孔灌注桩、桩顶浇混凝土连续梁连成整体，支护离箱形基础应不小于 1.2 m，上部应避免堆载、卸土。

（4）开挖基坑应注意保持基坑底土的原状结构，当采用机械开挖基坑时，在基坑底面设计标高以上 20 ~ 30 cm 厚的土层，应人工挖除并清理，如不能立即进行下一道工序施工，应留置 15 ~ 20 cm 厚土层，待下道工序施工前挖除，以防止地基土被扰动。

（5）箱形基础开挖深度大，挖土卸载后，土中压力减小，土的弹性效应有时会使基坑坑面土体回弹变形，基坑开挖到设计基底标高经验收后，应随即浇筑垫层和箱形基础底板，防止地基土被破坏，冬期施工时，应采取有效措施，防止基坑底土的冻胀。

（6）箱形基础底板，内外墙和顶板的支模、钢筋绑扎及混凝土浇筑，可分块进行，其施工缝的留设，外墙水平施工缝应在底板面上部 300 ~ 500 mm 范围内和无梁顶板下部 20 ~ 30 cm 处，并应做成企口形式，有严格防水要求时，应在企口中部设镀锌钢板（或塑料）止水带，外墙的垂直施工缝宜用凹缝，内墙的水平和垂直施工缝多采用平缝，内墙与外墙之间可留垂直缝，在继续浇混凝土前必须清除杂物，将表面冲洗洁净，注意接缝质量，然后浇筑混凝土。

（7）当箱形基础长度超过 40 m 时，为避免表面出现温度收缩裂缝或降低浇筑强度，宜在中部设置贯通后浇带，后浇带宽度不小于 800 mm，并从两侧混凝土内伸出贯通主筋，主筋按原设计连续安装而不切断，后浇带用高一级强度等级的半干硬性混凝土或微膨胀混凝土灌筑密实，使之连成整体并加强养护，但后浇带必须是在底板、墙壁和顶板的同一位置上部留设，使之形成环形，以利于释放早、中期温度应力。若只在底板和墙壁上留后浇带，而在顶板上不留设，将会在顶板上产生应力集中，出现裂缝，且会传递到墙壁后浇带，也会引起裂缝。底板后浇带处的垫层应加厚，局部加厚范围可采用 800 mm + C（C 为钢筋最小锚固长度），垫层顶面设防水层，外墙外侧在上述范围也应设防水层，并用强度等级为 M5 的砂浆砌半砖墙保护。后浇带适用于变形稳定较快，沉降量较小的地基，对变形量大，变形延续时间长的地基不宜采用。当有管道穿过箱形基础外墙时，应加焊止水片防漏。

（8）钢筋绑扎应注意钢筋间距和位置准确，接头部位采用闪光对焊、电弧焊或机械连接，严格控制接头位置及数量，混凝土浇筑前须经验收。外部模板宜采用大块模板组装，内壁用定型模板；墙间距采用直径 12 mm 穿墙对接螺栓控制墙体截面尺寸，埋设件位置应准确固定。箱顶板应适当预留施工洞口，以便内墙模板拆除后取出。

（9）混凝土浇筑要合理选择浇筑方案，根据每次浇筑量，确定搅拌、运输、振捣能力，配备机械人员，确保混凝土浇筑均匀、连续，避免出现过多施工缝和薄弱层面。底板混凝土浇筑，一般应在底板钢筋和墙壁钢筋全部绑扎完毕，柱子插筋就位后进行，可沿长度方向分 2 ~ 3个区，由一端向另一端分层推进，分层均匀下料。当底面积大或底板呈正方形时，宜分段分组浇筑。当底板厚度小于 50 cm 时，可不分层，采用斜面赶浆法浇筑，表面及时平整；当底板厚度大于或等于 50 cm 时，宜水平分层或斜面分层浇筑，每层厚 25 ~ 30 cm，分层用插入式或平板式振动器捣固密实，同时应注意各区、组搭接处的振捣，防止漏振，每层应在水泥初凝时间内浇筑完成，以保证混凝土的整体性和强度，提高抗裂性。

（10）墙体浇筑应在墙全部钢筋绑扎完，包括顶板插筋、预埋件、各种穿墙管道敷设完毕,模板尺寸正确,支撑牢固安全,经检查无误后进行。一般先浇外墙,后浇内墙,或内外墙同时浇筑,分支流向轴线前进,各组兼顾横墙左右宽度各半范围。外墙浇筑可采用分层分段循环浇筑法,即将外墙沿周边分成若干段,分段的长度应由混凝土的搅拌运输能力、浇筑强度、分层厚度和水泥初凝时间而定。该法能减小混凝土浇筑时产生的对模板的侧压力,各小组循环递进,以利于提高工效,但要求混凝土输送和浇筑过程均匀连续,劳动组织严密。当周边较长、工程量较大时,亦可采用分层分段一次浇筑法,该法每组有固定的施工段,以利于提高质量,对水泥初凝时间控制没有要求,但混凝土一次浇至墙体全高,模板侧压力大,要求模板牢固。箱形基础顶板(带梁)混凝土浇筑方法与基础底板浇筑基本相同。

(11)箱形基础混凝土浇筑完成后,要加强覆盖,并浇水养护;冬期要保温,防止温差过大出现裂缝,以保证结构使用和防水性能。

(12)箱形基础施工完毕后,应防止长期暴露,要抓紧基坑回填土。回填时要在相对的两侧或四周同时均匀进行,分层夯实;停止降水时,应验算箱形基础的抗浮稳定性;地下水基础的浮力,一般不考虑折减,抗浮稳定系数宜小于 1. 20,如不能满足,必须采取有效措施,防止基础上浮或倾斜,地下室施工完成后,方可停止降水。

2. 质量控制资料检查要求

(1)混凝土配合比。

(2)掺合料、外加剂的合格证明书、复试报告。

(3)试块强度报告。

(4)施工日记。

(5)温控记录。

(6)混凝土质量自检记录。

(7)隐蔽工程验收记录。

(8)混凝土分项工程质量验收记录。

第三章　砌体工程

第一节　基本规定

(1)砌体工程所用的材料应有产品合格证书、产品性能检测报告。块材、水泥、钢筋、外加剂等尚应有材料的主要性能的进场复验报告。严禁使用国家明令淘汰的材料。

(2)砌筑基础前,应校核放线尺寸,允许偏差应符合表 2-3-1 的规定。

表 2-3-1　放线尺寸的允许偏差

长度 L、宽度 B(m)	允许偏差(mm)	长度 L、宽度 B(m)	允许偏差(mm)
L(或 B)≤30	±5	60＜L(或 B)≤90	±5
30＜L(或 B)≤60	±10	L(或 B)＞90	±20

(3)砌筑顺序应符合下列规定:

①基底标高不同时,应从低处砌起,并应由高处向低处搭砌。当设计无要求时,搭接长度不应小于基础扩大部分的高度。

②砌体的转角处和交接处应同时砌筑。当不能同时砌筑时,应按规定留槎、接槎。

(4)在墙上留置临时施工洞口,其侧边离交接处墙面不应小于 500 mm,洞口净宽度不应超过 1 m。抗震设防烈度为Ⅸ度的地区,建筑物的临时施工洞口位置,应会同设计单位确定。临时施工洞口应做好补砌。

(5)不得在下列墙体或部位设置脚手眼:

①120 mm 厚墙、料石清水墙和独立柱。

②过梁上与过梁成 60°角的三角形范围内及过梁净跨度 1/2 的高度范围内。

③宽度小于 1 m 的窗间墙。

④砌体门窗洞口两侧 200 mm(石砌体为 300 mm)和转角处 450 mm(石砌体为 600 mm)范围内。

⑤梁或梁垫下及其左右 500 mm 范围内。

⑥设计不允许设置脚手眼的部位。

(6)施工脚手眼补砌时,灰缝应填满砂浆,不得用干砖填塞。

(7)设计要求的洞口、管道、沟槽应于砌筑时正确留出或预埋,未经设计同意,不得打凿墙体和在墙体上开凿水平沟槽。宽度超过 300 mm 的洞口上部,应设置过梁。

(8)尚未施工楼板或屋面的墙或柱,当可能遇到大风时,其允许自由高度不得超过表 2-3-2 的规定。如超过表中限值,必须采用临时支撑等有效措施。

(9)搁置预制梁、板的砌体顶面应找平,安装时应坐浆。当设计无具体要求时,应采用 1∶2.5 的水泥砂浆。

表 2-3-2　墙和柱的允许自由高度　　　　　　　　　　(单位:m)

墙(柱)厚(mm)	砌体密度 >1 600 kg/m^3			砌体密度 1 300 ~1 600 kg/m^3		
	风载(kN/m^2)			风载(kN/m^2)		
	0.3(约7级风)	0.4(约8级风)	0.5(约9级风)	0.3(约7级风)	0.4(约8级风)	0.5(约9级风)
190	—	—	—	1.4	1.1	0.7
240	2.8	2.1	1.4	2.2	1.7	1.1
370	5.2	3.9	2.6	4.2	3.2	2.1
490	8.6	6.5	4.3	7.0	5.2	3.5
620	14.0	10.5	7.0	11.4	8.6	5.7

注:1. 本表适用于施工处相对标高(H)在 10 m 范围内的情况。当 10 m < H ≤ 15 m,15 m < H ≤ 20 m 时,表中的允许自由高度应分别乘以 0.9、0.8 的系数;当 H > 20 m 时,应通过抗倾覆验算确定其允许自由高度。
2. 当所砌筑的墙有横墙或其他结构与其连接,而且间距小于表中所列限值的 2 倍时,砌筑高度可不受本表的限制。
3. 施工处标高可按下式计算:$H = H_0 + h/2$,其中 H 为施工处的标高(m),H_0 为起始计算自由高度处的标高(m),h 为表内相应的允许自由高度值(m)。对于设置钢筋混凝土圈梁的墙或柱,其砌筑高度在未达到圈梁位置时,h 应从地面(或楼面)算起;超过圈梁时,h 则可从最近的一道圈梁处算起,但此时圈梁混凝土的抗压强度应达到 5 N/mm^2 以上。

(10)砌体施工质量控制等级应分为 A、B、C 三级,并应符合表 2-3-3 的规定。

表 2-3-3　砌体施工质量控制等级

项目	施工质量控制等级		
	A	B	C
现场质量管理	制度健全,并严格执行;非施工方质量监督人员经常到现场,或现场设有常驻代表;施工方有在岗专业技术管理人员,人员齐全,并持证上岗	制度基本健全,并能执行;非施工方质量监督人员间断地到现场进行质量控制;施工方有在岗专业技术管理人员,并持证上岗	有制度;非施工方质量监督人员很少作现场质量控制;施工方有在岗专业技术管理人员
砂浆、混凝土强度	试块按规定制作,强度满足验收规定,离散性小	试块按规定制作,强度满足验收规定,离散性较小	试块强度满足验收规定,离散性大
砂浆拌和方式	机械拌和;配合比计量控制严格	机械拌和;配合比计量控制一般	机械或人工拌和;配合比计量控制较差
砌筑工人	中级工以上,其中高级工不少于 20%	高、中级工不少于 70%	初级工以上

在《砌体结构设计规范》(GB 50003—2001)中,对砌体强度设计值所作的规定也考虑了砌体施工质量控制等级而取不同的数值。这样,砌体结构的设计规范与施工规范将协调一致,配套使用。

关于砂浆和混凝土的施工质量,可分为"优良"、"一般"和"差"三个等级,强度离散性分别对应为"离散性小"、"离散性较小"和"离散性大",其划分情况参见表 2-3-4 和表 2-3-5。

表 2-3-4　砌筑砂浆质量水平(强度标准差)　　(单位:MPa)

质量水平	强度等级					
	M2.5	M5	M7.5	M10	M15	M20
优良	0.50	1.00	1.50	2.00	3.00	4.00
一般	0.62	1.25	1.88	2.50	3.75	5.00
差	0.75	1.50	2.25	3.00	4.50	6.00

表 2-3-5　混凝土质量水平

评定指标	生产单位	质量水平					
		优良		一般		差	
		强度等级					
		<C20	≥C20	<C20	≥C20	<C20	≥C20
强度标准差(MPa)	预拌混凝土厂	≤3.0	≤3.5	≤4.0	≤5.0	>4.0	>5.0
	集中搅拌混凝土的施工现场	≤3.5	≤4.0	≤4.5	≤5.5	>4.5	>5.5
强度等于或大于混凝土强度等级值的百分率(%)	预拌混凝土厂、集中搅拌混凝土的施工现场	≥95		>85		≤85	

(11)设置在潮湿环境或有化学侵蚀性介质的环境中的砌体灰缝内的钢筋应采取防腐措施。

(12)砌体施工时,楼面和屋面堆载不得超过楼板的允许荷载值。施工层进料口楼板下,宜采取临时加撑措施。

(13)分项工程的验收应在检验批验收合格的基础上进行。检验批的确定可根据施工段划分。

(14)砌体工程检验批验收时,其主控项目应全部符合本规范的规定;一般项目应有80%及其以上的抽检处符合本规范的规定,或偏差值在允许偏差范围以内。

第二节　砌筑砂浆

砌筑砂浆是指由水泥、水、砂、掺合料和外加剂制成的用于将砖、石、砌块黏结成为砌体的砌筑材料。

常用的砌筑砂浆主要有水泥砂浆、水泥混合砂浆。水泥砂浆是由水泥、细骨料和水按一定比例配制而成的砂浆,适用于潮湿环境及水中的砌体工程;水泥混合砂浆是由水泥、细骨料、掺合料和水按一定比例配制成的砂浆,这种砂浆不仅和易性好,而且可配制成各种强度等级的砌筑砂浆,除对耐水性有较高要求的砌体外,可广泛用于各种砌体工程中。

质量员应掌握砌筑砂浆的材料质量要求及其质量控制与验收。

一、材料质量要求

（一）水泥

（1）水泥进场使用前，应分批对其强度、安定性进行复验。检验批应以同一生产厂家、同一编号为一批。

（2）当在使用中对水泥质量有怀疑或水泥出厂超过3个月（快硬硅酸盐水泥超过1个月）时，应做复查试验，并按其结果使用。

（3）不同品种的水泥，不得混合使用。

（二）砂

（1）砂浆用砂不得含有有害杂物。

（2）砂浆用砂的含泥量应满足下列要求：

①对强度等级小于M5的水泥混合砂浆，不应超过10%；

②对水泥砂浆和强度等级不小于M5的水泥混合砂浆，不应超过5%；

③人工砂、山砂及特细砂，应经试配能满足砌筑砂浆技术条件要求。

（三）掺加料

（1）配制水泥石灰砂浆时，不得采用脱水硬化的石灰膏。生石灰熟化成石灰膏时，熟化时间不得少于7 d。

（2）消石灰粉不得直接使用于砌筑砂浆中。

（四）水

拌制砂浆用水，水质应符合现行国家标准《混凝土用水标准》（JGJ 63—2006）的规定。

（五）外加剂

凡在砂浆中掺入有机塑化剂、早强剂、缓凝剂、防冻剂等，应经检验和试配符合要求后，方可使用。有机塑化剂应有砌体强度的形式检验报告。

（六）砂浆

（1）砂浆的稠度应符合表2-3-6的规定。

表2-3-6　砌筑砂浆的稠度

砌体种类	砂浆稠度（mm）	砌体种类	砂浆稠度（mm）
烧结普通砖砌体	70～90	烧结普通砖平拱式过梁空斗墙，筒拱普通混凝土小型空心砌块砌体，加气混凝土砌块砌体	50～70
轻骨料混凝土小型空心砌块砌体	60～90	石砌体	30～50
烧结多孔砖、空心砖砌体	60～80		

（2）砂浆的分层度不得大于30 mm。

（3）水泥砂浆中水泥用量不应小于200 kg/m³；水泥混合砂浆中水泥和掺合料总量宜为300～350 kg/m³。水泥砂浆的密度不宜小于1 900 kg/m³；水泥混合砂浆的密度不宜小于1 800 kg/m³。

（4）具有冻融循环次数要求的砌筑砂浆，经冻融试验后，质量损失率不得大于5%，抗压强度损失率不得大于25%。

二、质量控制与验收

(一)砂浆拌制

(1)砌筑砂浆现场拌制时,各组分材料应采用质量计量。

(2)砌筑砂浆应采用机械搅拌,自投料完毕算起,搅拌时间应符合下列规定:

①水泥砂浆和水泥混合砂浆不得少于2 min;

②水泥粉煤灰砂浆和掺用外加剂的砂浆不得少于3 min;

③掺用有机塑化剂的砂浆,应为3~5 min。

(3)砌筑砂浆通过试配确定配合比,当砂浆的组成材料有变更时,其配合比应重新确定。

(二)砂浆使用

(1)砂浆应随拌随用。水泥砂浆和水泥混合砂浆应分别在拌成后3 h和4 h内使用完毕;当施工期间最高气温超过30 ℃时,应分别在拌成后2 h和3 h内使用完毕。

(2)对掺用缓凝剂的砂浆,其使用时间可根据具体情况延长。

(3)水泥混合砂浆不得用于基础等地下潮湿环境中的砌体工程。

(4)施工中当采用水泥砂浆代替水泥混合砂浆时,应重新确定砂浆强度等级。

(三)砂浆试块

(1)砂浆试块应在砂浆拌和后随机抽取制作,同盘砂浆只应制作一组试块。

(2)砌筑砂浆试块强度验收时,其强度合格标准必须符合以下规定:

同一验收批砂浆试块抗压强度平均值必须大于或等于设计强度等级所对应的立方体抗压强度;同一验收批砂浆试块抗压强度的最小一组平均值必须大于或等于设计强度等级所对应的立方体抗压强度的0.75倍。

注:①砌筑砂浆的验收批,同一类型、强度等级的砂浆试块应不少于三组。当同一验收批只有一组试块时,该组试块抗压强度的平均值必须大于或等于设计强度等级所对应的立方体抗压强度。

②砂浆强度应以标准养护、龄期为28 d的试块抗压试验结果为准。

抽检数量:每一检验批且不超过250 m^3 砌体的各种类型及强度等级的砌筑砂浆,每台搅拌机应至少制作一组试块(每组6块),即抽检一次。

检验方法:在砂浆搅拌机出料口随机取样制作砂浆试块(同盘砂浆只应制作一组试块),最后检查试块强度试验报告单。

(3)当施工中或验收时出现下列情况时,可采用现场检验方法对砂浆和砌体强度进行原位检测或取样检测,并判定其强度:

①砂浆试块缺乏代表性或试块数量不足;

②对砂浆试块的试验结果有怀疑或有争议;

③砂浆试块的试验结果不能满足设计要求。

第三节 砖砌体工程

砖有经过焙烧的普通烧结砖、多孔砖、空心砖以及不经焙烧的粉煤灰砖和灰砂砖等。普通烧结砖是我国传统的墙体材料,在全国普遍采用,其中以黏土为主要原料,经成型、干燥、焙烧而成的简称黏土砖。根据生产方法的不同,有青砖和红砖之分。而非烧结砖主要是指蒸养(压)砖,又称硅酸盐砖。它是以含钙材料(石灰等)和含硅材料(砂、煤渣、粉煤灰等)与水拌和,经压制成型、蒸养(压)而成,如灰砂砖、煤渣砖、粉煤灰砖等。

本节适用于烧结普通砖、烧结多孔砖、蒸压灰砂砖、粉煤灰砖等砌体工程。质量员应掌握砖砌体工程的材料质量要求及其施工的质量控制与验收。

一、材料质量要求

(1)砖的品种、强度等级必须符合设计要求,并应有产品合格证书和性能检测报告。

(2)砖进场后应进行复验,复验抽样数量为在同一生产厂家同一品种同一强度等级的普通砖 15 万块、多孔砖 5 万块、灰砂砖或粉煤灰砖 10 万块中各抽查一组。

(3)施工时施砌的蒸压(养)砖的产品龄期不应少于 28 d。灰砂砖、粉煤灰砖出釜后早期收缩值大,如果这时用于墙体上,将很容易出现明显的收缩裂缝,因而要求出釜后停放时间不应少于 28 d,使其早期收缩值在此期间内完成大部分,这是预防墙体早期开裂的一个重要技术措施。

(4)砌筑砖砌体时,砖应提前 1 ~ 2 d 浇水湿润。砖砌筑前浇水是砖砌体施工工艺的一个部分,砖的湿润程序对砌体的施工质量影响较大。适宜含水率的数值是根据有关科研单位的对比试验和施工企业的试验提出的,对烧结普通砖、多孔砖含水率宜为 10% ~15%;对灰砂砖、粉煤灰砖含水率宜为 8% ~12%。现场检验砖含水率的简易方法采用断砖法,即当砖截面四周融水深度为 15 ~20 mm 时,视为符合要求的适宜含水率。

二、质量控制要点

(一)放线和皮数杆

(1)建筑物的标高,应引自标准水准点或设计指定的水准点。基础施工前,应在建筑物的主要轴线部位设置标志板。标志板上应标明基础、墙身和轴线的位置及标高。外形或构造简单的建筑物,可用控制轴线的引桩代替标志板。

(2)砌筑前,弹好墙基大放脚外边沿线、墙身线、轴线、门窗洞口位置线,并必须用钢尺校核放线尺寸。

(3)砌筑基础前,应校核放线尺寸,允许偏差应符合表 2-3-1 的规定。

(4)按设计要求,在基础及墙身的转角及某些交接处立好皮数杆,其间距为每隔 10 ~15 m 立一根,皮数杆上画有每皮砖和灰缝厚度及门窗洞口、过梁、楼板等竖向构造的变化位置,控制楼层及各部位构件的标高。砌筑完每一楼层(或基础)后,应校正砌体的轴线和标高。

(二)砌体工作段的划分

(1)相邻工作段的分段位置,宜设在伸缩缝、沉降缝、防震缝、构造柱或门窗洞口处。

(2)相邻工作段的高度差,不得超过一个楼层的高度,且不得大于 4 m。

(3)砌体临时间断处的高度差,不得超过一步脚手架的高度。

(4)砌体施工时,楼面堆载不得超过楼板允许荷载值。

(5)尚未安装楼板或屋面的墙和柱,当可能遇到大风时,其允许自由高度不得超过表 2-3-2的规定。如果超过规定,必须采取临时支撑等有效措施,以确保墙或柱在施工中的稳定性。

（三）砌体留槎和拉结筋

(1)砖砌体接槎时必须将接槎处的表面清理干净，浇水湿润，填实砂浆并保持灰缝平直。

(2)多层砌体结构中，后砌的非承重砌体隔墙，应沿墙高每隔500 mm配置2根Φ6的钢筋与承重墙或柱拉结，每边伸入墙内不应小于500 mm。抗震设防烈度为Ⅷ度和Ⅸ度区，长度大于5 m的后砌隔墙的墙顶，尚应与楼板或梁拉结。隔墙砌至梁板底时，应留一定空隙，间隔一周后再补砌挤紧。

（四）砖砌体灰缝

(1)水平灰缝砌筑方法宜采用“三一”砌砖法，即“一铲灰、一块砖、一揉挤”的操作方法。竖向灰缝宜采用挤浆法或加浆法，使其砂浆饱满，严禁用水冲浆灌缝。如果采用铺浆法砌筑，铺浆长度不得超过750 mm。施工期间气温超过30 ℃时，铺浆长度不得超过500 mm。水平灰缝的砂浆饱满度不得低于80%；竖向灰缝不得出现透明缝、瞎缝和假缝。

(2)空斗墙的水平灰缝厚度和竖向灰缝宽度一般为10 mm，但不应小于8 mm，也不应大于12 mm。

(3)清水墙面不应有上、下两皮砖搭接长度小于25 mm的通缝，不得有三分头砖，不得在上部随意变活、乱缝。

(4)筒拱拱体灰缝应全部用砂浆填满，拱底灰缝宽度宜为5～8 mm，筒拱的纵向缝应与拱的横截面垂直。筒拱的纵向两端，不宜砌入墙内。

(5)为保持清水墙面立缝垂直一致，当砌至一步架子高时，水平间距每隔2 m在丁砖竖缝位置弹两道垂直立线，控制游丁走缝。

(6)清水墙勾缝应采用加浆勾缝，勾缝砂浆宜采用细砂拌制的质量比为1∶1.5的水泥砂浆。勾凹缝时深度为4～5 mm，多雨地区或多孔砖可采用稍浅的凹缝或平缝。

(7)砖砌平拱过梁的灰缝应砌成楔形缝。灰缝宽度，在过梁底面不应小于5 mm，在过梁顶面不应大于15 mm。拱脚下面应伸入墙内不小于20 mm，拱底应有1%起拱。

(8)砌体的伸缩缝、沉降缝、防震缝中，不得夹有砂浆、碎砖和杂物等。

（五）砖砌体预留孔洞和预埋件

(1)设计要求的洞口、管道、沟槽，应在砌筑时按要求预留或预埋。未经设计同意，不得打凿墙体和在墙体上开凿水平沟槽。超过300 mm的洞口上部应设过梁。

(2)砌体中的预埋件应做防腐处理，预埋木砖的木纹应与钉子垂直。

(3)在墙上留置临时施工洞口，其洞口边面离所在墙的端边面不应小于500 mm，洞口净宽度不应超过1 m，洞顶部应设置过梁。抗震设防烈度为Ⅸ度的地区建筑物的临时施工洞口位置，应会同设计单位确定。临时施工洞口应做好补砌。

(4)不得在以下墙体或部位设置脚手眼：

①120 mm厚墙、料石清水墙和独立柱；

②过梁上与过梁呈60°的三角形范围内及过梁净跨度1/2的高度范围内；

③梁或梁垫下及其左右500 mm范围内；

④宽度小于1 m的窗间墙；

⑤砌体门窗洞口两侧200 mm（石砌体为300 mm）和转角处450 mm（石砌体为600 mm）范围内；

⑥设计不允许设置脚手眼的部位。

(5)预留外窗洞口位置应上下挂线，保持上、下楼层洞口位置垂直；洞口尺寸应准确。

三、质量验收

(一)主控项目

(1)砖和砂浆的强度等级必须符合设计要求。

抽检数量：每一生产厂家的砖到现场后，按烧结砖15万块、多孔砖5万块、灰砂砖及粉煤灰砖10万块各为一验收批，抽检数量为一组。砂浆试块的抽检数量应符合本书第107页中注①的有关规定。

检验方法：查砖和砂浆试块试验报告。

(2)砌体水平灰缝的砂浆饱满度不得小于80%。

抽检数量：每检验批抽查不应少于5处。

检验方法：用百格网检查砖底面与砂浆的黏结痕迹面积。每处检测3块砖，取其平均值。

(3)砖砌体的转角处和交接处应同时砌筑，严禁进行无可靠措施的内外墙分砌施工。对不能同时砌筑而又必须留置的临时间断处应砌成斜槎，斜槎水平投影长度不小于高度的2/3。

抽检数量：每检验批抽20%接槎，且不应少于5处。

检验方法：观察检查。

(4)非抗震设防及抗震设防烈度为Ⅵ度、Ⅶ度地区的临时间断处，当不能留斜槎时，除转角处外，可留直槎，但直槎必须做成凸槎。留直槎处应加设拉结钢筋，拉结钢筋的数量为每120 mm墙厚放置1 Φ6拉结钢筋(120 mm厚墙放置2 Φ6拉结钢筋)，间距沿墙高不应超过500 mm；埋入长度从留槎处算起每边均不应小于500 mm，对抗震设防烈度为Ⅵ度、Ⅶ度的地区，不应小于1 000 mm；末端应有90°弯钩。

抽检数量：每检验批抽20%接槎，且不应少于5处。

检验方法：观察和尺量检查。

合格标准：留槎正确，拉结钢筋设置数量、直径正确，竖向间距偏差不超过100 mm，留置长度基本符合规定。

(5)砖砌体的位置及垂直度允许偏差应符合表2-3-7的规定。

表2-3-7　砖砌体的位置及垂直度允许偏差

项次	项目			允许偏差(mm)	检验方法
1	轴线位置偏移			10	用经纬仪和尺检查或用其他测量仪器检查
2	垂直度	每层		5	用2 m托线板检查
		全高	≤10 m	10	用经纬仪、吊线和尺检查，或用其他测量仪器检查
			>10 m	20	

抽检数量：轴线查全部承重墙柱；外墙垂直度全高查阳角，不应少于4处，每层20 m抽查一处；内墙按有代表性的自然间抽查10%，但不应少于3间，每间不应少于2处；柱不少

于5 根。

（二）一般项目

（1）砖砌体组砌方法应正确，上、下错缝，内外搭砌，砖柱不得采用包心砌法。

抽检数量：外墙每 20 m 抽查一处，每处 3 ~ 5 m，且不应少于 3 处；内墙按有代表性的自然间抽查 10%，且不应少于 3 间。

检验方法：观察检查。

合格标准：除符合本条要求外，清水墙、窗间墙无通缝；混水墙中长度大于或等于 300 mm 的通缝每间不超过 3 处，且不得位于同一面墙体上。

（2）砖砌的灰缝应横平竖直，厚薄均匀。水平灰缝厚度宜为 10 mm，但不应小于 8 mm，也不应大于 12 mm。

抽检数量：每步脚手架施工的砌体，每 20 m 抽查一处。

检验方法：用尺量 10 皮砖砌高度折算。

（3）砖砌体的一般尺寸允许偏差应符合表 2-3-8 的规定。

表 2-3-8　砖砌体一般尺寸允许偏差

项次	项目		允许偏差（mm）	检验方法	抽检数量
1	基础顶面和楼面标高		±15	用水平仪和尺检查	不应少于 5 处
2	表面平整度	清水墙、柱	5	用 2 m 靠尺和楔形塞尺检查	有代表性自然间 10%，但不应少于 3 间，每间不应少于 2 处
		混水墙、柱	8		
3	门窗洞口高、宽（后塞口）		±5	用尺检查	检验批洞口的 10%，且不应少于 5 处
4	外墙上下窗口偏移		20	以底层窗口为准，用经纬仪或吊线检查	检验批的 10%，且不应少于 5 处
5	水平灰缝平直度	清水墙	7	拉 10 m 线和用尺检查	有代表性自然间 10%，但不应少于 3 间，每间不应少于 2 处
		混水墙	10		
6	清水墙游丁走缝		20	吊线和用尺检查，以每层第一皮砖为准	有代表性自然间 10%，但不应少于 3 间，每间不应少于 2 处

第四节　混凝土小型空心砌块砌体工程

混凝土小型空心砌块是以水泥为胶结材料，砂、碎石或卵石、煤矸石、炉渣为骨料，经加水搅拌、振动加压或冲压成型、养护而成的小型砌块。主规格尺寸为 390 mm × 190 mm × 190 mm，最小肋厚度不小于 25 mm，最小外壁厚度不小于 30 mm。

混凝土小型空心砌块是用于地震烈度为Ⅷ度和Ⅷ度以下地区的一般工业与民用建筑工程的墙体。对用于承重墙和外墙的砌块，要求其干缩率小于 0.5 mm/m，非承重或内墙用的砌块，其干缩率应小于 0.6 mm/m。砌块运输及堆放应有防雨措施。装卸时，严禁碰撞、抛扔，应轻码轻放，不许翻斗倾倒。砌块应按规格、等级分批分别堆放，不得混杂。

本节适用于普通混凝土小型空心砌块和轻骨料混凝土小型空心砌块工程(简称小砌块)。质量员应掌握小砌块工程施工的质量验收要求。

一、材料质量要求

(1)施工时所用的小砌块的产品龄期不应小于 28 d。小砌块龄期达到 28 d 之前,自身收缩速度较快,其后收缩速度减慢,且强度趋于稳定。为有效控制砌体收缩裂缝和保证砌体强度,规定砌体施工时所用的小砌块,龄期不应小于 28 d。

(2)砌筑小砌块时,应清除表面污物和芯柱用小砌块孔洞底部的毛边,剔除外观质量不合格的小砌块。

(3)普通小砌块砌筑时,可为自然含水率;当天气干燥炎热时,可提前洒水湿润。轻骨料小砌块,由于吸水率大,宜提前 1 d 浇水湿润。当小砌块表面有浮水时,为防止游砖,不应进行砌筑。控制小砌块含水率的目的:一是避免砌筑时产生砂浆流淌,二是保证砂浆不致失水过快。

(4)施工时所用的砂浆,宜选用专用的小砌块砌筑砂浆。专用的小砌块砌筑砂浆是指符合现行国家标准《混凝土小型空心砌块和混凝砖砌筑砂浆》(JC 860)的砌筑砂浆,该砂浆可提高小砌块与砂浆间的黏结力,且施工性能好。

(5)承重墙体严禁使用断裂小砌块。依据产品标准,断裂小砌块属于废品,对砌体抗压强度将产生不利影响,所以在承重墙体中严禁使用这类小砌块。

(6)底层室内地面以下或防潮层以下的砌体,应采用强度等级不低于 C20 的混凝土灌实小砌块的孔洞。

二、质量控制要点

(一)小砌块砌筑

(1)小砌块砌筑前应预先绘制砌块排列图,并应确定皮数。不够主规格尺寸的部位,应采用辅助规格小砌块。

(2)小砌块砌筑墙体时应对孔错缝搭砌;当不能对孔砌筑时,搭接长度不得小于 90 mm;当个别部位不能满足时,应在水平灰缝中设置拉结钢筋网片,网片两端距竖缝长度均不得小于 300 mm。竖向通缝(搭接长度小于 90 mm)不得超过两皮。

(3)小砌块砌筑应将底面(壁、肋稍厚一面)朝上反砌在墙上。确保小砌块砌体的砌筑质量,可简单归纳为六个字:对孔、错缝、反砌。所谓对孔,即上皮小砌块的孔洞对准下皮小砌块的孔洞,上、下皮小砌块的壁、肋可较好传递竖向荷载,保证砌体的整体性及强度。所谓错缝,即上、下皮小砌块错开砌筑(搭砌),以增强砌体的整体性,这属于砌筑工艺的基本要求。所谓反砌,即小砌块生产时的底面朝上砌筑于墙体上,易于铺放砂浆和保证水平灰缝砂浆的饱满度,这也是确定砌体强度指标的试件的基本砌法。

(4)常温下,普通混凝土小砌块日砌高度控制在 1.8 m 以内;轻骨料混凝土小砌块日砌高度控制在 2.4 m 以内。

(5)需要移动砌体中的小砌块或砌体被撞动后,应重新铺砌。

(6)厕浴间和有防水要求的楼面、墙底部应浇筑高度不宜小于 200 mm 的混凝土坎。

(7)雨天砌筑应有防雨措施,砌筑完毕应对砌体进行遮盖。

(二)小砌块砌体灰缝

(1)小砌块砌体铺灰长度不宜超过两块主规格块体的长度。

(2)小砌块清水墙的勾缝应采用加浆勾缝,当设计没有具体要求时宜采用平缝形式。

(三)混凝土芯柱

(1)砌筑芯柱(构造柱)部位的墙体,应采用不封底的通孔小砌块,砌筑时要保证上、下孔通畅且不错孔,确保混凝土浇筑时不侧向流窜。

(2)在芯柱部位,每层楼的第一皮块体,应采用开口小砌块或U形小砌块砌出操作孔,操作孔侧面宜预留连通孔;砌筑开口小砌块或U形小砌块时,应随时刮去灰缝内凸出的砂浆,直到一个楼层高度。

(3)浇筑芯柱的混凝土,宜选用专用的小砌块灌孔混凝土,当采用普通混凝土时,其坍落度不应小于90 mm。小砌块孔洞的设计尺寸为120 mm×120 mm,由于产品生产误差和施工误差,墙体上的孔洞截面还要小些,因此芯柱用混凝土的坍落度应尽量大一点,避免出现"卡颈"和振捣不密实。这里要求的坍落度90 mm是最低控制指标。专用的小砌块灌孔混凝土坍落度不小于180 mm,拌和物不离析、不泌水、施工性能好,故宜采用。专用的小砌块灌孔混凝土是指符合现行国家标准《混凝土砌块(砖)砌体用灌孔混凝土》(JC 861)的混凝土。

(四)浇筑芯柱混凝土应遵守的规定

(1)清除孔洞内的砂浆等杂物,并用水冲洗。

(2)砌筑砂浆强度大于1 MPa时,才能浇筑芯柱混凝土。

(3)在浇筑芯柱混凝土前应先注入适量与芯柱混凝土相同的去石水泥砂浆,再浇筑混凝土。

三、质量验收

(一)主控项目

(1)小砌块:砂浆和混凝土的强度等级必须符合设计要求。

抽检数量:每一生产厂家,每1万块小砌块至少应抽检一组。用于多层以上建筑基础和底层的小砌块抽检数量不应少于两组。砂浆试块的抽检数量:每一检验批且不超过250 m^3砌体的各种类型及强度等级的建筑砂浆,每台搅拌机应至少抽检一次。芯柱混凝土每一检验批至少做一组试块。

检验方法:查小砌块、砂浆和混凝土试块试验报告。

(2)砌体水平灰缝的砂浆饱满度,应按净面积计算不得低于90%;竖向灰缝饱满度不得低于80%,竖缝凹槽部位应用砌筑砂浆填实;不得出现瞎缝、透明缝。

抽检数量:每检验批不应少于3处。

检验方法:用专用百格网检测小砌块与砂浆黏结痕迹,每处检测3块小砌块,取其平均值。

(3)墙体转角处和纵横墙交接处应同时砌筑。临时间断处应砌成斜槎,斜槎水平投影长度不应小于高度的2/3。

抽检数量:每检验批抽20%接槎,且不应少于5处。

检验方法:观察检查。

(4)砌体的轴线位置偏移和垂直度偏差应符合表2-3-7的规定。

(二)一般项目

(1)墙体的水平灰缝厚度和竖向灰缝宽度宜为10 mm,但不应大于12 mm,也不应小于1 mm。

抽检数量:每层楼的检测点不应少于3处。

抽检方法:用尺量5皮小砌块的高度和2 m砌体长度折算。

(2)小砌块墙体的一般尺寸允许偏差应按表2-3-8中1~5项的规定执行。

第五节 配筋砌体工程

配筋砌体是由配置钢筋的砌体作为建筑物的主要受力构件。配筋砌体是网状配筋砖砌体、组合配筋砖砌体、配筋砌块柱等许多配筋砌体的统称。网状配筋砖砌体是在砖砌体的水平缝中配置钢筋网,有网状配筋墙、网状配筋柱等;砖砌体和钢筋混凝土或钢筋砂浆面层组合砌体是在砖砌体外侧设置钢筋混凝土面层或砂浆面层,有组合砖柱、组合砖垛、组合砖墙等;配筋砌块柱是在普通混凝土小型空心砌块的孔洞配置钢筋。

质量员应熟悉配筋砌体工程施工的质量验收要求。

一、材料质量要求

(1)用于砌体工程的钢筋品种、强度等级必须符合设计要求,并应有产品合格证书和性能检测报告,进场后应进行复验。

(2)设置在潮湿或有化学侵蚀性介质环境中的砌体灰缝内的钢筋,应采用镀锌钢材、不锈钢或有色金属材料,或对钢筋表面涂刷防腐涂料或防锈剂。

二、质量控制要点

(一)配筋砖砌体配筋

(1)配筋砌块砌体剪力墙的灌孔混凝土中竖向受拉钢筋,钢筋搭接长度不应小于$35d$(d为钢筋直径),且不小于300 mm。

(2)设置在砌体水平灰缝中钢筋的锚固长度不宜小于$50d$,且其水平或垂直弯折段的长度不宜小于$20d$和150 mm;钢筋的搭接长度不应小于$55d$。配置在砌体水平灰缝中的受力钢筋,其握裹力较混凝土中的钢筋要差一些,因此在保证足够的砂浆保护层的条件下,其锚固长度和搭接长度要加大。

(3)砌体与构造柱、芯柱的连接处应设2Φ6拉结筋或Φ4钢筋网片,间距沿墙高不应超过500 mm(小砌块为600 mm);埋入墙内长度每边不宜小于600 mm;对抗震设防地区不宜小于1 m;钢筋末端应有90°弯钩。

(4)钢筋网可采用方格网或连弯网。钢筋直径宜采用3~4 mm;当采用连弯网时,钢筋的直径不应大于8 mm。

(5)钢筋网中钢筋的间距不应大于120 mm,并不应小于30 mm。

(二)构造柱、芯柱

(1)构造柱浇灌混凝土前,必须将砌体留槎部位和模板浇水湿润,将模板内的落地灰、砖渣和其他杂物清理干净，并在结合面处注入适量与构造柱混凝土相同的去石水泥砂浆。振捣时，应防止触碰墙体，严禁通过墙体传振。

(2)配筋砌块芯柱在楼盖处应贯通，并不得削弱芯柱截面尺寸。

(3)构造柱纵筋应穿过圈梁，保证纵筋上下贯通；构造柱箍筋在楼层上、下500 mm范围内应进行加密，间距宜为100 mm。

(4)墙体与构造柱连接处应砌成马牙槎，从每层柱脚起，先退后进，马牙槎的高度不应大于300 mm，并应先砌墙后浇混凝土构造柱。

(5)小砌块墙中设置构造柱时，与构造柱相邻的砌块孔洞，当设计没有具体要求时，Ⅵ度(抗震设防烈度，下同)时宜灌实，Ⅶ度时应灌实，Ⅷ度时应灌实并插筋。

(三)构造柱、芯柱中箍筋

(1)当纵向钢筋的配筋率大于0.25%，且柱承受的轴向力大于受压承载力设计值的25%时，柱应设箍筋；当配筋率等于或小于0.25%，或柱承受的轴向力小于受压承载力设计值的25%时，柱中可不设置箍筋。

(2)箍筋直径不宜小于6 mm。

(3)箍筋的间距不应大于16倍的纵向钢筋直径、48倍的箍筋直径及柱截面短边尺寸中较小者。

(4)箍筋应设置在灰缝或灌孔混凝土中。

(5)箍筋应做成封闭式，端部应设弯钩。

三、质量验收

(一)主控项目

(1)钢筋的品种、规格和数量应符合设计要求。

检验方法：检查钢筋的合格证书、钢筋性能试验报告、隐蔽工程记录。

(2)构造柱、芯柱、组合砌体构件、配筋砌体剪力墙构件的混凝土或砂浆的强度等级应符合设计要求。

抽检数量：各类构件每一检验批砌体至少应做一组试块。

检验方法：检查混凝土或砂浆试块试验报告。

(3)构造柱与墙体的连接处应砌成马牙槎，马牙槎应先退后进，预留的拉结钢筋应位置正确，施工中不得任意弯折。

抽检数量：每检验批抽20%构造柱，且不少于3处。

检验方法：观察检查。

合格标准：钢筋竖向移位不应超过100 mm，每一马牙槎沿高度方向尺寸不应超过300 mm。钢筋竖向位移和马牙槎尺寸偏差每一构造柱不应超过2处。

(4)构造柱位置及垂直度允许偏差应符合表2-3-9的规定。

抽检数量：每检验批抽10%，且不应少于5处。

(5)对配筋混凝土小型空心砌块砌体，芯柱混凝土应在装配式楼盖处贯通，不得削弱芯柱截面尺寸。

抽检数量：每检验批抽10%，且不应少于5处。

检验方法：观察检查。

表 2-3-9　构造柱位置及垂直度允许偏差

项次	项目			允许偏差(mm)	检验方法
1	柱中心线位置			10	用经纬仪和尺检查或用其他测量仪器检查
2	柱层间错位			8	用经纬仪和尺检查或用其他测量仪器检查
3	柱垂直度	每层		10	用 2 m 托线板检查
		全高	≤10 m	15	用经纬仪、吊线和尺检查,或用其他测量仪器检查
			>10 m	20	

(二)一般项目

(1)设置在砌体水平灰缝内的钢筋,应居中置于灰缝中。水平灰缝厚度应大于钢筋直径 4 mm 以上。砌体外露砂浆保护层的厚度不应小于 15 mm。

抽检数量:每检验批抽检 3 个构件,每个构件检查 3 处。

检验方法:观察检查,辅以钢尺检测。

(2)设置在砌体灰缝内的钢筋的防腐保护应符合本章第一节第(11)条的规定。

抽检数量:每检验批抽检 10% 的钢筋。

检验方法:观察检查。

合格标准:防腐涂料无漏刷(喷浸),无起皮脱落现象。

(3)网状配筋砌体中,钢筋网及放置间距应符合设计规定。

抽检数量:每检验批抽 10%,且不应少于 5 处。

检验方法:钢筋规格检查钢筋网成品,钢筋放置间距局部剔缝观察,或用钢筋位置测定仪测定。

合格标准:钢筋网沿砌体高度位置超过设计规定一皮砖厚不得多于 1 处。

(4)组合砖砌体构件,竖向受力钢筋保护层符合设计要求,距砖砌体表面距离不应小于 5 mm;拉结筋两端应设弯钩,拉结筋及箍筋的位置应正确。

抽检数量:每检验批抽检 10%,且不应少于 5 处。

检验方法:支模前观察与尺量检查。

合格标准:钢筋保护层符合设计要求;拉结筋位置和弯钩设置 80% 及以上符合要求,箍筋间距超过规定,每件不得多于 2 处,且每处不得超过一皮砖厚。

(5)配筋砌块砌体剪力墙中,采用搭接接头的受力钢筋搭接长度不应小于 $35d$,且不应小于 300 mm。

抽检数量:每检验批每类构件抽 20%(墙、柱、连梁),且不应少于 3 件。

检验方法:尺量检查。

第六节　填充墙砌体工程

填充墙砌体是指在框架结构或框架剪力墙结构中起围护、分隔作用的砌体,它不承担和传递上部结构的荷载,为非承重性构件,一般在主体结构施工完后砌筑。填充墙砌体材料多采用空心砖、蒸压加气混凝土砌块、轻骨料混凝土小型空心砌块、粉煤灰砌块等,具有质轻、保温、隔热、耐久、抗震性能好等特点,但存在强度不高、碰撞易碎、吸湿性相对较大等问题。

本节适用于房屋建筑采用空心砖、蒸压加气混凝土砌块、轻骨料混凝土小型空心砌块等砌筑填充墙砌体工程。质量员应掌握填充墙砌体工程施工的质量验收要求。

一、材料质量要求

(1)蒸压加气混凝土砌块、轻骨料混凝土小型空心砌块砌筑时,其产品龄期应超过28 d。加气混凝土砌块、轻骨料混凝土小砌块为水泥胶凝增强的块材,以28 d强度为标准设计强度,且龄期达到28 d之前,自身收缩较快。为了有效控制砌体收缩裂缝和保证砌体强度,对砌筑时的龄期进行了规定。

(2)空心砖、蒸压加气混凝土砌块、轻骨料混凝土小型空心砌块等在运输、装卸过程中,严禁抛掷和倾倒。进场后应按品种、规格分别堆放整齐,堆置高度不宜超过2 m。加气混凝土砌块应防止雨淋。

(3)填充墙砌体砌筑前块材应提前2 d浇水湿润。蒸压加气混凝土砌块砌筑时,应向砌筑面适量浇水。块材砌筑前浇水湿润是为了使其与砌体有较好的黏结。根据空心砖、轻骨料混凝土小砌块的吸水、失水特性,合适的含水率,空心砖宜为10% ~15%,轻骨料混凝土小砌块宜为5% ~8%。加气混凝土砌块出釜时的含水率为35%左右,以后砌块逐渐干燥,施工时的含水率宜控制在15%以内(对粉煤灰加气混凝土砌块宜小于20%)。加气混凝土砌块砌筑时在砌筑面适量浇水是为了保证砌筑砂浆的强度及砌体的整体性。

(4)加气混凝土砌块不得在下列部位砌筑:

①建筑物底层地面以下部位;

②受化学环境侵蚀部位;

③长期浸水或经常干湿交替部位;

④经常处于80 ℃以上高温环境中。

二、质量控制要点

(1)砌块、空心砖应提前2 d浇水湿润;加气砌块砌筑时,应向砌筑面适量洒水;当采用黏结剂砌筑时不得浇水湿润。用砂浆砌筑时的含水率:轻骨料小砌块宜为5% ~8%,空心砖宜为10% ~15%,加气砌块宜小于15%,对于粉煤灰加气混凝土制品宜小于20%。

(2)用轻骨料混凝土小型空心砌块或蒸压加气混凝土砌块砌筑墙体时,墙底部应砌烧结普通砖或多孔砖,或普通混凝土小型空心砌块,或现浇混凝土坎台等,其高度不宜小于200 mm。

(3)轻骨料混凝土小型砌块和加气混凝土砌块砌体,由于干缩值大(是烧结黏土砖的数倍),不应与其他块材混砌。但对于因构造需要的墙底部、顶部、门窗固定部位等,可局部适量镶嵌其他块材。不同砌体交接处可采用构造柱连接。

(4)厕浴间和有防水要求的房间,所有墙底部200 mm高度内均应浇筑混凝土坎台。

(5)填充墙的水平灰缝砂浆饱满度均应不应小于80%;混凝土小型砌块、加气混凝土砌块砌体的竖向灰缝饱满度也不应小于80%,其他砖砌体的竖向灰缝应填满砂浆,并不得有透明缝、瞎缝、假缝。

(6)填充墙砌筑时应错缝搭砌。单排孔小砌块应对孔错缝砌筑，当不能对孔时，搭接长度不应小于 90 mm，加气混凝土砌块搭接长度不应小于砌块长度的 1/3；当不能满足时，应在水平灰缝中设置钢筋加强。

(7)填充墙砌至梁、板底部时，应留有一定空隙，至少间隔 7 d 后再砌筑、挤紧；或用坍落度较小的混凝土或水泥砂浆填嵌密实。在封砌施工洞口及外墙井架洞口时，特别应严格控制，千万不能一次到顶。

(8)钢筋混凝土结构中砌筑填充墙时，应沿框架柱（剪力墙）全高每隔 500 mm（砌块模数不能满足时可为 600 mm）设 2 Φ6 拉结筋，拉结筋伸入墙内的长度应符合设计要求；当设计没有具体要求时，非抗震设防及抗震设防烈度为Ⅵ度、Ⅶ度时，不应小于墙长的 1/5 且不小于 700 mm；抗震设防烈度为Ⅷ度、Ⅸ度时宜沿墙全长贯通。

三、质量验收

（一）主控项目

砖、砌块和砌筑砂浆的强度等级应符合设计要求。

检验方法：检查砖或砌块的产品合格证书、产品性能检测报告和砂浆试块试验报告。

（二）一般项目

(1)填充墙砌体一般尺寸的允许偏差应符合表 2-3-10 的规定。

表 2-3-10　填充墙砌体一般尺寸允许偏差

项次	项目		允许偏差（mm）	检验方法
1	轴线位置		10	用尺检查
	层高垂直度	≤3 m	5	用 2 m 托线板或吊线、用尺检查
		>3 m	10	
2	表面平整度		8	用 2 m 靠尺和楔形塞尺检查
3	门窗洞口高、宽（后塞口）		±5	用尺检查
4	外墙上、下窗口偏移		20	用经纬仪或吊线检查

抽检数量：

①对表 2-3-10 中 1、2 项，在检验批的标准间中随机抽查 10%，且不应少于 3 间；大面积房间和楼道按两个轴线或每 10 延米按一标准间计数。每间检验不应少于 3 处。

②对表 2-3-10 中 3、4 项，在检验批中抽检 10%，且不应少于 5 处。

(2)蒸压加气混凝土砌块砌体和轻骨料混凝土小型空心砌块砌体不应与其他块材混砌。

抽检数量：在检验批中抽检 20%，且不应少于 5 处。

检验方法：外观检查。

(3)填充墙砌体的砂浆饱满度及检验方法应符合表 2-3-11 的规定。

表 2-3-11 填充墙砌体的砂浆饱满度及检验方法

砌体分类	灰缝	饱满度及要求	检验方法
空心砖砌体	水平	≥80%	采用百格网检查块材底面砂浆的黏结痕迹面积
	垂直	填满砂浆,不得有透明缝、瞎缝、假缝	
加气混凝土砌块和轻骨料混凝土小砌块砌体	水平	≥80%	
	垂直	≥80%	

抽检数量:每步架子不少于 3 处,且每处不应少于 3 块。

(4)填充墙砌体留置的拉结钢筋或网片的位置应与块体皮数相符合。拉结钢筋或网片应置于灰缝中,埋置长度应符合设计要求,竖向位置偏差不应超过一皮高度。

抽检数量:在检验批中抽检 20%,且不应少于 5 处。

检验方法:观察和用尺检查。

(5)填充墙砌筑时应错缝搭砌,蒸压加气混凝土砌块搭砌长度不应小于砌块长度的 1/3;轻骨料混凝土小型空心砌块搭砌长度不应小于 90 mm;竖向通缝不应大于 2 皮。

抽检数量:在检验批的标准间中抽查 10%,且不应少于 3 间。

检查方法:观察和用尺检查。

(6)填充墙砌体的灰缝厚度和宽度应正确。空心砖、轻骨料混凝土小型空心砌块的砌体灰缝应为 8~12 mm。蒸压加气混凝土砌块砌体的水平灰缝厚度及竖向灰缝宽度分别宜为 15 mm 和 20 mm。

抽检数量:在检验批的标准间中抽查 10%,且不应少于 3 间。

检查方法:用尺量 5 皮空心砖或小砌块的高度和 2 m 砌体长度折算。

(7)填充墙砌至接近梁、板底时,应留一定空隙,待填充墙砌完并应至少间隔 7 d 后,再将其补砌挤紧。

抽检数量:每验收批抽 10% 填充墙片(每两柱间的填充墙为一墙片),且不应少于 3 片墙。

检验方法:观察。

第七节 分部(子分部)工程质量验收

(1)砌体结构子分部工程质量验收前,应提供下列文件和记录:

①施工执行的技术标准;

②原材料的合格证书、产品性能检测报告;

③混凝土及砂浆配合比通知单;

④混凝土及砂浆试件抗压强度试验报告单;

⑤施工记录;

⑥各检验批的主控项目、一般项目验收记录;

⑦施工质量控制资料;

⑧重大技术问题的处理或修改设计的技术文件；

⑨其他必须提供的资料。

(2)砌体子分部工程验收时，应对砌体工程的观感质量作出总体评价。

(3)当砌体工程质量不符合要求时，应按现行国家标准《建筑工程施工质量验收统一标准》(GB 50300)中5.0.6条如下规定处理：

①经返工重做或更换器具、设备的检验批，应重新进行验收；

②经有资质的检测单位检测鉴定能够达到设计要求的检验批，应予以验收；

③经有资质的检测单位检测鉴定达不到设计要求，但经原设计单位核算认可能够满足结构安全和使用功能的验收批，可予以验收；

④经返修或加固处理的分项、分部工程，虽然改变外形尺寸，仍能满足安全使用要求，按处理技术方案和协商文件进行二次验收。

(4)对有裂缝的砌体应按下列情况进行验收：

①对有可能影响结构安全的砌体裂缝，应由有资质的检测单位检测鉴定，需返修或加固处理的，待返修或加固满足使用要求后进行二次验收；

②对不影响结构安全性的砌体裂缝，应予以验收，对明显影响使用功能和观感质量的裂缝，应进行处理。

第四章　混凝土结构工程

混凝土结构工程是按设计要求将钢筋和混凝土两种材料，利用模板浇筑而成的各种形状和大小的构件或结构. 其具有耐久性、耐火性、整体性、可塑性好，节约钢材，可就地取材等优点，在工程建设中应用极为广泛。在建筑工程施工质量验收体系中，混凝土结构子分部工程包括模板、钢筋、预应力、混凝土、现浇结构和装配式结构六个分项工程。

第一节　模板分项工程

模板是使混凝土构件按几何尺寸成型的模型板。模板分项工程是为混凝土浇筑成型用的模板及其支架的设计、安装、拆除等一系列技术工作和完成实体的总称。模板工程占钢筋混凝土工程总价的20%～30%，占劳动量的30%～40%，占工期的50%左右，决定着施工方法和施工机械的选择，直接影响工期和造价。模板工程的验收工作应该在浇筑混凝土之前进行，其验收的内容主要分为模板的设计、安装及拆除三个部分。

一、模板的设计

模板及其支架的设计应根据工程结构型式、荷载大小、地基土类别、施工设备和材料供应等条件进行，要求其具有足够的承载能力、刚度和稳定性，能可靠地承受浇筑混凝土的重量、侧压力以及施工荷载，此项为强制项目。

在《混凝土结构工程施工质量验收规范》（GB 50204—2002）中并没有此部分质量验收内容及方法的文字说明，主要原因是对于定型模板和常用模板的拼接，在其适用范围内一般不需进行设计和验算。但对于一些特殊结构、新型体系的模板，或超出适用范围的一般模板则还应该进行设计和验算。

二、模板的安装

由于模板可以连续周转使用，模板分项工程所含检验批通常根据模板安装和拆除的数量确定。

（一）主控项目

（1）安装现浇结构的上层模板及其支架时，下层楼板应具有承受上层荷载的承载能力，或加设支架；上、下层支架的立柱应对准，并铺设垫板。

检查数量：全数检查。

检验方法：对照模板设计文件和施工技术方案观察。对于观察难以判断的部位，应借助于工具进行检查。

（2）在涂刷模板隔离剂时，不得沾污钢筋和混凝土接槎处。

检查数量：全数检查。

检验方法：观察。

（二）一般项目

(1)模板安装应满足下列要求:模板的接缝不应漏浆;在浇筑混凝土前,木模板应浇水湿润,但模板内不应有积水;模板与混凝土的接触面应清理干净并涂刷隔离剂,但不得采用影响结构性能或妨碍装饰工程施工的隔离剂;浇筑混凝土前,模板内的杂物应清理干净;对清水混凝土工程及装饰混凝土工程,应使用能达到设计效果的模板。

检查数量:全数检查。

检验方法:观察。

(2)用做模板的地坪、胎模等应平整光洁,不得产生影响构件质量的下沉、裂缝、起砂或起鼓现象。

检查数量:全数检查。

检验方法:观察。

(3)对跨度不小于 4 m 的现浇钢筋混凝土梁、板,其模板应按设计要求起拱;当设计无具体要求时,起拱高度宜为跨度的 1/1 000 ~ 3/1 000。

检查数量:在同一检验批内,对梁,应抽查构件数量的 10%,且不少于 3 件;对板,应按有代表性的自然间抽查 10%,且不少于 3 间;对大空间结构,板可按纵、横轴线划分检查面,抽查 10%,且不少于 3 面。

检验方法:水准仪或拉线、钢尺检查。

(4)固定在模板上的预埋件、预留孔和预留洞均不得遗漏,且应安装牢固,其偏差应符合表 2-4-1 的规定。

表 2-4-1　预埋件和预留孔洞的允许偏差

项目		允许偏差(mm)
预埋钢板中心线位置		3
预埋管、预留孔中心线位置		3
插筋	中心线位置	5
	外露长度	+10,0
预埋螺栓	中心线位置	2
	外露长度	+10,0
预留洞	中心线位置	10
	尺寸	+10,0

注:检查中心线位置时,应沿纵、横两个方向量测,并取其中的较大值。

检查数量:在同一检验批内,对梁、柱和独立基础,应抽查构件数量的 10%,且不少于 3 件;对墙和板,应按有代表性的自然间抽查 10%,且不少于 3 间;对大空间结构,墙可按相邻轴线间高度 5 m 左右划分检查面,板可按纵、横轴线划分检查面,抽查 10%,且均不少于 3 面。

检验方法:钢尺检查。

(5)现浇结构模板安装的偏差应符合表 2-4-2 的规定。

检查数量:在同一检验批内,对梁、柱和独立基础,应抽查构件数量的 10%,且不少于 3 件;对墙和板,应按有代表性的自然间抽查 10%,且不少于 3 间;对大空间结构,墙可按相邻轴线间高度 5 m 左右划分检查面，板可按纵、横轴线划分检查面，抽查 10%，且均不少于 3 面。

检验方法：见表 2-4-2。

表 2-4-2　现浇结构模板安装的允许偏差及检验方法

项目		允许偏差(mm)	检验方法
轴线位置		5	钢尺检查
底模上表面标高		±5	水准仪或拉线、钢尺检查
截面内部尺寸	基础	±10	钢尺检查
	柱、墙、梁	+4，-5	钢尺检查
层高垂直度	≤5 m	6	经纬仪或吊线、钢尺检查
	>5 m	8	经纬仪或吊线、钢尺检查
相邻两板表面高低差		2	钢尺检查
表面平整度		5	2 m 靠尺和塞尺检查

注：检查轴线位置时，应沿纵、横两个方向量测，并取其中的较大值。

(6)预制构件模板安装的偏差应符合表 2-4-3 的规定。

检查数量：首次使用及大修后的模板应全数检查；使用中的模板应定期检查，并根据使用情况不定期抽查。

检验方法：见表 2-4-3。

表 2-4-3　预制构件模板安装的允许偏差及检验方法

项目		允许偏差(mm)	检验方法
长度	板、梁	±5	钢尺量两角边，取其中较大值
	薄腹梁、桁架	±10	
	柱	0，-10	
	墙板	0，-5	
宽度	板、墙板	0，-5	钢尺量一端及中部，取其中较大值
	梁、薄腹梁、桁架、柱	+2，-5	
高或厚度	板	+2，-3	钢尺量一端及中部，取其中较大值
	墙板	0，-5	
	梁、薄腹梁、桁架、柱	+2，-5	
侧向弯曲	梁、板、柱	L/1 000 且≤15	拉线、钢尺量最大弯曲处
	墙板、薄腹梁、桁架	L/1 500 且≤15	
板的表面平整度		3	2 m 靠尺和塞尺检查
相邻两板表面高低差		1	钢尺检查
对角线差	板	7	钢尺量两个对角线
	墙板	5	
翘曲	板、墙板	L/1 500	调平尺在两端量测
设计起拱	薄腹梁、桁架、梁	±3	拉线、钢尺量跨中

注：L 为构件长度，mm。

三、模板的拆除

(一)主控项目

(1)底模及其支架拆除时的混凝土强度应符合设计要求;当设计无具体要求时,混凝土强度应符合表2-4-4的规定。

表2-4-4　底模拆除时的混凝土强度要求

构件类型	构件跨度(m)	达到设计的混凝土立方体抗压强度标准值的百分率(%)
板	≤2	≥50
	>2,≤8	≥75
	>8	≥100
梁、拱、壳	≤8	≥75
	>8	≥100
悬臂构件	—	≥100

检查数量:全数检查。

检验方法:检查同条件养护试件强度试验报告。

(2)对于后张法预应力混凝土结构构件,侧模宜在预应力张拉前拆除;底模支架的拆除应按施工技术方案执行,当无具体要求时,不应在结构构件建立预应力前拆除。

检查数量:全数检查。

检验方法:观察。

(3)后浇带模板的拆除和支顶应按施工技术方案执行。

检查数量:全数检查。

检验方法:观察。

(二)一般项目

(1)侧模拆除时的混凝土强度应能保证其表面及棱角不受损伤。

检查数量:全数检查。

检验方法:观察。

(2)模板拆除时,不应对楼层形成冲击荷载。拆除的模板和支架宜分散堆放并及时清运。

检查数量:全数检查。

检验方法:观察。

第二节　钢筋分项工程

钢筋分项工程是普通钢筋进场检验、钢筋加工、钢筋连接、钢筋安装等一系列技术工作和完成实体的总称。钢筋分项工程所含的检验批可根据施工工序和验收的需要确定。当钢筋的品种、级别或规格需作变更时,必须办理设计变更文件。

钢筋工程属于隐蔽工程,在浇筑混凝土之前,必须对钢筋工程及其预埋件进行验收,并做好隐蔽工程记录，以便查证。验收内容包括：纵向受力钢筋的品种、规格、数量、位置等；钢筋的连接方式、接头位置、接头数量、接头面积百分率等；箍筋和横向钢筋的品种、规格、数量、间距等；预埋件的规格、数量、位置等。

一、普通钢筋的进场检验

在混凝土结构中，混凝土的抗压能力强而抗拉性能低，而在受拉区配上抗拉性能很强的钢筋则正好弥补了混凝土的这一缺陷，两者共同工作，各自发挥其受力特性，从而使得构件既能承受较大拉力亦能承受较大压力。

钢筋的种类很多，建筑工程中常用的钢筋按生产工艺可分为热轧钢筋、冷拔钢丝、热处理钢筋、碳素钢丝、刻痕钢丝和钢绞线，按化学成分可分为碳素钢钢筋和普通合金钢钢筋，按轧制外形可分为光圆钢筋和变形钢筋，按供应形式又可分为盘圆钢筋和直条钢筋等。

（一）主控项目

（1）钢筋进场时，应按现行国家标准《钢筋混凝土用热轧带肋钢筋》（GB 1499—98）等的规定抽取试件作力学性能检验，其质量必须符合有关标准的规定，此项为强制项目。

检查数量：按进场的批次和产品的抽样检验方案确定。

检验方法：检查产品合格证、出厂检验报告和进场复验报告。

（2）对有抗震设防要求的框架结构，其纵向受力钢筋的强度应满足设计要求；当设计无具体要求时，对一、二级抗震等级，检验所得的强度实测值应符合下列规定：一是钢筋的抗拉强度实测值与屈服强度实测值的比值不应小于1.25，二是钢筋的屈服强度实测值与强度标准值的比值不应大于1.30，此项为强制项目。

检查数量：按进场的批次和产品的抽样检验方案确定。

检验方法：检查进场复验报告。

（3）当发现钢筋脆断、焊接性能不良或力学性能显著不正常等现象时，应对该批钢筋进行化学成分检验或其他专项检验。

检验方法：检查化学成分等专项检验报告。

（二）一般项目

钢筋应平直、无损伤，表面不得有裂纹、油污、颗粒状或片状老锈。

检查数量：进场时和使用前全数检查。

检验方法：观察。

二、钢筋的加工

钢筋的加工包括调直、除锈、下料剪切和弯曲成型工作。

（一）主控项目

（1）受力钢筋的弯钩和弯折应符合下列规定：

①HPB235级钢筋末端应作180°弯钩，其弯弧内直径不应小于钢筋直径的2.5倍，弯钩的弯后平直部分长度不应小于钢筋直径的3倍；

②当设计要求钢筋末端作135°弯钩时，HRB335级、HRB400级钢筋的弯弧内直径不应小于钢筋直径的4倍，弯钩的弯后平直部分长度应符合设计要求；

③钢筋作不大于90°的弯折时，弯折处的弯弧内直径不应小于钢筋直径的5倍。

检查数量:按每工作班同一类型钢筋、同一加工设备抽查不应少于3件。

检验方法:钢尺检查。

(2)除焊接封闭式箍筋外,箍筋的末端应作弯钩,弯钩形式应符合设计要求。当设计无具体要求时,应符合下列规定:

①箍筋弯钩的弯弧内直径除应满足第一条主控项目的规定外,尚应不小于受力钢筋直径;

②箍筋弯钩的弯折角度:对一般结构,不应小于90°,对有抗震等要求的结构,应为135°;

③箍筋弯后平直部分长度:对一般结构,不宜小于箍筋直径的5倍,对有抗震等要求的结构,不应小于箍筋直径的10倍。

检查数量:按每工作班同一类型钢筋、同一加工设备抽查不应少于3件。

检验方法:钢尺检查。

(二)一般项目

(1)钢筋调直宜采用机械方法,也可采用冷拉方法。当采用冷拉方法调直钢筋时,HPB235级钢筋的冷拉率不宜大于4%,HRB335级、HRB400级和RRB400级钢筋的冷拉率不宜大于1%。

检查数量:按每工作班同一类型钢筋、同一加工设备抽查不应少于3件。

检验方法:观察,钢尺检查。

(2)钢筋加工的形状、尺寸应符合设计要求,其偏差应符合表2-4-5的规定。

表2-4-5　钢筋加工的允许偏差

项目	允许偏差(mm)
受力钢筋顺长度方向全长的净尺寸	±10
弯起钢筋的弯折位置	±20
箍筋内净尺寸	±5

检查数量:按每工作班同一类型钢筋、同一加工设备抽查不应少于3件。

检验方法:钢尺检查。

三、钢筋的连接

钢筋的连接可分为焊接连接、机械连接和绑扎连接三种方式。其中,焊接连接可以节约钢材,改善结构的受力性能,提高工效和降低成本,常采用电阻点焊、闪光对焊、电弧焊、电渣压力焊、预埋件埋弧焊和气压焊方法;机械连接是通过机械手段将两根钢筋进行对接,具有接头质量稳定可靠,不受钢筋化学成分的影响,操作简便,施工速度快,不受气候条件影响,无污染等优点,常用于粗直径钢筋连接,机械连接常采用套筒挤压连接、锥形螺纹连接和直形螺纹钢筋连接方法。目前,钢筋的连接方式已有多种,应按设计要求采用。

(一)主控项目

(1)纵向受力钢筋的连接方式应符合设计要求。

检查数量:全数检查。

检验方法:观察。

(2)在施工现场,应按现行国家标准《钢筋机械连接通用技术规程》(JGJ 107)、《钢筋焊接及验收规程》(JGJ 18)的规定抽取钢筋机械连接接头、焊接接头试件作力学性能检验,其质量应符合有关规程的规定。

检查数量:按有关规程确定。

检验方法:检查产品合格证、接头力学性能试验报告。

(二)一般项目

(1)钢筋的接头宜设置在受力较小处。同一纵向受力钢筋不宜设置两个或两个以上接头。接头末端至钢筋弯起点的距离不应小于钢筋直径的10倍。

检查数量:全数检查。

检验方法:观察,钢尺检查。

(2)在施工现场,应按国家现行标准《钢筋机械连接通用技术规程》(JGJ 107)、《钢筋焊接及验收规程》(JGJ 18)的规定对钢筋机械连接接头、焊接接头的外观进行检查,其质量应符合有关规程的规定。

检查数量:全数检查。

检验方法:观察。但对观察难以判定的部位,可辅以量测检查。

(3)当受力钢筋采用机械连接接头或焊接接头时,设置在同一构件内的接头宜相互错开。

纵向受力钢筋机械连接接头及焊接接头连接区段的长度为$35d$(d为纵向受力钢筋的较大直径)且不小于500 mm,凡接头中点位于该连接区段长度内的接头均属于同一连接区段。同一连接区段内,纵向受力钢筋机械连接及焊接的接头面积百分率为该区段内有接头的纵向受力钢筋截面面积与全部纵向受力钢筋截面面积的比值。

同一连接区段内,纵向受力钢筋的接头面积百分率应符合设计要求。当设计无具体要求时,应符合下列规定:

①在受拉区不宜大于50%;

②接头不宜设置在有抗震设防要求的框架梁端、柱端的箍筋加密区,当无法避开时,对等强度高质量机械连接接头,不应大于50%;

③直接承受动力荷载的结构构件中,不宜采用焊接接头,当采用机械连接接头时,不应大于50%。

检查数量:在同一检验批内,对梁、柱和独立基础,应抽查构件数量的10%,且不少于3件;对墙和板,应按有代表性的自然间抽查10%,且不少于3间;对大空间结构,墙可按相邻轴线间高度5 m左右划分检查面,板可按纵、横轴线划分检查面,抽查10%,且均不少于3面。

检验方法:观察,钢尺检查。

(4)同一构件中相邻纵向受力钢筋的绑扎搭接接头宜相互错开。绑扎搭接接头中钢筋的横向净距不应小于钢筋直径,且不应小于25 mm。

同一连接区段内,纵向受拉钢筋搭接接头面积百分率应符合设计要求,当设计无具体要求

求时,应符合下列规定:

①对梁类、板类及墙类构件,不宜大于25%;

②对柱类构件,不宜大于50%;

③当工程中确有必要增大接头面积百分率时,对梁类构件,不应大于50%,对其他构件,可根据实际情况放宽;

④纵向受力钢筋绑扎搭接接头的最小搭接长度应符合规范 GB 50204—2002 附录 B 的规定。

检查数量:在同一检验批内,对梁、柱和独立基础,应抽查构件数量的10%,且不少于3件;对墙和板,应按有代表性的自然间抽查10%,且不少于3间;对大空间结构,墙可按相邻轴线间高度5 m左右划分检查面,板可按纵、横轴线划分检查面,抽查10%,且均不少于3面。

检验方法:观察,钢尺检查。

(5)在梁、柱类构件的纵向受力钢筋搭接长度范围内,应按设计要求配置箍筋。当设计无具体要求时,应符合下列规定:

①箍筋直径不应小于搭接钢筋较大直径的0.25倍;

②受拉搭接区段的箍筋间距不应大于搭接钢筋较小直径的5倍,且不应大于100 mm;

③受压搭接区段的箍筋间距不应大于搭接钢筋较小直径的10倍,且不应大于200 mm;

④当柱中纵向受力钢筋直径大于25 mm时,应在搭接接头两个端面外100 mm范围内各设置两根箍筋,其间距宜为50 mm。

检查数量:在同一检验批内,对梁、柱和独立基础,应抽查构件数量的10%,且不少于3件;对墙和板,应按有代表性的自然间抽查10%,且不少于3间;对大空间结构,墙可按相邻轴线间高度5 m左右划分检查面,板可按纵、横轴线划分检查面,抽查10%,且均不少于3面。

检验方法:钢尺检查。

四、钢筋的安装

单根钢筋经过加工后,即可成型为钢筋骨架或钢筋网;钢筋成型后通过焊接或机械连接或现场绑扎后,即可进行现场安装。

(一)主控项目

钢筋安装时,受力钢筋的品种、级别、规格和数量必须符合设计要求。

检查数量:全数检查。

检验方法:观察,钢尺检查。此项为强制条目。

(二)一般项目

钢筋安装位置的允许偏差和检验方法应符合表2-4-6的规定。

检查数量:在同一检验批内,对梁、柱和独立基础,应抽查构件数量的10%,且不少于3件;对墙和板,应按有代表性的自然间抽查10%,且不少于3间;对大空间结构,墙可按相邻轴线间高度5 m左右划分检查面,板可按纵、横轴线划分检查面,抽查10%,且均不少于3面。

表 2-4-6　钢筋安装位置的允许偏差和检验方法

项目			允许偏差(mm)	检验方法
绑扎钢筋网	长、宽		±10	钢尺检查
	网眼尺寸		±20	钢尺量连续三档,取最大值
绑扎钢筋骨架	长		±10	钢尺检查
	宽、高		±5	钢尺检查
受力钢筋	间距		±10	钢尺量两端、中间各一点,取最大值
	排距		±5	
	保护层厚度	基础	±10	钢尺检查
		柱、梁	±5	钢尺检查
		板、墙、壳	±3	钢尺检查
绑扎箍筋、横向钢筋间距			±20	钢尺量连续三档,取最大值
钢筋弯起点位置			20	钢尺检查
预埋件	中心线位置		5	钢尺检查
	水平高差		+3,0	钢尺和塞尺检查

注:1. 检查预埋件中心线位置时,应沿纵、横两个方向量测,并取其中的较大值。

2. 表中梁类、板类构件上部纵向受力钢筋保护层厚度的合格点率应达到 90% 及其以上,且不得有超过表中数值 1.5 倍的尺寸偏差。

第三节　预应力分项工程

预应力分项工程是预应力筋、锚具、夹具、连接器等材料的进场检验,后张法预留管道设置或预应力筋布置,预应力筋张拉、放张,灌浆直至封锚保护等一系列技术工作和完成实体的总称。由于预应力施工工艺复杂,专业性较强,质量要求较高,故预应力分项工程所含检验项目较多,且规定较为具体。根据具体情况,预应力分项工程可与混凝土结构一同验收,也可单独验收。

在浇筑混凝土之前,应进行预应力隐蔽工程验收,其内容包括:预应力筋的品种、规格、数量、位置等;预应力筋锚具和连接器的品种、规格、数量、位置等;预留孔道的规格、数量、位置、形状及灌浆孔、排气兼泌水管等和锚固区局部加强构造等。

一、原材料的进场检验

预应力分项工程的原材料包括预应力筋和预应力锚固体系。

(一)主控项目

(1)预应力筋进场时,应按现行国家标准《预应力混凝土用钢绞线》(GB/T 5224)等的规定抽取试件作力学性能检验,其质量必须符合有关标准的规定,此项为强制项目。

检查数量:按进场的批次和产品的抽样检验方案确定。

检验方法:检查产品合格证、出厂检验报告和进场复验报告。

(2)无黏结预应力筋的涂包质量应符合无黏结预应力钢绞线标准的规定。

检查数量:每 60 t 为一批,每批抽取一组试件。

检验方法:观察,检查产品合格证、出厂检验报告和进场复验报告。

说明:当有工程经验,并经观察认为质量有保证时,可不作油脂用量和护套厚度的进场复验。

(3)预应力筋用锚具、夹具和连接器应按设计要求采用,其性能应符合现行国家标准《预应力筋用锚具、夹具和连接器》(GB/T 14370)等的规定。

检查数量:按进场批次和产品的抽样检验方案确定。

检验方法:检查产品合格证、出厂检验报告和进场复验报告。

说明:对锚具用量较少的一般工程,如供货方提供有效的试验报告,可不做静载锚固性能试验。

(4)孔道灌浆用水泥应采用普通硅酸盐水泥,其质量应符合第四节混凝土分项工程中原材料的进场检验主控项目的第(1)条的规定。孔道灌浆用外加剂的质量应符合第四节混凝土分项工程中原材料的进场检验主控项目的第(2)条的规定。

检验方法:检查产品合格证、出厂检验报告和进场复验报告。

说明:对孔道灌浆用水泥和外加剂用量较少的一般工程,当有可靠依据时,可不作材料性能的进场复验。

(二)一般项目

(1)预应力筋使用前应进行外观检查,其质量应符合下列要求:

①有黏结预应力筋展开后应平顺,不得有弯折,表面不应有裂纹、小刺、机械损伤、氧化铁皮和油污等;

②无黏结预应力筋护套应光滑、无裂缝、无明显褶皱。

检查数量:全数检查。

检验方法:观察。

注:无黏结预应力筋护套轻微破损者应外包防水塑料胶带修补,严重破损者不得使用。

(2)预应力筋用锚具、夹具和连接器使用前应进行外观检查,其表面应无污物、锈蚀、机械损伤和裂纹。

检查数量:全数检查。

检验方法:观察。

(3)预应力混凝土用金属螺旋管的尺寸和性能应符合现行国家标准《预应力混凝土用金属螺旋管》(JG/T 3013)的规定。

检查数量:按进场批次和产品的抽样检验方案确定。

检验方法:检查产品合格证、出厂检验报告和进场复验报告。

注:对金属螺旋管用量较少的一般工程,当有可靠依据时,可不作径向刚度、抗渗漏性能的进场复验。

(4)预应力混凝土用金属螺旋管在使用前应进行外观检查,其内外表面应清洁,无锈蚀,不应有油污、孔洞和不规则的褶皱,咬口不应有开裂或脱扣。

检查数量:全数检查。

检验方法:观察。

二、预应力筋的制作和安装

（一）主控项目

（1）预应力筋安装时，其品种、级别、规格、数量必须符合设计要求。

检查数量：全数检查。

检验方法：观察，钢尺检查。

（2）先张法预应力施工时应选用非油脂类模板隔离剂，并应避免沾污预应力筋。

检查数量：全数检查。

检验方法：观察。

（3）施工过程中应避免电火花损伤预应力筋；受损伤的预应力筋应予以更换。

检查数量：全数检查。

检验方法：观察。

（二）一般项目

（1）预应力筋下料应符合下列要求：

①预应力筋应采用砂轮锯或切断机切断，不得采用电弧切割；

②当钢丝束两端采用镦头锚具时，同一束中各根钢丝长度的极差不应大于钢丝长度的1/5 000，且不应大于5 mm，当成组张拉长度不大于10 m的钢丝时，同组钢丝长度的极差不得大于2 mm。

检查数量：每工作班抽查预应力筋总数的3%，且不少于3束。

检验方法：观察，钢尺检查。

（2）预应力筋端部锚具的制作质量应符合下列要求：

①挤压锚具制作时压力表油压应符合操作说明书的规定，挤压后预应力筋外端应露出挤压套筒1～5 mm；

②钢绞线压花锚成型时，表面应清洁、无油污，梨形头尺寸和直线段长度应符合设计要求；

③钢丝镦头的强度不得低于钢丝强度标准值的98%。

检查数量：对挤压锚，每工作班抽查5%，且不应少于5件；对压花锚，每工作班抽查3件；对钢丝镦头强度，每批钢丝检查6个镦头试件。

检验方法：观察，钢尺检查，检查镦头强度试验报告。

（3）后张法有黏结预应力筋预留孔道的规格、数量、位置和形状除应符合设计要求外，尚应符合下列规定：

①预留孔道的定位应牢固，浇筑混凝土时不应出现移位和变形；

②孔道应平顺，端部的预埋锚垫板应垂直于孔道中心线；

③成孔用管道应密封良好，接头应严密且不得漏浆；

④灌浆孔的间距，对预埋金属螺旋管不宜大于30 m，对抽芯成型孔道不宜大于12 m；

⑤在曲线孔道的曲线波峰部位应设置排气兼泌水管，必要时可在最低点设置排水孔；

⑥灌浆孔及泌水管的孔径应能保证浆液畅通。

检查数量：全数检查。

检验方法：观察，钢尺检查。

(4)预应力筋束形控制点的竖向位置偏差应符合表2-4-7的规定。

表2-4-7　束形控制点的竖向位置允许偏差

截面高(厚)度(mm)	允许偏差(mm)
$h \leqslant 300$	±5
$300 < h \leqslant 1\,500$	±10
$h > 1\,500$	±15

检查数量:在同一检验批内,抽查各类型构件中预应力筋总数的5%,且对各类型构件均不应少于5束,每束不应少于5处。

检验方法:钢尺检查。束形控制点的竖向位置偏差合格点率应达到90%以上,且不得有超过表2-4-7中数值1.5倍的尺寸偏差。

(5)无黏结预应力筋的铺设除应符合主控项目第(4)条的规定外,尚应符合下列要求:

①无黏结预应力筋的定位应牢固,浇筑混凝土时不应出现移位和变形;

②端部的预埋锚垫板应垂直于预应力筋;

③内埋式固定端垫板不应重叠,锚具与垫板应贴紧;

④无黏结预应力筋成束布置时应能保证混凝土密实并能裹住预应力筋;

⑤无黏结预应力筋的护套应完整,局部破损处应采用防水胶带缠绕紧密。

检验方法:观察。

(6)浇筑混凝土前穿入孔道的后张法有黏结预应力筋,宜采取防止锈蚀的措施。

检查数量:全数检查。

检验方法:观察。

三、预应力筋的张拉和放张

预应力筋的张拉力大小,直接影响预应力效果。张拉力越高,建立的预应力值越大,构件的抗裂性也越好。但预应力筋在使用过程中经常处于过高应力状态下,构件出现裂缝的荷载与破坏荷载接近,往往在破坏前没有明显的警告,这是危险的。施加预应力用的机具设备及仪表,应由专人使用和管理,并定期维护和校验。预应力筋张拉和放张时,均应填写施加预应力记录表。

(一)主控项目

(1)预应力筋张拉或放张时,混凝土强度应符合设计要求;当设计无具体要求时,不应低于设计的混凝土立方体抗压强度标准值的75%。

检查数量:全数检查。

检验方法:检查同条件养护试件试验报告。

(2)预应力筋的张拉力、张拉或放张顺序及张拉工艺应符合设计及施工技术方案的要求,并应符合规范GB 50204—2002的规定。

检查数量:全数检查。

检验方法:检查张拉记录。

(3)预应力筋张拉锚固后实际建立的预应力值与工程设计规定检验值的相对允许偏差

为 ±5%。

检查数量:对先张法施工,每工作班抽查预应力筋总数的 1%,且不少于 3 根;对后张法施工,在同一检验批内,抽查预应力筋总数的 3%,且不少于 5 束。

检验方法:对先张法施工,检查预应力筋应力检测记录;对后张法施工,检查见证张拉记录。

(4)张拉过程中应避免预应力筋断裂或滑脱。当发生断裂或滑脱时,必须符合下列规定:对后张法预应力结构构件,断裂或滑脱的数量严禁超过同一截面预应力筋总根数的 3%,且每束钢丝不得超过一根;对多跨双向连续板,其同一截面应按每跨计算;对先张法预应力构件,在浇筑混凝土前发生断裂或滑脱的预应力筋必须予以更换。

检查数量:全数检查。

检验方法:观察,检查张拉记录。

(二)一般项目

(1)锚固阶段张拉端预应力筋的内缩量应符合设计要求;当设计无具体要求时,应符合表 2-4-8 的规定。

表 2-4-8 张拉端预应力筋的内缩量限值

锚具类别		内缩量限值(mm)
支承式锚具(镦头锚具等)	螺帽缝隙	1
	每块后加垫板的缝隙	1
锥塞式锚具		5
夹片式锚具	有顶压	5
	无顶压	6 ~ 8

检查数量:每工作班抽查预应力筋总数的 3%,且不少于 3 束。

检验方法:钢尺检查。

(2)先张法预应力筋张拉后与设计位置的偏差不得大于 5 mm,且不得大于构件截面短边边长的 4%。

检查数量:每工作班抽查预应力筋总数的 3%,且不少于 3 束。

检验方法:钢尺检查。

四、灌浆和封锚

后张法预应力筋张拉锚固后,利用灌浆泵将水泥浆压灌到预应力筋孔道中去,其作用是保护预应力筋,防止其锈蚀,增加结构的整体性和耐久性。

(一)主控项目

(1)后张法有黏结预应力筋张拉后应尽早进行孔道灌浆,孔道内水泥浆应饱满、密实。

检查数量:全数检查。

检验方法:观察,检查灌浆记录。

(2)锚具的封闭保护应符合设计要求。当设计无具体要求时,应符合下列规定:

①应采取防止锚具腐蚀和遭受机械损伤的有效措施;

②凸出式锚固端锚具的保护层厚度不应小于 50 mm；

③外露预应力筋的保护层厚度，处于正常环境时，不应小于 20 mm，处于易受腐蚀的环境时，不应小于 50 mm。

检查数量：在同一检验批内，抽查预应力筋总数的 5%，且不少于 5 处。

检验方法：观察，钢尺检查。

(二) 一般项目

(1) 后张法预应力筋锚固后的外露部分宜采用机械方法切割，其外露长度不宜小于预应力筋直径的 1.5 倍，且不宜小于 30 mm。

检查数量：在同一检验批内，抽查预应力筋总数的 3%，且不少于 5 束。

检验方法：观察，钢尺检查。

(2) 灌浆用水泥浆的水灰比不应大于 0.45，搅拌后 3 h 泌水率不宜大于 2%，且不应大于 3%。泌水应能在 24 h 内全部重新被水泥浆吸收。

检查数量：同一配合比检查一次。

检验方法：检查水泥浆性能试验报告。

(3) 灌浆用水泥浆的抗压强度不应小于 30 N/mm^2。

检查数量：每工作班留置一组边长为 70.7 mm 的立方体试件。

检验方法：检查水泥浆试件强度试验报告。其中一组试件由 6 个试件组成，试件应标准养护 28 d；抗压强度为一组试件的平均值，当一组试件中抗压强度最大值或最小值与平均值相差超过 20% 时，应取中间 4 个试件强度的平均值。

第四节　混凝土分项工程

混凝土分项工程是从水泥、砂、石、水、外加剂、矿物掺合料等原材料进场检验，混凝土配合比设计及称量、拌制、运输、浇筑、养护、试件制作直至混凝土达到预定强度等一系列技术工作和完成实体的总称。在整个过程中，各个工序紧密联系，相互影响。如其中任一个工序处理不当，都会影响混凝土工程的最终的质量。混凝土分项工程所含的检验批可根据施工工序和验收的需要确定。

一、原材料的进场检验

(一) 主控项目

(1) 水泥进场时应对其品种、级别、包装或散装仓号、出厂日期等进行检查，并应对其强度、安定性及其他必要的性能指标进行复验，其质量必须符合现行国家标准《通用硅酸盐水泥》(GB 175) 等的规定。当在使用中对水泥质量有怀疑或水泥出厂超过三个月（快硬硅酸盐水泥超过一个月）时，应进行复验，并按复验结果使用。钢筋混凝土结构、预应力混凝土结构中，严禁使用含氯化物的水泥，此项为强制项目。

检查数量：按同一生产厂家、同一等级、同一品种、同一批号且连续进场的水泥，袋装不超过 200 t 为一批，散装不超过 500 t 为一批，每批抽样不少于一次。

检验方法：检查产品合格证、出厂检验报告和进场复验报告。

(2) 混凝土中掺用外加剂的质量及应用技术应符合现行国家标准《混凝土外加剂》

(GB 8076)、《混凝土外加剂应用技术规范》(GB 50119)等和有关环境保护的规定。预应力混凝土结构中,严禁使用含氯化物的外加剂。钢筋混凝土结构中,当使用含氯化物的外加剂时,混凝土中氯化物的总含量应符合现行国家标准《混凝土质量控制标准》(GB 50164)的规定,此项为强制项目。

检查数量:按进场的批次和产品的抽样检验方案确定。

检验方法:检查产品合格证、出厂检验报告和进场复验报告。

(3)混凝土中氯化物和碱的总含量应符合现行国家标准《混凝土结构设计规范》(GB 50010)和设计的要求。

检验方法:检查原材料试验报告和氯化物、碱的总含量计算书。

(二)一般项目

(1)混凝土中掺用矿物掺合料的质量应符合现行国家标准《用于水泥和混凝土中的粉煤灰》(GB 1596)等的规定。矿物掺合料的掺量应通过试验确定。

检查数量:按进场的批次和产品的抽样检验方案确定。

检验方法:检查出厂合格证和进场复验报告。

(2)普通混凝土所用的粗、细骨料的质量应符合现行国家标准《普通混凝土用碎石或卵石质量标准及检验方法》(JGJ 53)、《普通混凝土用砂、石质量及检验方法标准》(JGJ 52)的规定。

检查数量:按进场的批次和产品的抽样检验方案确定。

检验方法:检查进场复验报告。

(3)拌制混凝土宜采用饮用水;当采用其他水源时,水质应符合现行国家标准《混凝土用水标准》(JGJ 63)的规定。

检查数量:同一水源检查不应少于一次。

检验方法:检查水质试验报告。

二、配合比设计

混凝土的施工配料是保证混凝土质量的重要环节之一,必须严格加以控制。

(一)主控项目

(1)混凝土应按现行国家标准《普通混凝土配合比设计规程》(JGJ 55)的有关规定,根据混凝土强度等级、耐久性和工作性等要求进行配合比设计。

对有特殊要求的混凝土,其配合比设计尚应符合国家现行有关标准的专门规定。

检验方法:检查配合比设计资料。

(二)一般项目

(1)首次使用的混凝土配合比应进行开盘鉴定,其工作性应满足设计配合比的要求。开始生产时应至少留置一组标准养护试件,作为验证配合比的依据。

检验方法:检查开盘鉴定资料和试件强度试验报告。

(2)混凝土拌制前,应测定砂、石含水率并根据测试结果调整材料用量,提出施工配合比。

检查数量:每工作班检查一次。

检验方法:检查含水率测试结果和施工配合比通知单。

三、混凝土施工

混凝土施工包括混凝土组成材料的计量，混凝土拌和物的搅拌、运输、浇筑和养护等工序。

(一)主控项目

(1)结构混凝土的强度等级必须符合设计要求。用于检查结构构件混凝土强度的试件，应在混凝土的浇筑地点随机抽取，此项为强制项目。

取样与试件留置应符合下列规定：

①每拌制100盘且不超过100 m^3 的同配合比的混凝土，取样不得少于一次；

②每工作班拌制的同一配合比的混凝土不足100盘时，取样不得少于一次；

③当一次连续浇筑超过1 000 m^3 时，同一配合比的混凝土每200 m^3 取样不得少于一次；

④每一楼层，同一配合比的混凝土，取样不得少于一次；

⑤每次取样应至少留置一组标准养护试件，同条件养护试件的留置组数应根据实际需要确定。

检验方法：检查施工记录及试件强度试验报告。

(2)对有抗渗要求的混凝土结构，其混凝土试件应在浇筑地点随机取样。同一工程、同一配合比的混凝土，取样不应少于一次，留置组数可根据实际需要确定。

检验方法：检查试件抗渗试验报告。

(3)混凝土原材料每盘称量的偏差应符合表2-4-9的规定。

表2-4-9　混凝土原材料每盘称量的允许偏差

材料名称	允许偏差
水泥、掺合料	±2%
粗、细骨料	±3%
水、外加剂	±2%

注：1. 各种衡器应定期校验，每次使用前应进行零点校核，保持计量准确。

2. 当遇雨天或含水率有显著变化时，应增加含水率检测次数，并及时调整水和骨料的用量。

检查数量：每工作班抽查不应少于一次。

检验方法：复称。

(4)混凝土运输、浇筑及间歇的全部时间不应超过混凝土的初凝时间。同一施工段的混凝土应连续浇筑，并应在底层混凝土初凝之前将上一层混凝土浇筑完毕。当底层混凝土初凝后浇筑上一层混凝土时，应按施工技术方案中对施工缝的要求进行处理。

检查数量：全数检查。

检验方法：观察，检查施工记录。

(二)一般项目

(1)施工缝的位置应在混凝土浇筑前按设计要求和施工技术方案确定。施工缝的处理应按施工技术方案执行。

检查数量：全数检查。

检验方法：观察，检查施工记录。

(2)后浇带的留置位置应按设计要求和施工技术方案确定。后浇带混凝土浇筑应按施工技术方案进行。

检查数量：全数检查。

检验方法：观察，检查施工记录。

(3)混凝土浇筑完毕后，应按施工技术方案及时采取有效的养护措施，并应符合下列规定：

①应在浇筑完毕后的 12 h 以内对混凝土加以覆盖并保湿养护；

②混凝土浇水养护的时间，对采用硅酸盐水泥、普通硅酸盐水泥或矿渣硅酸盐水泥拌制的混凝土，不得少于 7 d. 对掺用缓凝型外加剂或有抗渗要求的混凝土，不得少于 14 d；

③浇水次数应能保持混凝土处于湿润状态，混凝土养护用水应与拌制用水相同；

④采用塑料布覆盖养护的混凝土，其敞露的全部表面应覆盖严密，并应保持塑料布内有凝结水；

⑤在混凝土强度达到 1.2 N/mm^2 前，不得在其上踩踏或安装模板及支架。

当日平均气温低于 5 ℃时，不得浇水；当采用其他品种水泥时，混凝土的养护时间应根据所采用水泥的技术性能确定；当混凝土表面不便浇水或使用塑料布时，宜涂刷养护剂；对大体积混凝土的养护，应根据气候条件按施工技术方案采取控温措施。

检查数量：全数检查。

检验方法：观察，检查施工记录。

第五节　现浇结构和装配式结构分项工程

一、现浇结构分项工程

现浇结构分项工程以模板、钢筋、预应力、混凝土四个分项工程为依托，是拆除模板后的混凝土结构实物外观质量、几何尺寸检验等一系列技术工作的总称。现浇结构分项工程可按楼层、结构缝或施工缝划分。

(一)外观质量

1. 主控项目

现浇结构的外观质量不应有严重缺陷(见表 2-4-10)。对已经出现的严重缺陷，应由施工单位提出技术处理方案，并经监理(建设)单位认可后进行处理。对经处理的部位，应重新检查验收。

检查数量：全数检查。

检验方法：观察，检查技术处理方案。

2. 一般项目

现浇结构的外观质量不宜有一般缺陷(见表 2-4-10)。对已经出现的一般缺陷，应由施工单位按技术处理方案进行处理，并重新检查验收。

检查数量：全数检查。

检验方法：观察，检查技术处理方案。

表 2-4-10　现浇结构外观质量缺陷

名称	现象	严重缺陷	一般缺陷
露筋	构件内钢筋未被混凝土包裹而外露	纵向受力钢筋有露筋	其他钢筋有少量露筋
蜂窝	混凝土表面缺少水泥砂浆而形成石子外露	构件主要受力部位有蜂窝	其他部位有少量蜂窝
孔洞	混凝土中孔穴深度和长度均超过保护层厚度	构件主要受力部位有孔洞	其他部位有少量孔洞
夹渣	混凝土中夹有杂物且深度超过保护层厚度	构件主要受力部位有夹渣	其他部位有少量夹渣
疏松	混凝土中局部不密实	构件主要受力部位有疏松	其他部位有少量疏松
裂缝	缝隙从混凝土表面延伸至混凝土内部	构件主要受力部位有影响结构性能或使用功能的裂缝	其他部位有少量不影响结构性能或使用功能的裂缝
连接部位缺陷	构件连接处混凝土缺陷及连接钢筋、连接件松动	连接部位有影响结构传力性能的缺陷	连接部位有基本不影响结构传力性能的缺陷
外形缺陷	缺棱掉角、棱角不直、翘曲不平、飞边凸肋等	清水混凝土构件有影响使用功能或装饰效果的外形缺陷	其他混凝土构件有不影响使用功能的外形缺陷
外表缺陷	构件表面麻面、掉皮、起砂、沾污等	具有重要装饰效果的清水混凝土构件有外表缺陷	其他混凝土构件有不影响使用功能的外表缺陷

(二)尺寸偏差

1. 主控项目

现浇结构不应有影响结构性能和使用功能的尺寸偏差。混凝土设备基础不应有影响结构性能和设备安装的尺寸偏差。对超过尺寸允许偏差且影响结构性能和安装、使用功能的部位,应由施工单位提出技术处理方案,并经监理(建设)单位认可后进行处理。对经处理的部位,应重新检查验收,此项为强制项目。

检查数量:全数检查。

检验方法:量测,检查技术处理方案。

2. 一般项目

现浇结构和混凝土设备基础拆模后的尺寸偏差应符合表 2-4-11、表 2-4-12 的规定。

表 2-4-11　现浇结构尺寸允许偏差和检验方法

项目			允许偏差(mm)	检验方法
轴线位置	基础		15	钢尺检查
	独立基础		10	
	墙、柱、梁		8	
	剪力墙		5	
垂直度	层高	≤5m	8	经纬仪或吊线、钢尺检查
		>5m	10	
	全高(H)		H/1 000 且≤30	经纬仪、钢尺检查
标高	层高		±10	水准仪或拉线、钢尺检查
	全高		±30	
截面尺寸			+8，-5	钢尺检查
电梯井	井筒长、宽对定位中心线		+25,0	钢尺检查
	井筒全高(H)垂直度		H/1 000 且≤30	经纬仪、钢尺检查
表面平整度			8	2 m 靠尺和塞尺检查
预埋设施中心线位置	预埋件		10	钢尺检查
	预埋螺栓		5	
	预埋管		5	
预留洞中心线位置			15	钢尺检查

注：检查轴线、中心线位置时，应沿纵、横两个方向量测，并取其中的较大值。

检查数量：按楼层、结构缝或施工段划分检验批。在同一检验批内，对梁、柱和独立基础，应抽查构件数量的 10%，且不少于 3 件；对墙和板应按有代表性的自然间抽查 10%，且不少于 3 间；对大空间结构，墙可按相邻轴线间高度 5 m 左右划分检查面，板可按纵、横轴线划分检查面，抽查 10%，且均不少于 3 面。对电梯井和设备基础，应全数检查。

二、装配式结构分项工程

装配式结构分项工程是以模板、钢筋、预应力、混凝土四个分项工程为依托，是预制构件产品质量检验、结构性能检验、预制构件安装等一系列技术工作和完成结构实体的总称。其中预制构件包括在预制构件厂和施工现场制作的构件。

预制构件经装配施工后形成的装配式结构与现浇结构在外观质量、尺寸偏差的验收及对缺陷的处理方面要求基本一致。因此，装配式结构分项工程的质量控制可按本节第一部分的相应规定执行。装配式结构分项工程可按楼层、结构缝或施工段划分检验批。

表 2-4-12　混凝土设备基础尺寸允许偏差和检验方法

项目		允许偏差(mm)	检验方法
坐标位置		20	钢尺检查
不同平面的标高		0，－20	水准仪或拉线、钢尺检查
平面外形尺寸		±20	钢尺检查
凸台上平面外形尺寸		0，－20	钢尺检查
凹穴尺寸		+20,0	钢尺检查
平面水平度	每米	5	水平尺、塞尺检查
	全长	10	水准仪或拉线、钢尺检查
垂直度	每米	5	经纬仪或吊线、钢尺检查
	全高	10	
预埋地脚螺栓	标高(顶部)	+20,0	水准仪或拉线、钢尺检查
	中心距	±2	钢尺检查
预埋地脚螺栓孔	中心线位置	10	钢尺检查
	深度	+20,0	钢尺检查
	孔垂直度	10	吊线、钢尺检查
预埋活动地脚螺栓锚板	标高	+20,0	水准仪或拉线、钢尺检查
	中心线位置	5	钢尺检查
	带槽锚板平整度	5	钢尺、塞尺检查
	带螺纹孔锚板平整度	2	钢尺、塞尺检查

注：检查坐标、中心线位置时，应沿纵、横两个方向量测，并取其中的较大值。

第六节　分部(子分部)工程质量验收

一、结构实体检验

对涉及混凝土结构安全的重要部位应进行结构实体检验。结构实体检验应在监理工程师(建设单位项目专业技术负责人)的见证下，由施工项目技术负责人组织实施。承担结构实体检验的实验室应具有相应的资质。结构实体检验的内容应包括混凝土强度、钢筋保护层厚度以及工程合同约定的项目，必要时可检验其他项目。

对混凝土强度的检验，应以在混凝土浇筑地点制备并与结构实体同条件养护的试件强度为依据。混凝土强度检验用同条件养护试件的留置、养护和强度代表值应符合《混凝土结构工程施工质量验收规范》(GB 50204—2002)附录 D 的规定。对混凝土强度的检验，也可根据合同的约定，采用非破损或局部破损的检测方法，按国家现行有关标准的规定进行。当同条件养护试件强度的检验结果符合现行国家标准《混凝土强度检验评定标准》（GBJ 107）的有关规定时，混凝土强度应判为合格。

对钢筋保护层厚度的检验，抽样数量、检验方法、允许偏差和合格条件应符合《混凝土结构工程施工质量验收规范》（GB 50204—2002）附录 E 的规定。

当未能取得同条件养护试件强度或同条件养护试件强度被判为不合格或钢筋保护层厚度不满足要求时，应委托具有相应资质等级的检测机构按国家有关标准的规定进行检测。

二、混凝土结构子分部工程验收

混凝土结构子分部工程施工质量验收时，应提供一系列文件和记录，包括设计变更文件，原材料出厂合格证和进场复验报告，钢筋接头的试验报告，混凝土工程施工记录，混凝土试件的性能试验报告，装配式结构预制构件的合格证和安装验收记录，预应力筋用锚具，连接器的合格证和进场复验报告，预应力筋安装、张拉及灌浆记录，隐蔽工程验收记录，分工程验收记录，混凝土结构实体检验记录，工程的重大质量问题的处理方案和验收记录，以及其他必要的文件和记录。

混凝土结构子分部工程施工质量验收合格应符合下列规定：

（1）有关分项工程施工质量验收合格。

（2）应有完整的质量控制资料。

（3）观感质量验收合格。

（4）结构实体检验结果满足《混凝土结构工程施工质量验收规范》（GB 50204—2002）的要求。

当混凝土结构施工质量不符合要求时，应按下列规定进行处理：

（1）经返工、返修或更换构件、部件的检验批，应重新进行验收。

（2）经有资质的检测单位检测鉴定达到设计要求的检验批，应予以验收。

（3）经有资质的检测单位检测鉴定达不到设计要求，但经原设计单位核算并确认仍可满足结构安全和使用功能的检验批，可予以验收。

（4）经返修或加固处理能够满足结构安全使用要求的分项工程，可根据技术处理方案和协商文件进行验收。

混凝土结构工程子分部工程施工质量验收合格后，应将所有的验收文件存档备案。

第五章　钢结构工程

第一节　原材料及成品进场验收

原材料及成品进场验收包括钢材、焊接材料、连接用紧固件标准件、焊接球、封板、锥头、套筒、金属压型板等的验收，本节仅列出钢材、焊接材料的进场验收内容，其余的可以参看《钢结构工程施工质量验收规范》(GB 50205—2001)。

在规范 GB 50205—2001 中明确给出了本节的适用范围，并首次提出“进入钢结构各项工程实施现场的”这样的前提，从而明确对主要材料、零件和部件、成品件和标准件等产品进行层层把关的指导思想。本节适用于进入钢结构各分项工程实施现场的主要材料、零(部)件、成品件、标准件等产品的进场验收。进场验收的检验批原则上应与各分项工程检验批一致，也可以根据工程规模及进料实际情况划分检验批。

一、钢材

钢材的进场检验应从以下五个方面严格进行，分别是：钢材的检验要求、钢板厚度允许偏差、型钢规格尺寸允许偏差、钢管外径及壁厚允许偏差和钢材表面外观质量。

(一)主控项目

(1)钢材、钢铸件的品种、规格、性能等应符合现行国家产品标准和设计要求。进口钢材产品的质量应符合设计和合同规定标准的要求，此项为强制项目。

检查数量：全数检查。

检验方法：检查质量合格证明文件、中文标志及检验报告等。

(2)对属于下列情况之一的钢材，应进行抽样复验，其复验结果应符合现行国家产品标准和设计要求。

复验情况分别为：国外进口钢材；钢材混批；板厚等于或大于 40 mm，且设计有 Z 向性能要求的厚板；建筑结构安全等级为一级，大跨度钢结构中主要受力构件所采用的钢材；设计有复验要求的钢材；对质量有疑义的钢材。对质量有疑义的钢材主要是指：对质量证明文件有疑义的钢材；质量证明文件不全的钢材；质量证明书中的项目少于设计要求的钢材。

检查数量：全数检查。

检验方法：检查复验报告。

(二)一般项目

(1)钢板厚度及允许偏差应符合其产品标准的要求。

检查数量：每一品种、规格的钢板抽查 5 处。

检验方法：用游标卡尺量测。

(2)型钢的规格尺寸及允许偏差应符合其产品标准的要求。

检查数量：每一品种、规格的型钢抽查 5 处。

检验方法:用钢尺和游标卡尺量测。

(3)钢材的表面外观质量除应符合国家现行有关标准的规定外,尚应符合下列规定:

①当钢材的表面有锈蚀、麻点或划痕等缺陷时,其深度不得大于该钢材厚度负允许偏差值的1/2;

②钢材表面的锈蚀等级应符合现行国家标准《涂装前钢材表面锈蚀等级和除锈等级》(GB 8923)规定的C级及C级以上;

③钢材端边或断口处不应有分层、夹渣等缺陷。

检查数量:全数检查。

检验方法:观察。

二、焊接材料

钢结构中焊接材料的选用,需适应焊接场地、焊接方法、焊接方式,特别是要与焊接钢材的强度和材料要求相适应。

(一)质量控制要点

建筑钢结构用焊接填充材料的选用应符合设计图的要求,并应具有焊接材料厂出具的质量证明书或检验报告,其化学成分、力学性能和其他质量要求必须符合现行国家标准的规定。当采用其他焊接材料替代设计选用的材料时,必须经原设计单位同意。

钢结构工程中选用的新材料必须经过新产品鉴定。钢材应由生产厂提供焊接性资料、指导性焊接工艺、热加工和热处理工艺参数、相应钢材的焊接接头性能数据等资料;焊接材料应由生产厂提供储存及焊前烘焙参数规定、熔敷金属成分、性能鉴定资料及指导性施焊参数,经专家论证、评审和焊接工艺评定合格后,方可在工程中采用。

焊条应符合现行国家标准《碳钢焊条》(GB/T 5117)、《低合金钢焊条》(GB/T 5118)的规定。

焊丝应符合现行国家标准《熔化焊用钢丝》(GB/T 14957)、《气体保护电弧焊用碳钢、低合金钢焊丝》(GB/T 8110)及《碳钢药芯焊丝》(GB/T 10045)、《低合金钢药芯焊丝》(GB/T 17493)的规定。

埋弧焊用焊丝和焊剂应符合现行国家标准《埋弧焊用碳钢焊丝和焊剂》(GB/T 5293)、《埋弧焊用低合金钢焊丝和焊剂》(GB/T 12470)的规定。

气体保护焊使用的氩气应符合现行国家标准《氩气》(GB/T 4842)的规定,其纯度不应低于99.95%。

气体保护焊使用的二氧化碳气体应符合现行国家标准《焊接用二氧化碳》(HG/T 2537)的规定,大型、重型及特殊钢结构工程中主要构件的重要焊接节点采用的二氧化碳气体质量应符合该标准中优等品的要求,即其二氧化碳含量(V/V)不得低于99.9%,水蒸气与乙醇总含量(m/m)不得高于0.005%,并不得检出液态水。

(二)质量验收项目

1. 主控项目

(1)焊接材料的品种、规格、性能等应符合现行国家产品标准和设计要求。

检查数量:全数检查。

检验方法:检查焊接材料的质量合格证明文件、中文标志及检验报告等。

(2)重要钢结构采用的焊接材料应进行抽样复验,复验结果应符合现行国家产品标准和设计要求。

本条中"重要"是指:建筑结构安全等级为一级的一、二级焊缝;建筑结构安全等级为二级的一级焊缝;大跨度结构中的一级焊缝;重级工作制吊车梁结构中的一级焊缝;设计要求。

检查数量:全数检查。

检验方法:检查复验报告。

2. 一般项目

(1)焊钉及焊接瓷环的规格、尺寸及偏差应符合现行国家标准《电弧螺柱焊用圆柱头焊钉》(GB 10433)中的规定。

检查数量:按量抽查 1%,且不应少于 10 套。

检验方法:用钢尺和游标卡尺量测。

(2)焊条外观不应有药皮脱落、焊芯生锈等缺陷;焊剂不应受潮结块。

检查数量:按量抽查 1%,且不应少于 10 包。

检验方法:观察。

第二节 钢结构焊接工程

焊接在钢结构的制作、安装中有广泛的应用。其操作方法一般是通过电弧产生热量使焊条和焊件局部熔化,然后经冷却凝结成焊缝,从而使焊件连接成为一体。焊接作为一种基本的加工连接方法,应用相当广泛。

本节适用于钢结构制作和安装中的钢构件焊接和焊钉焊接的工程质量验收。考虑不同的钢结构工程验收批其焊缝数量有较大差异,为了便于检验,钢结构焊接工程可按相应的钢结构制作或安装工程检验批的划分原则划分为一个或若干个检验批。

在焊接过程、焊缝冷却过程中及以后相当长的一段时间内可能产生裂纹。普通碳素钢产生延迟裂纹的可能性很小,因此规定在焊缝冷却到环境温度后即可进行外观检查。低合金结构钢焊缝的延迟时间较长,考虑到工厂存放条件、现场安装进度、工序衔接的限制以及随着时间延长,产生延迟裂纹的几率逐渐减小等因素,规定碳素结构钢应在焊缝冷却到环境温度、低合金结构钢应在完成焊接 24 h 以后,进行焊缝探伤检验。为了加强焊工施焊质量的动态管理,同时使钢结构工程焊接质量的现场管理更加直观,焊缝施焊后应在工艺规定的焊缝及部位打上焊工钢印。

一、钢构件焊接工程

(一)主控项目

(1)焊条、焊丝、焊剂、电渣焊熔嘴等焊接材料与母材的匹配应符合设计要求及国家现行行业标准《建筑钢结构焊接技术规程》(JGJ 81)的规定。焊条、焊剂、药芯焊丝、熔嘴等在使用前,应按其产品说明书及焊接工艺文件的规定进行烘焙和存放。

检查数量:全数检查。

检验方法:检查质量证明书和烘焙记录。

(2)焊工必须经考试合格并取得合格证书。持证焊工必须在其考试合格项目及其认可范围内施焊,此项为强制项目。

检查数量:全数检查。

检验方法:检查焊工合格证及其认可范围、有效期。

(3)施工单位对其首次采用的钢材、焊接材料、焊接方法、焊后热处理等,应进行焊接工艺评定,并应根据评定报告确定焊接工艺。

检查数量:全数检查。

检验方法:检查焊接工艺评定报告。

(4)设计要求全焊透的一、二级焊缝应采用超声波探伤进行内部缺陷的检验,超声波探伤不能对缺陷作出判断时,应采用射线探伤,其内部缺陷分级及探伤方法应符合现行国家标准《钢焊缝手工超声波探伤方法和探伤结果分级》(GB 11345)或《钢熔化焊对接接头射线照相和质量分级》(GB 3323)的规定。

焊接球节点网架焊缝,螺栓球节点网架焊缝及圆管 T、K、Y 形节点相关线焊缝,其内部缺陷分级及探伤方法应分别符合现行行业标准《焊接球节点钢网架焊缝超声波探伤方法及质量分级法》(JBJ/T 3034.1)、《螺栓球节点钢网架焊缝超声波探伤方法及质量分级法》(JBJ/T 3034.2)、《建筑钢结构焊接技术规程》(JGJ 81)的规定。探伤比例的计数方法为:对工厂制作焊缝,应按每条焊缝计算百分比,且探伤长度应不小于 200 mm,当焊缝长度不足 200 mm 时,应对整条焊缝进行探伤;对现场安装焊缝,应按同一类型、同一施焊条件的焊缝条数计算百分比,探伤长度应不小于 200 mm,并应不少于 1 条焊缝来确定。此项为强制项目。

检查数量:全数检查。

检验方法:检查超声波或射线探伤记录。一、二级焊缝的质量等级及缺陷分级应符合表 2-5-1 的规定。

表 2-5-1　一、二级焊缝质量等级及缺陷分级

焊缝质量等级		一级	二级
内部缺陷超声波探伤	评定等级	Ⅱ	Ⅲ
	检验等级	B 级	B 级
	探伤比例	100%	20%
内部缺陷射线探伤	评定等级	Ⅱ	Ⅲ
	检验等级	AB 级	AB 级
	探伤比例	100%	20%

(5)T 形接头、十字接头、角接接头等要求熔透的对接和角对接组合焊缝,其焊脚尺寸不应小于 $t/4$(见图 2-5-1);设计有疲劳验算要求的吊车梁或类似构件的腹板与上翼缘连接焊缝的焊脚尺寸为 $t/2$,且不应小于 10 mm。焊脚尺寸的允许偏差为 0 ~4 mm。

检查数量:资料全数检查;同类焊缝抽查 10%,且不应少于 3 条。

检验方法:观察,用焊缝量规抽查测量。

(6)焊缝表面不得有裂纹、焊瘤等缺陷。一、二级焊缝不得有表面气孔、夹渣、弧坑裂纹、电弧擦伤等缺陷,且一级焊缝不许有咬边、未焊满、根部收缩等缺陷。

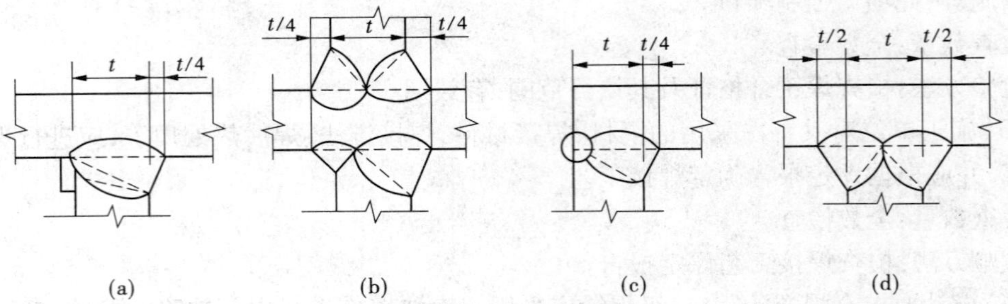

图 2-5-1

检查数量:每批同类构件抽查 10%,且不应少于 3 件;被抽查构件中,每一类型焊缝按条数抽查 5% ,且不应少于 1 条;每条检查 1 处,总抽查数不应少于 10 处。

检验方法:观察或使用放大镜、焊缝量规和钢尺检查,当存在疑义时,采用渗透或磁粉探伤检查。

(二)一般项目

(1)对于需要进行焊前预热或焊后热处理的焊缝,其预热温度或后热温度应符合国家现行有关标准的规定或通过工艺试验确定。预热区在焊道两侧,每侧宽度均应大于焊件厚度的 1.5 倍以上,且不应小于 100 mm;后热处理应在焊后立即进行,保温时间应根据板厚按每 25 mm 板厚 1 h 确定。

检查数量:全数检查。

检验方法:检查预、后热施工记录和工艺试验报告。

(2)二、三级焊缝外观质量标准应符合规范 GB 50205—2001 附录 A 中表 A.0.1 的规定。三级对接焊缝应按二级焊缝标准进行外观质量检验。

检查数量:每批同类构件抽查 10%,且不应少于 3 件;被抽查构件中,每一类型焊缝按条数抽查 5%,且不应少于 1 条;每条检查 1 处,总抽查数不应少于10 处。

检验方法:观察或使用放大镜、焊缝量规和钢尺检查。

(3)焊缝尺寸允许偏差应符合规范 GB 50205—2001 附录 A 中表 A.0.2 的规定。

检查数量:每批同类构件抽查 10%,且不应少于 3 件;被抽查构件中,每种焊缝按条数各抽查 5%,但不应少于 1 条;每条检查 1 处,总抽查数不应少于 10 处。

检验方法:用焊缝量规检查。

(4)焊出凹形的角焊缝,焊缝金属与母材间应平缓过渡;加工成凹形的角焊缝,不得在其表面留下切痕。

检查数量:每批同类构件抽查 10%,且不应少于 3 件。

检验方法:观察。

(5)焊缝感观应达到外形均匀,成型较好,焊道与焊道、焊道与基本金属间过渡比较平滑,焊渣和飞溅物基本清除干净。

检查数量:每批同类构件抽查 10%,且不应少于 3 件;被抽查构件中,每种焊缝按数量各抽查 5%,总抽查数不应少于 5 处。

检验方法:观察。

二、焊钉(栓钉)焊接工程

(一)主控项目

(1)施工单位对其采用的焊钉和钢材焊接应进行焊接工艺评定,其结果应符合设计要求和现行国家有关标准的规定。瓷环应按其产品说明书进行烘焙。

检查数量:全数检查。

检验方法:检查焊接工艺评定报告和烘焙记录。

(2)焊钉焊接后应进行弯曲试验检查,其焊缝和热影响区不应有肉眼可见的裂纹。

检查数量:每批同类构件抽查10%,且不应少于10件;被抽查构件中,每件检查焊钉数量的1%,但不应少于1个。

检验方法:焊钉弯曲30°后用角尺检查和观察。

(二)一般项目

焊钉根部焊脚应均匀,焊脚立面的局部未熔合或不足360°的焊脚应进行修补。

检查数量:按总焊钉数量抽查1%,且不应少于10个。

检验方法:观察。

第三节　紧固件连接工程

紧固件连接是一种通过螺栓、铆钉等紧固件产生紧固力,从而使被连接件连接成为一体的连接方法。紧固件连接制孔较费工,且拼装和安装时须对孔,故对制造的精度要求较高,必要时须将构件组装套钻。但钢结构的紧固件连接的紧固工具和工艺均较简单,易于实施,进度和质量也较容易保证,加之拆装维护方便,所以紧固件连接在钢结构安装连接中得到广泛的应用。

本节适用于钢结构制作和安装中的普通螺栓、扭剪型高强度螺栓、高强度大六角头螺栓、钢网架螺栓球节点用高强度螺栓及射钉、自攻钉、拉铆钉等连接工程的质量验收。紧固件连接工程可按相应的钢结构制作或安装工程检验批的划分原则划分为一个或若干个检验批。

一、普通紧固件连接

(一)主控项目

(1)普通螺栓作为永久性连接螺栓时,如果设计有要求或对其质量有疑义,应进行螺栓实物最小拉力载荷复验,其结果应符合现行国家标准《紧固件机械性能 螺栓、螺钉和螺柱》(GB 3098.1)的规定。

检查数量:每一规格螺栓抽查8个。

检验方法:检查螺栓实物复验报告。

(2)连接薄钢板采用的自攻钉、拉铆钉、射钉等其规格尺寸应与连接钢板相匹配,其间距、边距等应符合设计要求。

检查数量:按连接节点数抽查1%,且不应少于3个。

检验方法:观察和尺量检查。

(二)一般项目

(1)永久普通螺栓紧固应牢固、可靠,外露丝扣不应少于 2 扣。

检查数量:按连接节点数抽查 10%,且不应少于 3 个。

检验方法:观察和用小锤敲击检查。

(2)自攻钉、拉铆钉、射钉等与连接钢板应紧固密贴,外观排列整齐。

检查数量:按连接节点数抽查 10%,且不应少于 3 个。

检验方法:观察或用小锤敲击检查。

二、高强度螺栓连接

(一)主控项目

(1)钢结构制作和安装单位应按规范 GB 50205—2001 附录 B 的规定分别进行高强度螺栓连接摩擦面的抗滑移系数试验和复验,现场处理的构件摩擦面应单独进行摩擦面抗滑移系数试验,其结果应符合设计要求,此项为强制项目。

检查数量:见规范 GB 50205—2001 附录 B 。

检验方法:检查摩擦面抗滑移系数试验报告和复验报告。

(2)高强度大六角头螺栓连接副终拧完成 1 h 后、48 h 内应进行终拧扭矩检查,检查结果应符合规范 GB 50205—2001 附录 B 的规定。

检查数量:按节点数检查 10%,且不应少于 10 个;每个被抽查节点按螺栓数抽查 10%,且不应少于 2 个。

检验方法:见规范 GB 50205—2001 附录 B 。

(3)扭剪型高强度螺栓连接副终拧后,除因构造原因无法使用专用扳手终拧掉梅花头者外,未在终拧中拧掉梅花头的螺栓数不应大于该节点螺栓数的 5%。对所有梅花头未拧掉的扭剪型高强度螺栓连接副应采用扭矩法或转角法进行终拧并作标记,且按主控项目的第(2)条的规定进行终拧扭矩检查。

检查数量:按节点数抽查 10%,但不应少于 10 个,被抽查节点中梅花头未拧掉的扭剪型高强度螺栓连接副全数进行终拧扭矩检查。

检验方法:观察及按规范 GB 50205—2001 附录 B 检查。

(二)一般项目

(1)高强度螺栓连接副的施拧顺序和初拧、复拧扭矩应符合设计要求和国家现行行业标准《钢结构高强度螺栓连接的设计、施工及验收规程》(JGJ 82—91)的规定。

检查数量:资料全数检查。

检验方法:检查扭矩扳手标定记录和螺栓施工记录。

(2)高强度螺栓连接副终拧后,螺栓丝扣外露应为 2 ~ 3 扣,其中允许有 10% 的螺栓丝扣外露 1 扣或 4 扣。

检查数量:按节点数抽查 5%,且不应少于 10 个。

检验方法:观察。

(3)高强度螺栓连接摩擦面应保持干燥、整洁,不应有飞边、毛刺、焊接飞溅物、焊疤、氧化铁皮、污垢等,除设计要求外摩擦面不应涂漆。

检查数量:全数检查。

检验方法：观察。

（4）高强度螺栓应自由穿入螺栓孔。高强度螺栓孔不应采用气割扩孔，扩孔数量应征得设计单位同意，扩孔后的孔径不应超过 1.2d（d 为螺栓直径）。

检查数量：被扩螺栓孔全数检查。

检验方法：观察及用卡尺检查。

（5）螺栓球节点网架总拼完成后，高强度螺栓与球节点应紧固连接，高强度螺栓拧入螺栓球内的螺纹长度不应小于 1.0d（d 为螺栓直径），连接处不应有间隙、松动等未拧紧情况。

检查数量：按节点数抽查 5%，且不应少于 10 个。

检验方法：普通扳手及尺量检查。

第四节　钢构件组装工程

钢结构构件的组装是按照施工图的要求，把已加工完成的各零件或半成品构件装配成独立的成品。组装前，工作人员必须熟悉构件施工图及有关的技术要求，并根据施工图要求复核其需组装零件的质量。原材料的尺寸不够，或技术要求需拼接的零件，一般必须在组装前拼接完成。钢结构构件组装方法的选择，必须根据构件的结构特性和技术要求，结合制造厂的加工能力、机械设备等情况，选择能有效控制组装的质量、生产效率高的方法进行。

本节适用于钢结构制作中心构件组装的质量验收。钢构件组装工程可按钢结构制作工程检验批的划分原则划分为一个或若干个检验批。

一、焊接 H 型钢

（1）焊接 H 型钢的翼缘板拼接缝和腹板拼接缝的间距不应小于 200 mm 。翼缘板拼接长度不应小于 2 倍板宽；腹板拼接宽度不应小于 300 mm ，长度不应小于 600 mm。

检查数量：全数检查。

检验方法：观察和用钢尺检查。

（2）焊接 H 型钢的允许偏差应符合表 2-5-2 的规定。

检查数量：按钢构件数抽查 10%，且不应少于 3 件。

检验方法：用钢尺、角尺、塞尺等检查。

二、组装

（一）主控项目

吊车梁和吊车桁架不应下挠，此项为强制项目。

检查数量：全数检查。

检验方法：构件直立，在两端支承后，用水准仪和钢尺检查。

（二）一般项目

（1）焊接连接组装的允许偏差应符合规范 GB 50205—2001 附录 C 中表 C.0.2 的规定。

检查数量：按构件数抽查 10%，且不应少于 3 个。

检验方法：用钢尺检查。

（2）顶紧接触面应有 75% 以上的面积紧贴。

表 2-5-2　焊接 H 型钢的允许偏差

项目		允许偏差(mm)	图例
截面高度 h(mm)	$h\leq500$	±2.0	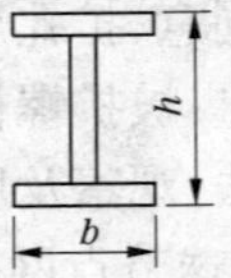
	$500<h\leq1\,000$	±3.0	
	$h>1\,000$	±4.0	
截面宽度 b		±3.0	
腹板中心偏移 e		2.0	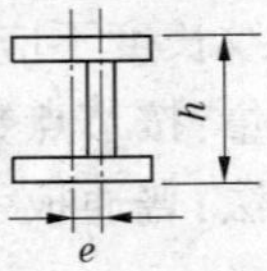
翼缘板垂直度 Δ		$b/100$,且≤3.0	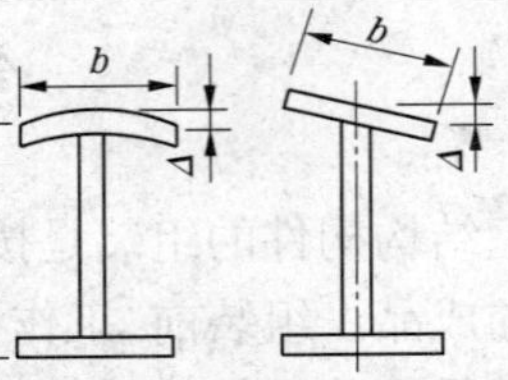
弯曲矢高(受压构件除外)		$l/1\,000$,且≤10.0	l 指构件的长度
扭曲		$h/250$,且≤5.0	h 指截面高度
腹板局部平面度 f (mm)	$f<14$	3.0	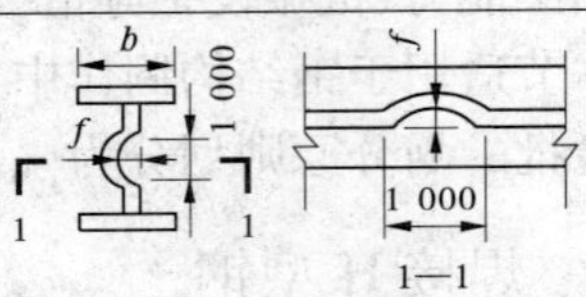
	$f\geq14$	2.0	

检查数量:按接触面的数量抽查 10%,且不少于 10 个。

检验方法:用 0.3 mm 塞尺检查,其塞入面积应小于 25%,边缘间隙应不大于 0.8 mm。

(3)桁架结构杆件轴线交点错位的允许偏差不得大于 3.0 mm 。

检查数量:按构件数抽查 10%,且不应少于 3 个;每个抽查构件按节点数抽查 10%,且不少于 3 个。

检验方法:尺量检查。

三、端部铣平及安装焊缝坡口

(一)主控项目

端部铣平的允许偏差应符合表 2-5-3 的规定。

表 2-5-3　端部铣平的允许偏差

项目	允许偏差(mm)
两端铣平时构件长度	± 2.0
两端铣平时零件长度	± 0.5
铣平面的平面度	0.3
铣平面对轴线的垂直度	$l/1\,500$(l 指构件的长度)

检查数量:按铣平面数量抽查 10%,且不应少于 3 个。

检验方法:用钢尺、角尺、塞尺等检查。

(二)一般项目

(1)安装焊缝坡口的偏差应符合表 2-5-4 的规定。

表 2-5-4　安装焊缝坡口的允许偏差

项目	允许偏差
坡口角度	± 5°
钝边	± 1.0 mm

检查数量:按坡口数量抽查 10%,且不少于 3 条。

检验方法:用焊缝量规检查。

(2)外露铣平面应防锈保护。

检查数量:全数检查。

检验方法:观察。

四、钢构件外形尺寸

(一)主控项目

钢构件外形尺寸主控项目的允许偏差应符合表 2-5-5 的规定。

表 2-5-5　钢构件外形尺寸主控项目的允许偏差

项目	允许偏差(mm)
单层柱、梁、桁架受力支托(支承面)表面至第一安装孔距离	± 1.0
多节柱铣平面至第一安装孔距离	± 1.0
实腹梁两端最外侧安装孔距离	± 3.0
构件连接处的截面几何尺寸	± 3.0
柱、梁连接处的腹板中心线偏移	2.0
受压构件(杆件)弯曲矢高	l/1 000,且不应大于 10.0 (l 指构件的长度)

检查数量:全数检查。

检验方法:用钢尺检查。

(二)一般项目

钢构件外形尺寸一般项目的允许偏差应符合规范 GB 50205—2001 附录 C 中表 C.0.3 ~ 表 C.0.9 的规定。

检查数量:按构件数量抽查 10%,且不应少于 3 件。

检验方法:见规范 GB 50205—2001 附录 C。

第五节　钢构件预拼装工程

由于现代大型、重型、多层工业建筑的增加和民用高层建筑的兴建,有很多构件由于运输、起吊等条件限制，不可能整体安装。工程实践中，为了检验其制作的整体性及准确性，往往由设计规定或合同要求在出厂前进行预拼装。

预拼装一般可以采用平装法、立拼拼装法和利用模具拼装法三种方法。

预拼装均在工厂支承凳（平台）上进行，因此对所用的支承凳或平台应测量找平，且预拼装时不应使用大锤锤击，检查时应拆除全部临时固定和拉紧装置。进行预拼装的钢构件，其质量应符合设计要求和 GB 50205—2001 合格质量标准的规定。

本节适用于钢构件预拼装工程的质量验收。钢构件预拼装工程可按钢结构制作工程检验批的划分原则划分为一个或若干个检验批。

一、主控项目

高强度螺栓和普通螺栓连接的多层板叠，应采用试孔器进行检查，当采用比孔公称直径小 1. 0 mm 的试孔器检查时，每组孔的通过率不应小于 85 %；当采用比螺栓公称直径大 0. 3 mm 的试孔器检查时，通过率应为 100%。

检查数量：按预拼装单元全数检查。

检验方法：采用试孔器检查。

二、一般项目

预拼装的允许偏差应符合表 2-5-6 的规定。

检查数量：按预拼装单元全数检查。

检验方法：见表 2-5-6。

表 2-5-6　钢构件预拼装的允许偏差

<table>
<tr><th>构件类型</th><th colspan="2">项目</th><th>允许偏差（mm）</th><th>检验方法</th></tr>
<tr><td rowspan="5">多节柱</td><td colspan="2">预拼装单元总长</td><td>± 5.0</td><td>用钢尺检查</td></tr>
<tr><td colspan="2">预拼装单元弯曲矢高</td><td>l/1 500，且不应大于 10. 0</td><td>拉线和用钢尺检查</td></tr>
<tr><td colspan="2">接口错边</td><td>2. 0</td><td>用焊缝量规检查</td></tr>
<tr><td colspan="2">预拼装单元柱身扭曲</td><td>h/200，且不应大于 5. 0</td><td>拉线、吊线和用钢尺检查</td></tr>
<tr><td colspan="2">顶紧面至任一牛脚距离</td><td>± 2. 0</td><td rowspan="2">用钢尺检查</td></tr>
<tr><td rowspan="5">梁、桁架</td><td colspan="2">跨度最外两端安装孔或两端支承面最外侧距离</td><td>+5. 0
−10. 0</td></tr>
<tr><td colspan="2">接口截面错位</td><td>2. 0</td><td>用焊缝量规检查</td></tr>
<tr><td rowspan="2">拱度</td><td>设计要求起拱</td><td>±1/5 000</td><td rowspan="2">拉线和用钢尺检查</td></tr>
<tr><td>设计未要求起拱</td><td>l/2 000
0</td></tr>
<tr><td colspan="2">节点处杆件轴线错位</td><td>4. 0</td><td>划节后用钢尺检查</td></tr>
</table>

续表 2-5-6

构件类型	项目	允许偏差(mm)	检验方法
管构件	预拼装单元总长	±5.0	用钢尺检查
	预拼装单元弯曲矢高	l/1 500,且不应大于 10.0	拉线和用钢尺检查
	对口错边	t/10,且不应大于 3.0	用焊缝量规检查
	坡口间隙	+2.0 −1.0	
构件平面总体预拼装	各楼层柱距	±4.0	用钢尺检查
	相邻楼层梁与梁之间距离	±3.0	
	各层间框架两对角线之差	H/2 000,且不应大于 5.0	
	任意两对角线之差	H/2 000,且不应大于 8.0	

注:h 为截面高度;l 为构件的长度;H 为柱高;t 为截面的宽度。

第六节 钢结构安装工程

钢结构安装就是将各个单体(或组合体)构件组合成一个整体,其除具有商品化的性质外,所提供的整体建筑物将直接投入生产使用。安装上出现的质量问题有可能成为永久性缺陷,同时钢结构安装工程具有作业面广、工序作业点多、交叉立体作业复杂、工程规模大小不一、结构型式各异等特点。因此,在钢结构安装过程中更要重视质量的控制。

一、单层钢结构安装工程

适用于单层钢结构的主体结构、地下钢结构、檩条及墙架等次要构件、钢平台、钢梯、防护栏杆等安装工程的质量验收。

(一)基础和支承面

1. 主控项目

(1)建筑物的定位轴线、基础轴线和标高、地脚螺栓的规格及其紧固应符合设计要求。

检查数量:按柱基数抽查 10%,且不应少于 3 个。

检验方法:用经纬仪、水准仪、全站仪和钢尺现场实测。

(2)基础顶面直接作为柱的支承面和基础顶面预埋钢板或支座作为柱的支承面时,其支承面、地脚螺栓(锚栓)位置的允许偏差应符合表 2-5-7 的规定。

表 2-5-7 支承面、地脚螺栓(锚栓)位置的允许偏差

项目		允许偏差(mm)
支承面	标高	±3.0
	水平度	l/1 000(l 指支承面的长度)
地脚螺栓(锚栓)	螺栓中心偏移	5.0
预留孔中心偏移		10.0

检查数量:按柱基数抽查10%,且不应少于3个。

检验方法:用经纬仪、水准仪、全站仪、水平尺和钢尺实测。

(3)采用坐浆垫板时,坐浆垫板的允许偏差应符合表2-5-8的规定。

表2-5-8　坐浆垫板的允许偏差

项目	允许偏差(mm)
顶面标高	0 -3.0
水平度	l/1 000(l 指垫板的长度)
位置	20.0

检查数量:资料全数检查。按柱基数抽查10%,且不应少于3个。

检验方法:用水准仪、全站仪、水平尺和钢尺现场实测。

(4)采用杯口基础时,杯口尺寸的允许偏差应符合表2-5-9的规定。

表2-5-9　杯口尺寸的允许偏差

项目	允许偏差(mm)
底面标高	0 -5.0
杯口深度 H	±5.0
杯口垂直度	H/100,且不应大于10.0(H 指杯口深度)
位置	10.0

检查数量:按基础数抽查10%,且不应少于4处。

检验方法:观察及尺量检查。

2. 一般项目

地脚螺栓(锚栓)尺寸的偏差应符合表2-5-10的规定。地脚螺栓(锚栓)的螺纹应受到保护。

表2-5-10　地脚螺栓(锚栓)尺寸的允许偏差

项目	允许偏差(mm)
螺栓(锚栓)露出长度	+30.0 0
螺纹长度	+30.0 0

检查数量:按柱基数抽查10%,且不应少于3个。

检验方法:用钢尺现场实测。

(二)安装与校正

1. 主控项目

(1)钢构件应符合设计要求和GB 50205—2001的规定。运输、堆放和吊装等造成的钢构件变形及涂层脱落，应进行矫正和修补。

检查数量：按构件数抽查 10%，且不应少于 3 个。

检验方法：拉线、用钢尺现场实测或观察。

(2)设计要求顶紧的节点，接触面不应少于 70% 紧贴，且边缘最大间隙不应大于 0.8 mm。

检查数量：按节点数抽查 10%，且不应少于 3 个。

检验方法：用钢尺及 0.3 mm 和 0.8 mm 厚的塞尺现场实测。

(3)钢屋(托)架、桁架、梁及受压杆件的垂直度和侧向弯曲矢高的允许偏差应符合表 2-5-11 的规定。

表 2-5-11　钢屋(托)架、桁架、梁及受压杆件垂直度和侧向弯曲矢高的允许偏差

项目	允许偏差(mm)		图例
跨中的垂直度	$h/250$，且不应大于 15.0		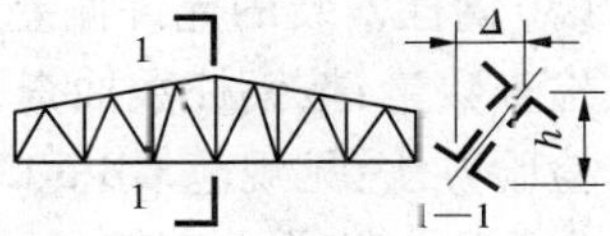
侧向弯曲矢高 f	$l \leqslant 30$ m	$l/1\ 000$，且不应大于 10.0	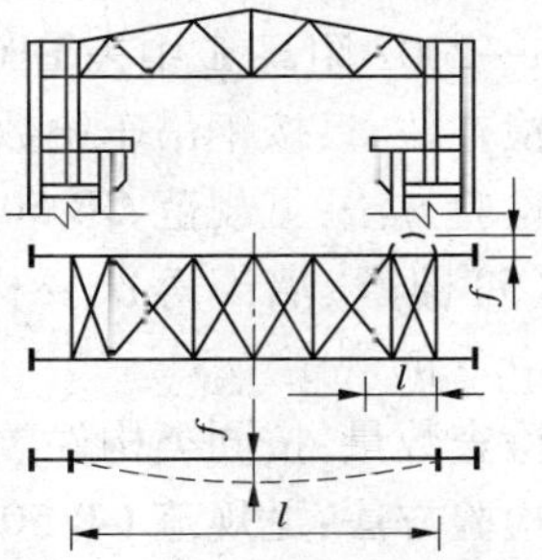
	30 m $< l \leqslant 60$ m	$l/1\ 000$，且不应大于 30.0	
	$l > 60$ m	$l/1\ 000$，且不应大于 50.0	

检查数量：按同类构件数抽查 10%，且不应少于 3 个。

检验方法：吊线、拉线及用经纬仪和钢尺现场实测。

(4)单层钢结构主体结构的整体垂直度和整体平面弯曲的允许偏差应符合表 2-5-12 的规定，此项为强制项目。

表 2-5-12　单层钢结构主体结构的整体垂直度和整体平面弯曲的允许偏差

项目	允许偏差(mm)	图例
主体结构的整体垂直度	$H/1\ 000$，且不应大于 25.0	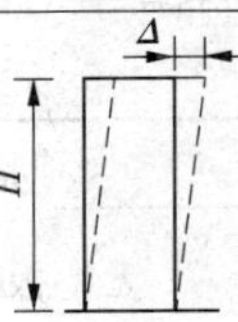
主体结构的整体平面弯曲	$l/1\ 500$，且不应大于 25.0	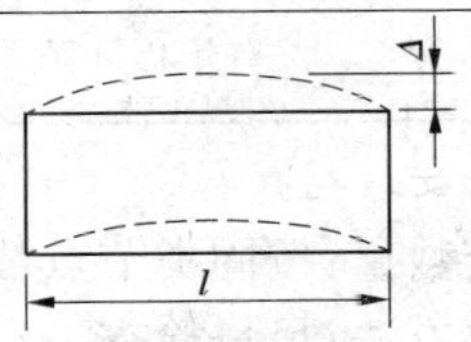

检查数量:对主要立面全部检查。对每个所检查的立面,除两列角柱外,尚应至少选取一列中间柱。

检验方法:采用经纬仪、全站仪等测量。

2. 一般项目

(1)钢柱等主要构件的中心线及标高基准点等标记应齐全。

检查数量:按同类构件数抽查10%,且不应少于3件。

检验方法:观察。

(2)当钢桁架(或梁)安装在混凝土柱上时,其支座中心对定位轴线的偏差不应大于10 mm;当采用大型混凝土屋面板时,钢桁架(或梁)间距的偏差不应大于10 mm。

检查数量:按同类构件数抽查10%,且不应少于3件。

检验方法:拉线和用钢尺现场实测。

(3)钢柱安装的允许偏差应符合规范GB 50205—2001附录E中表E.0.1的规定。

检查数量:按钢柱数抽查10%,且不应少于3件。

检验方法:见规范GB 50205—2001附录E中表E.0.1。

(4)钢吊车梁或直接承受动力荷载的类似构件,其安装的允许偏差应符合规范GB 50205—2001附录E中表E.0.2的规定。

检查数量:按钢吊车梁数抽查10%,且不应少于3榀。

检验方法:见规范GB 50205—2001附录E中表E.0.2。

(5)檩条、墙架等次要构件安装的允许偏差应符合规范GB 50205—2001附录E中表E.0.3的规定。

检查数量:按同类构件数抽查10%,且不应少于3件。

检验方法:见规范GB 50205—2001附录E中表E.0.3。

(6)钢平台、钢梯、栏杆安装应符合现行国家标准《固定式钢梯及平台安全要求 第1部分:钢直梯》(GB 4053.1)、《固定式钢梯及平台安全要求 第2部分:钢斜梯》(GB 4053.2)、《固定式钢梯及平台安全要求 第3部分:工业防护栏杆及钢平台》(GB 4053.3)的规定。钢平台、钢梯和栏杆安装的允许偏差应符合规范GB 50205—2001附录E中表E.0.4的规定。

检查数量:按钢平台总数抽查10%,栏杆、钢梯按总长度各抽查10%,但钢平台不应少于1个,栏杆不应少于5 m,钢梯不应少于1跑。

检验方法:见规范GB 50205—2001附录E中表E.0.4。

(7)现场焊缝组对间隙的允许偏差应符合表2-5-13的规定。

表2-5-13 现场焊缝组对间隙的允许偏差

项目	允许偏差(mm)
无垫板间隙	+3.0 0
有垫板间隙	+3.0 -2.0

检查数量:按同类节点数抽查10%,且不应少于3个。

检验方法:尺量检查。

(8)钢结构表面应干净,结构主要表面不应有疤痕、泥沙等污垢。

检查数量:按同类构件数抽查 10%,且不应少于 3 件。

检验方法:观察。

二、多层及高层钢结构安装工程

(一)基础和支承面

1. 主控项目

(1)建筑物的定位轴线、基础上柱的定位轴线和标高、地脚螺栓(锚栓)的规格和位置、地脚螺栓(锚栓)紧固应符合设计要求。当设计无要求时,应符合表 2-5-14 的规定。

表 2-5-14 建筑物定位轴线、基础上柱的定位轴线和标高、地脚螺栓(锚栓)的允许偏差

项目	允许偏差(mm)	图例
建筑物定位轴线	l/20 000,且不应大于 3.0	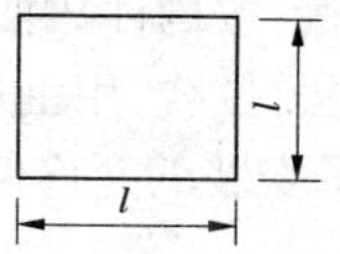
基础上柱的定位轴线	1.0	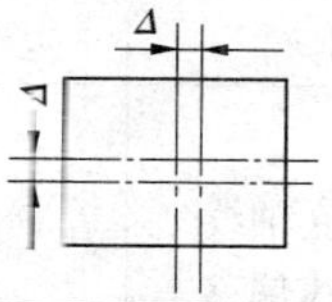
基础上柱底标高	±2.0	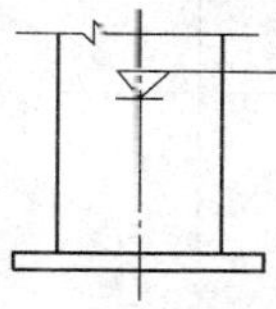
地脚螺栓(锚栓)位移	2.0	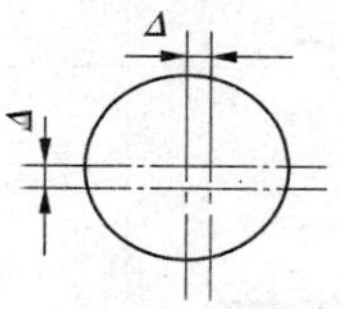

检查数量:按柱基数抽查 10%,且不应少于 3 个。

检验方法:采用经纬仪、水准仪、全站仪和钢尺实测。

(2)多层建筑以基础顶面直接作为柱的支承面,或以基础顶面预埋钢板或支座作为柱的支承面时,其支承面、地脚螺栓(锚栓)位置的允许偏差应符合表 2-5-7 的规定。

检查数量:按柱基数抽查 10%,且不应少于 3 个。

检验方法:用经纬仪、水准仪、全站仪、水平尺和钢尺实测。

(3)多层建筑采用坐浆垫板时,坐浆垫板的允许偏差应符合表 2-5-8 的规定。

检查数量:资料全数检查。按柱基数抽查 10%,且不应少于 3 个。

检验方法:用水准仪、全站仪、水平尺和钢尺实测。

(4)当采用杯口基础时,杯口尺寸的允许偏差应符合表 2-5-9 的规定。

检查数量:按基础数抽查 10%,且不应少于 4 处。

检验方法:观察及尺量检查。

2. 一般项目

地脚螺栓(锚栓)尺寸的允许偏差应符合表 2-5-10 的规定。地脚螺栓(锚栓)的螺纹应受到保护。

检查数量:按柱基数抽查 10%,且不应少于 3 个。

检验方法:用钢尺现场实测。

(二)安装和校正

1. 主控项目

(1)钢构件应符合设计要求和规范 GB 50205—2001 的规定。运输、堆放和吊装等造成的钢构件变形及涂层脱落,应进行矫正和修补。

检查数量:按构件数抽查 10%,且不应少于 3 个。

检验方法:拉线、用钢尺现场实测或观察。

(2)柱子安装的允许偏差应符合表 2-5-15 的规定。

表 2-5-15　柱子安装的允许偏差

项目	允许偏差(mm)	图例
底层柱柱底轴线对定位轴线偏移	3.0	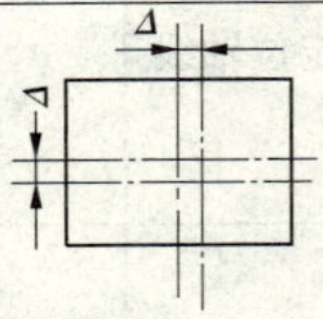
柱子定位轴线	1.0	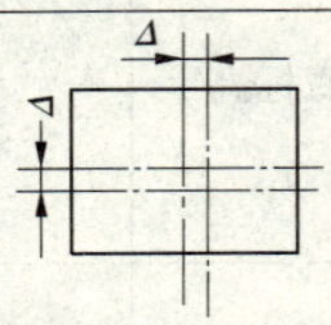
单节柱的垂直度	h/1 000,且不应大于 10.0 (h 指柱的高度)	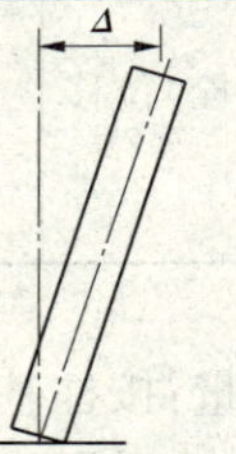

检查数量:标准柱全部检查;非标准柱抽查 10%,且不应少于 3 根。

检验方法:用全站仪或激光经纬仪和钢尺实测。

(3)设计要求顶紧的节点,接触面不应少于 70% 紧贴,且边缘最大间隙不应大于 0.8 mm。

检查数量:按节点数抽查 10%,且不应少于 3 个。

检验方法:用钢尺及 0.3 mm 和 0.8 mm 厚的塞尺现场实测。

(4)钢主梁、次梁及受压杆件的垂直度和侧向弯曲矢高的允许偏差应符合表 2-5-11 中有关钢屋(托)架允许偏差的规定。

检查数量:按同类构件数抽查 10%,且不应少于 3 个。

检验方法:吊线、拉线及用经纬仪和钢尺现场实测。

(5)多层及高层钢结构主体结构的整体垂直度和整体平面弯曲的允许偏差应符合表 2-5-16 的规定,此项为强制项目。

表 2-5-16　多层及高层钢结构主体结构的整体垂直度和整体平面弯曲的允许偏差

项目	允许偏差(mm)	图例
主体结构的整体垂直度	(H/2 500 + 10.0),且不应大于 50.0	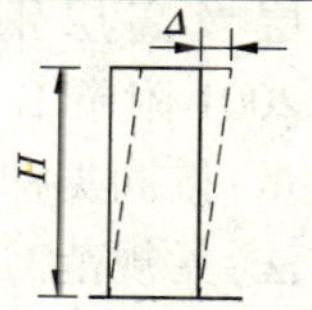
主体结构的整体平面弯曲	l/1 500,且不应大于 25.0	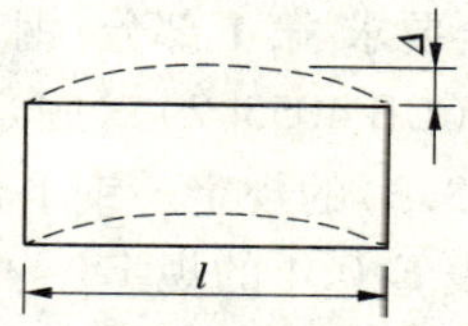

检查数量:对主要立面全部检查。对每个所检查的立面,除两列角柱外,尚应至少选取一列中间柱。

检验方法:对于整体垂直度,可采用激光经纬仪、全站仪测量,也可根据各节柱的垂直度允许偏差累计(代数和)计算。对于整体平面弯曲,可按产生的允许偏差累计(代数和)计算。

2. 一般项目

(1)钢结构表面应干净,结构主要表面不应有疤痕、泥沙等污垢。

检查数量:按同类构件数抽查 10%,且不应小于 3 件。

检验方法:观察。

(2)钢柱等主要构件的中心线及标高基准点等标记应齐全。

检查数量:按同类构件数抽查 10%,且不应少于 3 件。

检验方法:观察。

(3)钢构件安装的允许偏差应符合规范 GB 50205—2001 附录 E 中表 E.0.5 的规定。

检查数量:按同类构件或节点数抽查 10%。其中柱和梁各不应少于 3 件,主梁与次梁连接节点不应少于 3 个,支承压型金属板的钢梁长度不应小于 5 m。

检验方法:见规范 GB 50205—2001 附录 E。

(4)主体结构总高度的允许偏差应符合规范 GB 50205—2001 附录 E 中表 E.0.6 的规定。

检查数量:按标准柱列数抽查 10%,且不应少于 4 列。

检验方法:采用全站仪、水准仪和钢尺实测。

(5)当钢构件安装在混凝土柱上时,其支座中心对定位轴线的偏差不应大于 10 mm;当采用大型混凝土屋面板时，钢梁（或桁架）间距的偏差不应大于 10 mm。

检查数量：按同类构件数抽查 10%，且不应少于 3 榀。

检验方法：拉线和用钢尺现场实测。

（6）多层及高层钢结构中钢吊车梁或直接承受动力荷载的类似构件，其安装的允许偏差应符合规范 GB 50205—2001 附录 E 中表 E.0.2 的规定。

检查数量：按钢吊车梁数抽查 10%，且不应少于 3 榀。

检验方法：见规范 GB 50205—2001 附录 E 中表 E.0.2。

（7）多层及高层钢结构中檩条、墙架等次要构件安装的允许偏差应符合规范 GB 50205—2001 附录 E 中表 E.0.3 的规定。

检查数量：按同类构件数抽查 10%，且不应少于 3 件。

检验方法：见规范 GB 50205—2001 附录 E 中表 E.0.3。

（8）多层及高层钢结构中钢平台、钢梯、栏杆安装应符合现行国家标准《固定式钢梯及平台安全要求 第 1 部分：钢直梯》（GB 4053.1）、《固定式钢梯及平台安全要求 第 2 部分：钢斜梯》（GB 4053.2）、《固定式钢梯及平台安全要求 第 3 部分：工业防护栏杆及钢平台》（GB 4053.3）的规定。钢平台、钢梯和栏杆安装的允许偏差应符合规范 GB 50205—2001 附录 E 中表 E.0.4 的规定。

检查数量：按钢平台总数抽查 10%，栏杆、钢梯按总长度各抽查 10%，但钢平台不应少于 1 个，栏杆不应少于 5 m，钢梯不应少于 1 跑。

检验方法：见规范 GB 50205—2001 附录 E 中表 E.0.4。

（9）多层及高层钢结构中现场焊缝组对间隙的允许偏差应符合规范 GB 50205—2001 的规定。

检查数量：按同类节点数抽查 10%，且不应少于 3 个。

检验方法：尺量检查。

第七节 钢结构涂装工程

钢结构由于具有强度高、自重轻、安装方便及施工不受季节变化影响等优点而得到广泛应用，但是，钢结构也存在耐腐蚀性差、耐热不耐火的缺点。例如，裸钢的耐火极限仅为 15 ~ 30 min，遭遇火灾时机械性能迅速下降，丧失支撑能力而引起结构垮塌或结构失稳。因此，钢结构的防火防腐技术对于钢结构的安全性能与耐久性起着极为重要的作用。

本节适用于钢结构的防腐涂料（油漆类）涂装和防火涂料涂装工程的施工质量验收。钢结构涂装工程可按钢结构制作或钢结构安装工程检验批的划分原则划分成一个或若干个检验批。钢结构普通涂料涂装工程应在钢结构构件组装、预拼装或钢结构安装工程检验的施工质量验收合格后进行。钢结构防火涂料涂装工程应在钢结构安装工程检验批和钢结构普通涂料涂装检验批的施工质量验收合格后进行。

漆装时的环境温度和相对湿度应符合涂料产品说明书的要求，当产品说明书无要求时，环境温度宜在 5 ~ 38 ℃，相对湿度不应大于 85%。涂装时构件表面不应有结露，涂装后 4 h 内应保护免受雨淋。

一、钢结构防腐涂料涂装

钢结构防腐涂料涂装应是一个科学的系统钢结构工程,合理的钢结构防腐涂层设计是创建优质防腐工程的基础。一个科学合理的涂装方案能大大提高钢结构防腐涂装质量,延长防腐年限及维修间隔,降低防腐成本。科学合理的钢结构防腐涂层设计应考虑到以下因素:防腐涂装要求、防腐蚀环境和涂装环境条件等。一般情况下,钢结构防腐用常规防锈漆即可,当所处的环境条件较恶劣时必须采用性能优异的防腐涂料如富锌类涂料或采用耐候钢。

(一)质量控制要点

钢结构表面应平整,施工前应把焊渣、毛刺、铁锈、油污等清除干净。钢结构表面的处理方法,可采用喷射或抛射除锈,手工和动力工具除锈,火焰除锈或化学除锈。已经处理的钢结构表面,不得再次污染;当受到二次污染时,应再次进行表面处理。

对污染严重的钢结构和改建、扩建工程中腐蚀严重的钢结构,应进行表面预处理,处理方法应符合下列规定:

(1)被油脂污染的钢结构表面,可采用有机溶剂、热碱液或乳化剂以及烘烤等方法去除油脂。

(2)被氧化物污染或附着有旧漆层的钢结构表面,可采用铲除、烘烤等方法清理。

经处理的钢结构基层,应及时涂刷底层涂料,间隔时间不应超过 5 h。

涂层的外观,涂膜应光滑平整、颜色均匀一致,无泛锈、气泡、流挂及开裂、剥落等缺陷。涂层表面采用电火花检测,应无针孔;涂层厚度应均匀,可用测厚仪检测;涂层附着力应符合设计要求,可采用划圈法;涂层应无漏涂、误涂现象;涂层经柔韧性试验器检测,应无裂纹等现象。

(二)质量验收项目

1. 主控项目

(1)涂装前钢材表面除锈应符合设计要求和国家现行有关标准的规定。处理后的钢材表面不应有焊渣、焊疤、灰尘、油污、水和毛刺等。当设计无要求时,钢材表面除锈等级应符合表 2-5-17 的规定。

表 2-5-17 各种底漆或防锈漆要求最低的除锈等级

涂料品种	除锈等级
油性酚醛、醇酸等底漆或防锈漆	St2
高氯化聚乙烯、氯化橡胶、氯磺化聚乙烯、环氧树脂、聚氨酯等底漆或防锈漆	Sa2
无机富锌、有机硅、过氯乙烯等底漆	Sa2 1/2

检查数量:按构件数量抽查 10%,且同类构件不应少于 3 件。

检验方法:用铲刀检查和用现行国家标准《涂装前钢材表面锈蚀等级和除锈等级》(GB 8923)规定的图片对照观察。

(2)漆料、涂装遍数、涂层厚度均应符合设计要求。当设计对涂层厚度无要求时,涂层干漆膜总厚度,室外应为 150 μm,室内应为 125 μm,其允许偏差为 -25 μm。每遍涂层干漆膜厚度的允许偏差为 -5 μm,此项为强制项目。

检查数量:按构件数抽查10%,且同类构件不应少于3件。

检验方法:用干漆膜测厚仪检查。每个构件检测5处,每处的数值为3个相距50 mm测点涂层干漆膜厚度的平均值。

2. 一般项目

(1)构件表面不应误涂、漏涂,涂层不应脱皮和返锈等。涂层应均匀,无明显皱皮、流坠、针眼和气泡等。

检查数量:全数检查。

检验方法:观察。

(2)当钢结构处在有腐蚀性介质的环境下或外露且设计有要求时,应进行涂层附着力测试。在检测范围内,当涂层完整程度达到70%以上时,涂层附着力应达到合格质量标准的要求。

检查数量:按构件数抽查1%,且不应少于3件,每件测3处。

检验方法:按照现行国家标准《漆膜附着力测定法》(GB 1720)或《色漆和清漆 漆膜的划格试验》(GB 9286)执行。

(3)涂装完成后,构件的标志、标记和编号应清晰完整。

检查数量:全数检查。

检验方法:观察。

二、钢结构防火涂料涂装

人们采用对钢结构进行防火保护来提高它的耐火极限,最常用的方法就是在其表面涂装钢结构防火涂料。钢结构防火涂料按使用场所可分为室内钢结构防火涂料和室外钢结构防火涂料,前者用于建筑物室内或隐蔽工程的钢结构表面,后者用于建筑物室外或露天工程的钢结构表面。按使用厚度可分为:超薄型钢结构防火涂料(涂层厚度≤3 mm),装饰效果较好,高温时能膨胀发泡,耐火极限一般在2 h以内;薄型钢结构防火涂料(涂层厚度>3 mm且≤7 mm),有一定装饰效果,高温时膨胀增厚,耐火极限在2 h以内;厚型钢结构防火涂料(涂层厚度>7 mm且≤45 mm),呈粒状面,密度较小,热导率低,耐火极限在2 h以上。

对于室内裸露钢结构、轻型屋盖钢结构及有装饰要求的钢结构,当规定其耐火极限在1.5 h及以下时,宜选用薄型钢结构防火涂料;对于室内隐蔽钢结构、高层全钢结构及多层厂房钢结构,当规定其耐火极限在1.5 h以上时,应选用厚型钢结构防火涂料;对于露天钢结构,应选用适合室外用的钢结构防火涂料。用于保护钢结构的防火涂料应不含石棉,不用苯类溶剂,在施工干燥后应没有刺激性气味;不腐蚀钢材,在预定的使用期内须保持其性能。

(一)主控项目

(1)防火涂料涂装前钢材表面除锈及防锈底漆涂装应符合设计要求和国家现行有关标准的规定。

检查数量:按构件数抽查10%,且同类构件不应少于3件。

检验方法:表面除锈用铲刀检查和用现行国家标准《涂装前钢材表面锈蚀等级和除锈等级》(GB 8923)规定的图片对照观察。底漆涂装用干漆膜测厚仪检查,每个构件检测5处,每处的数值为3个相距50 mm测点涂层干漆膜厚度的平均值。

(2)钢结构防火涂料的黏结强度、抗压强度应符合国家现行标准《钢结构防火涂料应用技术规范》(CECS 24:90)的规定。检验方法应符合现行国家标准《建筑构件防火喷涂材料性能试验方法》(GB 9978)的规定。

检查数量:每使用 100 t 或不足 100 t 薄涂型防火涂料应抽检一次黏结强度;每使用 500 t 或不足 500 t 厚涂型防火涂料应抽检一次黏结强度和抗压强度。

检验方法:检查复检报告。

(3)薄涂型防火涂料涂层的厚度应符合有关耐火极限的设计要求。厚涂型防火涂料涂层的厚度,80% 及以上面积应符合有关耐火极限的设计要求,且最薄处厚度不应低于设计要求的 85%,此项为强制项目。

检查数量:按同类构件数抽查 10%,且均不应少于 3 件。

检验方法:用涂层厚度测量仪、测针和钢尺检查。测量方法应符合国家现行标准《钢结构防火涂料应用技术规范》(CECS 24:90)及规范 GB 50205—2001 附录 F 的规定。

(4)薄涂型防火涂料涂层表面裂纹宽度不应大于 0.5 mm;厚涂型防火涂料涂层表面裂纹宽度不应大于 1 mm。

检查数量:按同类构件数量抽查 10%,且均不应少于 3 件。

检验方法:观察和尺量检查。

(二)一般项目

(1)防火涂料涂装基层不应有油污、灰尘和泥沙等污垢。

检查数量:全数检查。

检验方法:观察。

(2)防火涂料不应有误涂、漏涂,涂层应闭合,无脱层、空鼓、明显凹陷、粉化松散和浮浆等外观缺陷,乳突已剔除。

检查数量:全数检查。

检验方法:观察。

第八节　分部(子分部)工程质量验收

钢结构作为主体结构之一应按子分部工程竣工验收,当主体结构均为钢结构时应按分部工程竣工验收。大型钢结构工程可划分成若干个子分部工程进行竣工验收。钢结构分部工程有关安全及功能的检验和见证检测项目见规范 GB 50205—2001 附录 G,检验应在其分项工程验收合格后进行。钢结构分部工程有关观感质量检验应按规范 GB 50205—2001 附录 H 执行。

钢结构分部工程合格质量标准应符合下列规定:

(1)各分项工程质量均应符合合格质量标准;

(2)质量控制资料和文件应完整;

(3)有关安全及功能的检验和见证检测结果应符合规范 GB 50205—2001 相应合格质量标准的要求;

(4)有关观感质量应符合规范 GB 50205—2001 相应合格质量标准的要求。

钢结构分部工程竣工验收时,应提供下列文件和记录:

(1)钢结构工程竣工图纸及相关设计文件；

(2)施工现场质量管理检查记录；

(3)有关安全及功能的检验和见证检测项目检查记录；

(4)有关观感质量检验项目检查记录；

(5)分部工程所含各分项工程质量验收记录；

(6)分项工程所含各检验批质量验收记录；

(7)强制性条文检验项目检查记录及证明文件；

(8)隐蔽工程检验项目检查验收记录；

(9)原材料、成品质量合格证明文件、中文标志及性能检测报告；

(10)不合格项的处理记录及验收记录；

(11)重大质量、技术问题实施方案及验收记录；

(12)其他有关文件和记录。

钢结构工程质量验收记录应符合下列规定：

(1)施工现场质量管理检查记录可按现行国家标准《建筑工程施工质量验收统一标准》(GB 50300)中附录 A 进行；

(2)分项工程检验批验收记录可按规范 GB 50205—2001 中附录 J 进行；

(3)分项工程验收记录可按现行国家标准《建筑工程施工质量验收统一标准》(GB 50300)中附录 E 进行；

(4)分部(子分部)工程验收记录可按现行国家标准《建筑工程施工质量验收统一标准》(GB 50300)中附录 F 进行。

第六章　屋面工程

第一节　卷材防水屋面工程

一、屋面找平层

（一）基本规定

（1）适用于防水层基层采用水泥砂浆、细石混凝土或沥青砂浆的整体找平层。

卷材屋面防水层要求基层有较好的结构整体性和刚度，目前大多数建筑均以钢筋混凝土结构为主，故应采用水泥砂浆找平层、细石混凝土找平层或沥青砂浆找平层作为防水层的基层。

（2）找平层的厚度和技术要求应符合表 2-6-1 的规定。

表 2-6-1　找平层的厚度和技术要求

类别	基层种类	厚度（mm）	技术要求
水泥砂浆找平层	整体混凝土	15 ~ 20	1:2.5 ~ 1:3（水泥:砂）体积比，水泥强度等级不低于 32.5 级
	整体或板状材料保温	20 ~ 25	
	装配式混凝土板，松散材料保温	20 ~ 30	
细石混凝土找平层	松散材料保温	30 ~ 35	混凝土强度等级不低于 C20
沥青砂浆找平层	整体混凝土	15 ~ 20	1:8（沥青:砂），质量比
	装配式混凝土板，整体或板状材料保温	20 ~ 25	

（3）找平层的基层采用装配式钢筋混凝土板时，应符合下列规定：

①板端、侧缝应用细石混凝土灌缝，其强度等级不应低于 C20；

②板缝宽大于 40 mm 或上窄下宽时，板缝内应设置构造钢筋；

③板端缝应进行密封处理。

当板缝过宽或上窄下宽时，灌缝的混凝土干缩受振动后容易掉落，故需在缝内配筋。板端缝处是变形最大的部位，板在长期荷载下的挠曲变形会导致板与板间的接头缝隙增大，故强调此处必须进行密封处理。

（4）找平层的排水坡度应符合设计要求。平屋面采用结构找坡不应小于 3%，采用材料找坡宜为 2%；天沟、檐沟纵向找坡不应小于 1%，沟底的落差不得超过 200 mm。

屋面防水应以防为主，以排为辅。在完善设防的基础上，应将水迅速排走，以减少渗水的机会，所以正确的排水坡度很重要。平屋面在建筑功能许可情况下应尽量做成结构找坡，坡度应尽量大些，坡度过小施工不易准确，所以规定不应小于 3%。材料找坡时，为了减轻屋面负荷，坡度规定宜为2%。天沟、檐沟的纵向坡度不能过小，否则施工时找坡困难而造成积水，防水层长期被水浸泡会加速损坏。沟底的落差不得超过200 mm，即水落口离天沟分水线不得超过20 m。

(5)基层与突出屋面结构（女儿墙、山墙、天窗壁、变形缝、烟囱等）的交接处和基层的转角处，找平层均应做成圆弧形，圆弧半径应符合表2-6-2的要求。内部排水的水落口周围，找平层应做成略低的凹坑。

表2-6-2　转角处圆弧半径

卷材种类	圆弧半径（mm）
沥青防水卷材	100～150
高聚物改性沥青防水卷材	50
合成高分子防水卷材	20

基层与突出屋面结构的交接处以及基层的转角处是防水层应力集中的部位，转角处圆弧半径的大小会影响卷材的粘贴；沥青卷材防水层的转角处圆弧半径仍沿用过去传统的做法，而高聚物改性沥青防水卷材和合成高分子防水卷材柔性好且薄，因此防水层的转角处圆弧半径可以减小。

(6)找平层宜设分格缝，并嵌填密封材料。分格缝应留设在板端缝处，其纵横缝的最大间距：水泥砂浆或细石混凝土找平层，不宜大于6 m；沥青砂浆找平层，不宜大于4 m。

由于找平层收缩和温差的影响，水泥砂浆或细石混凝土找平层应预先留设分格缝，使裂缝集中于分格缝中，减小找平层大面积开裂的可能；沥青砂浆在低温时收缩更大，所以间距较水泥砂浆或细石混凝土找平层分格缝小。同时，为了变形集中，分格缝应留在结构变形最易发生负弯矩的板端处。

(二)主控项目

(1)找平层的材料质量及配合比，必须符合设计要求。

(2)屋面（含天沟、檐沟）找平层的排水坡度，必须符合设计要求。

检验方法：用水平仪（水平尺）、拉线和尺量检查。

屋面找平层是铺设卷材、涂膜防水层的基层。在实践中，平屋面（坡度3%～5%）、天沟、檐沟由于排水坡度过小或找坡不正确常会造成屋面排水不畅或积水现象。基层找坡正确，能将屋面上的雨水迅速排走，延长了防水层的使用寿命。

(三)一般项目

(1)基层与突出屋面结构的交接处和基层的转角处，均应做成圆弧形，且整齐平顺。

检验方法：观察和尺量检查。

(2)水泥砂浆、细石混凝土找平层应平整、压光，不得有酥松、起砂、起皮现象；沥青砂浆找平层不得有拌和不匀、蜂窝现象。

检验方法：观察。

目前，一些施工单位对找平层质量不够重视，致使水泥砂浆、细石混凝土找平层的表面有酥松、起砂、起皮和裂缝现象，直接影响防水层和基层的粘贴质量或导致防水层开裂。

对找平层的质量要求，除排水坡度满足设计要求外，还规定找平层要在收水后二次压光,使表面坚固、平整;水泥砂浆终凝后,应采取浇水、覆盖浇水、喷养护剂、涂刷冷底子油等手段充分养护,保护砂浆中的水泥充分水化,以确保找平层质量。

沥青砂浆找平层,除强调配合比准确外,施工中应注意拌和均匀和表面密实。找平层表面不密实会产生蜂窝现象,使卷材胶结材料或涂膜的厚度不均匀,直接影响防水层的质量。

(3)找平层分格缝的位置和间距应符合设计要求。

检验方法:观察和尺量检查。

经调查分析,卷材、涂膜防水层的不规则拉裂是找平层的开裂造成的,而水泥砂浆找平层的开裂又是难以避免的。找平层合理分格后,可将变形集中到分格缝处。规范规定找平层分格缝应设在板端缝处,其纵横缝的最大间距:水泥砂浆或细石混凝土找平层,不宜大于6 m;沥青砂浆找平层,不宜大于4 m。因此,找平层分格缝的位置和间距应符合设计要求。

(4)找平层表面平整度的允许偏差为5 mm。

检验方法:用2 m靠尺和楔形塞尺检查。

二、屋面保温层

(一)基本规定

(1)适用于松散、板状材料或整体现浇(喷)保温层。

(2)保温层应干燥,封闭式保温层的含水率应相当于该材料在当地自然风干状态下的平衡含水率。

保温材料受潮后,其孔隙中存在水蒸气和水,而水的热导率($\lambda=0.5$)比静态空气的热导率($\lambda=0.02$)要大20多倍,因此材料的热导率也必然增大。若材料孔隙中的水分受冻成冰,冰的热导率($\lambda=2.0$)相当于水的热导率的4倍,则材料的热导率更大。试验研究表明,当材料的含水率增加1%时,其热导率相应能够增大5%左右,而当材料的含水率从干燥状态(含水率$\omega=0$)增加到20%时,其热导率则几乎增大一倍。还需特别指出的是,材料在干燥状态下,其热导率是随温度的降低而减小的;而材料在潮湿状态下,当温度降到0 ℃以下时,其中的水分凝结成冰,则材料的热导率必然增大。

含水率对热导率的影响颇大,特别是负温度下热导率增大更快,为保证建筑物的保温效果,就有必要规定保温层含水率限值。保温材料在自然环境下,因空气的湿度而具有一定的含水率。由于每一个地区的环境湿度不同,定出一个统一含水率标准是不可能的,因此只要将自然干燥不浸水的保温材料用于保温层就可以了。

(3)屋面保温层干燥有困难时,应采取排气措施。

当屋面保温层(指正置式或封闭式)含水率过大且不易干燥时,则应该采取措施进行排气。排气目的是避免:①因为保温材料含水率过大,保温性能降低,达不到设计要求;②当气温升高,水分蒸发,产生气体膨胀后使防水层鼓泡而破坏。

(4)倒置式屋面应采用吸水率小、长期浸水不腐烂的保温材料。保温层上应用混凝土等块材、水泥砂浆或卵石做保护层;卵石保护层与保温层之间,应干铺一层无纺聚酯纤维布作隔离层。

倒置式屋面是将保温层置于防水层的上面,保温层的材料必须是低吸水率的材料和长期浸水不腐烂的材料。目前,符合上述要求的有闭孔泡沫玻璃、聚苯(即聚苯乙烯)泡沫板、硬质聚氨酯泡沫板几种保温材料。

倒置式屋面保温层直接暴露在大气中,为了防止紫外线的直接照射和人为的损害,以及防止保温层泡水后上浮,在保温层上应采用混凝土块、水泥砂浆或卵石做保护层。

(5)松散材料保温层施工应符合下列规定:

①铺设松散材料保温层的基层应平整、干燥和干净;

②保温层含水率应符合设计要求;

③松散保温材料应分层铺设并压实,压实的程度与厚度应经试验确定;

④保温层施工完成后,应及时进行找平层和防水层的施工,雨季施工时,保温层应采取遮盖措施。

(6)板状材料保温层施工应符合下列规定:

①板状材料保温层的基层应平整、干燥和干净;

②板状保温材料应紧靠在需保温的基层表面上,并应铺平垫稳;

③分层铺设的板块上下层接缝应相互错开,板间缝隙应采用同类材料嵌填密实;

④粘贴的板状保温材料应贴严、粘牢。

板状保温材料也要求基层干燥,铺时要求基层平整,铺板要平,缝隙要严,避免产生冷桥。

(7)整体保温层施工应符合下列规定:

①保温层的基层应平整、干净、干燥。

②水泥膨胀珍珠岩、沥青膨胀珍珠岩、膨胀蛭石应采用人工搅拌,避免颗粒破碎。以水泥为胶结料时,应将水泥制成水泥浆后,边拨边拌均匀。

③以热沥青作胶结料时,沥青加热温度介于190~240 ℃,膨胀珍珠岩、膨胀蛭石的预热温度宜为100~120 ℃,拌和以色泽均匀一致、无沥青团为宜。

④水泥膨胀珍珠岩、沥青膨胀珍珠岩、膨胀蛭石整体保温层,应拍实抹平至设计厚度,虚铺厚度和压实厚度应根据试验确定。保温层铺设后应立即进行找平层施工。

整体保温层目前有水泥膨胀珍珠岩、沥青膨胀珍珠岩、膨胀蛭石及硬泡聚氨酯等。现浇水泥膨胀珍珠岩、水泥膨胀蛭石无憎水性能,含水率很大,施工后水分很难蒸发,应做排汽屋面,水分排出过程很长,保温效果大大降低。而硬泡聚氨酯施工时的平整度很难保证,施工工艺较复杂,性能虽优,全面推广却有困难。

(二)主控项目

(1)保温材料的堆积密度或表观密度、热导率以及板材的强度、吸水率,必须符合设计要求。

检验方法:检查出厂合格证、质量检验报告和现场抽样复验报告。

(2)保温层的含水率必须符合设计要求。

检验方法:检查现场抽样检验报告。

(三)一般项目

(1)保温层的铺设应符合下列要求:

①松散保温材料:分层铺设,压实适当,表面平整,找坡正确;

②板状保温材料:紧贴(靠)基层,铺平垫稳,拼缝严密,找坡正确;

③整体现浇保温层:拌和均匀,分层铺设,压实适当,表面平整,找坡正确。

检验方法:观察。

(2)保温层厚度的允许偏差:松散保温材料和整体现浇保温层为 +10%,-5%;板状保温材料为 ±5%,且不得大于 4 mm。

检验方法:用钢针插入和尺量检查。

(3)当倒置式屋面保护层采用卵石铺压时,卵石应分布均匀,卵石的质量应符合设计要求。

检验方法:观察和按堆积密度计算其质(重)量。

三、卷材防水层

(一)基本规定

(1)适用于防水等级为Ⅰ~Ⅳ级的屋面防水。

屋面防水多道设防时,可采取同种卷材叠层或不同卷材和涂膜复合以及刚性防水和卷材复合等措施。采取复合措施虽给施工和采购带来不便,但对材性互补、保证防水可靠性是有利的,应予提倡。

(2)卷材防水层应采用高聚物改性沥青防水卷材、合成高分子防水卷材或沥青防水卷材。所选用的基层处理剂、接缝胶粘剂、密封材料等配套材料应与铺贴的卷材材性相容。

如今卷材品种繁多、材性各异,所以规定选用的基层处理剂、接缝胶粘剂、密封材料等应与铺贴的卷材材性相容,使之粘接良好、封闭严密,不发生腐蚀等侵害。

(3)在坡度大于 25% 的屋面上采用卷材作防水层时,应采取固定措施。固定点应密封严密。卷材屋面坡度超过 25% 时,常发生下滑现象,故应采取防止下滑措施。防止卷材下滑的措施除采用满粘法外,目前还有钉压固定等方法,固定点亦应封闭严密。

(4)铺设屋面隔汽层和防水层前,基层必须干净、干燥。

干燥程度的简易检验方法是将 1 m^2 卷材平坦地干铺在找平层上,静置 3~4 h 后掀开检查,找平层覆盖部位与卷材上未见水印即可铺设。

为使卷材防水层与基层粘接良好,避免卷材防水层发生鼓泡现象,基层必须干净、干燥。由于我国地域广阔,气候差异甚大,不可能制定统一的含水率限制值。而铺贴卷材的基层含水率与当地的相对湿度有关,应采用相当于当地湿度的平衡含水率。目前许多企业和地方标准中规定含水率为 8%~15%,如定得过小干燥有困难,过大则保证不了质量。

(5)卷材铺贴方向应符合下列规定:

①屋面坡度小于 3% 时,卷材宜平行于屋脊铺贴;

②屋面坡度为 3%~15% 时,卷材可平行或垂直于屋脊铺贴;

③屋面坡度大于 15% 或屋面受震动时,沥青防水卷材应垂直于屋脊铺贴,高聚物改性沥青防水卷材和合成高分子防水卷材可平行或垂直于屋脊铺贴。

卷材铺贴方向主要是针对沥青防水卷材规定的。考虑到沥青软化点较低,防水层较厚,屋面坡度较大时须垂直于屋脊方向铺贴,以免发生流淌。高聚物改性沥青防水卷材和合成高分子防水卷材耐温性好,厚度较薄,不存在流淌问题,故对铺贴方向不予限制。

(6)卷材厚度选用应符合表 2-6-3 的规定。

表 2-6-3 中卷材厚度数据是按照我国现实水平和参考国外的资料确定的。卷材的厚度在防水层的施工、使用过程中,以及对保证屋面防水工程质量起关键作用;同时还应考虑到人们的踩踏、机具的压轧、穿刺、自然老化等,均要求卷材有足够厚度。

表 2-6-3　卷材厚度选用　（单位:mm）

屋面防水等级	设防道数	合成高分子防水卷材厚度	高聚物改性沥青防水卷材厚度	沥青防水卷材厚度
Ⅰ	三道或三道以上	不应小于 1.5	不应小于 3	—
Ⅱ	二道	不应小于 1.2	不应小于 3	—
Ⅲ	一道	不应小于 1.2	不应小于 3	三毡四油
Ⅳ	一道	—	—	二毡三油

（7）铺贴卷材采用搭接法时，上下层及相邻两幅卷材的搭接缝应错开。各种卷材搭接宽度应符合表 2-6-4 的要求。

表 2-6-4　卷材搭接宽度　（单位:mm）

卷材种类		短边搭接		长边搭接	
		满粘法	空铺、点粘、条粘	满粘法	空铺、点粘、条粘
沥青防水卷材		100	150	70	100
高聚物改性沥青防水卷材		80	100	80	100
合成高分子防水卷材	胶粘剂	80	100	80	100
	胶粘带	50	60	50	60
	单焊缝	60，有效焊接宽度不小于 25			
	双焊缝	80，有效焊接宽度不小于 10×2＋空腔宽			

（8）冷粘法铺贴卷材应符合下列规定：

①胶粘剂涂刷应均匀，不露底，不堆积；

②根据胶粘剂的性能，应控制胶粘剂涂刷与卷材铺贴的间隔时间；

③铺贴的卷材下面的空气应排尽，并辊压粘接牢固；

④铺贴卷材应平整顺直，搭接尺寸准确，不得扭曲、皱折；

⑤接缝口应用密封材料封严，宽度不应小于 10 mm。

采用冷粘法铺贴卷材时，胶粘剂的涂刷质量对保证卷材防水施工质量关系极大，涂刷不均匀、有堆积或漏涂现象，不但影响卷材的粘接力，还会造成材料浪费。

根据胶粘剂的性能和施工环境要求不同，有的可以在涂刷后立即粘贴，有的要待干后粘贴，间隔时间还和气温、湿度、风力等因素有关。因此，要求控制好间隔时间。

影响卷材防水搭接的粘接质量的关键是搭接宽度和粘接密封性能。搭接缝平直、不扭曲，才能保证搭接宽度；涂满胶粘剂后粘接牢固并有胶粘剂溢出，才能证明粘接密封性能良好。为保证搭接尺寸，一般在已铺卷材上以规定搭接宽度弹出粉线作为标准。卷材铺贴后，要求接缝口用宽 10 mm 的密封材料封严，以提高防水层的密封抗渗性能。

（9）热熔法铺贴卷材应符合下列规定：

①火焰加热器加热卷材应均匀，不得过分加热或烧穿卷材；

②卷材表面热熔后应立即滚铺卷材，卷材下面的空气应排尽，并辊压粘接牢固，不得空

鼓；

③卷材接缝部位必须溢出热熔的改性沥青胶；

④铺贴的卷材应平整顺直，搭接尺寸准确，不得扭曲、皱折。

(10) 自粘法铺贴卷材应符合下列规定：

①铺贴卷材前基层表面应均匀涂刷基层处理剂，干燥后应及时铺贴卷材；

②铺贴卷材时，应将自粘胶底面的隔离纸全部撕净；

③卷材下面的空气应排尽，并辊压粘接牢固；

④铺贴的卷材应平整顺直，搭接尺寸准确，不得扭曲、皱折，搭接部位宜采用热风加热，随即粘贴牢固；

⑤接缝口应用密封材料封严，宽度不应小于 10 mm。

上述规定了自粘法铺贴卷材的施工要点。首先将隔离纸撕净，否则不能实现完全粘贴。为了提高卷材与基层的粘接性能，基层应涂刷处理剂，并及时铺贴卷材。为保证接缝粘接性能，搭接部位提倡采用热风加热，尤其是在温度较低时施工这一措施就更为必要。

采用这种铺贴工艺，考虑到施工的可靠度、防水层的收缩，以及外力使缝口翘边开缝的可能，要求接缝口用密封材料封严，以提高其密封抗渗的性能。

在铺贴立面或大坡面卷材时，立面和大坡面处卷材容易下滑，可采用加热方法使自粘卷材与基层粘接牢固，必要时还应采取钉压固定等措施。

(11) 卷材热风焊接施工应符合下列规定：

①焊接前卷材的铺设应平整顺直，搭接尺寸准确，不得扭曲、皱折；

②卷材的焊接面应清扫干净，无水滴、油污及附着物；

③焊接时应先焊长边搭接缝，后焊短边搭接缝；

④控制热风加热温度和时间，焊接处不得有漏焊、跳焊、焊焦或焊接不牢现象；

⑤焊接时不得损害非焊接部位的卷材。

上述对热塑性卷材（如 PVC 卷材等）采用热风焊枪进行焊接的施工要点作出了规定。

为确保卷材接缝的焊接质量，要求焊接前卷材的铺设应正确，不得扭曲。

为使接缝焊接牢固、封闭严密，应将接缝表面的油污、尘土、水滴等附着物擦拭干净后，再进行焊接施工。同时，焊接速度与热风温度、操作人员的熟练程度关系极大，焊接施工时必须严格控制，决不能出现漏焊、跳焊、焊焦或焊接不牢等现象。

(12) 沥青玛𤧛脂的配制和使用应符合下列规定：

①配制沥青玛𤧛脂的配合比应视使用条件、坡度和当地历年极端最高气温，并根据所用的材料经试验确定；施工中应根据确定的配合比严格配料，每工作班应检查软化点和柔韧性。

②热沥青玛𤧛脂的加热不应高于 240 ℃，使用不应低于 190 ℃。

③冷沥青玛𤧛脂使用时应搅匀，稠度太大时可加少量溶剂稀释搅匀。

④沥青玛𤧛脂应涂刮均匀，不得过厚或堆积。

粘接层厚度：热沥青玛𤧛脂宜为 1 ~ 1.5 mm，冷沥青玛𤧛脂宜为 0.5 ~ 1 mm。

面层厚度：热沥青玛𤧛脂宜为 2 ~ 3 mm，冷沥青玛𤧛脂宜为 1 ~ 1.5 mm。

粘贴各层沥青防水卷材和粘接绿豆砂保护层采用沥青玛𤧛脂，其标号应根据屋面的使用条件、坡度和当地历年极端最高气温按表 2-6-5 选用。

沥青玛𤧛脂应根据所用的材料经计算和试验确定：

表 2-6-5　沥青玛琋脂标号选用

屋面坡度	历年极端最高气温(℃)	沥青玛琋脂标号
2% ~3%	<38	S-60
	38 ~41	S-65
	41 ~45	S-70
3% ~15%	<38	S-65
	38 ~41	S-70
	41 ~45	S-75
15% ~25%	<38	S-75
	38 ~41	S-80
	41 ~45	S-85

注:1. 卷材防水层上有块体保护层或整体刚性保护层时,沥青玛琋脂标号可按表 2-6-5 降低 5 号。

2. 屋面受其他热源影响(如高温车间等)或屋面坡度超过 25% 时,应将沥青玛琋脂的标号适当提高。

①配制沥青玛琋脂用的沥青,可采用 10 号、30 号的建筑石油沥青和 60 号甲、60 号乙的道路石油沥青或其熔合物。

②选择沥青玛琋脂的配合成分时,应先选配具有所需软化点的一种沥青或两种沥青的熔合物。

③在配制沥青玛琋脂的石油沥青中,可掺入 10% ~25% 的粉状填充料或掺入 5% ~10% 的纤维填充料。填充料宜采用滑石粉、板岩粉、云母粉、石棉粉。填充料的含水率不宜大于 3%。粉状填充料应全部通过 0.21 mm(900 孔/cm^2)孔径的筛子,其中大于 0.085 mm(4 900 孔/cm^2)的颗粒不超过 15%。

沥青玛琋脂的质量要求应符合表 2-6-6 的规定。

表 2-6-6　沥青玛琋脂的质量要求

指标	S-60	S-65	S-70	S-75	S-80	S-85
耐热度	用 2 mm 厚的沥青玛琋脂粘合两张沥青油纸,在不低于下列温度(℃)中,在 1∶1 坡度上停放 5 h 后,沥青玛琋脂不应流淌,油纸不应滑动					
	60	65	70	75	80	85
柔韧性	涂在沥青油纸上的 2 mm 厚的沥青玛琋脂层,在(18 ±2) ℃时围绕下列直径(mm)的圆棒,用 2 s 的时间以均衡速度弯成半周,沥青玛琋脂不应有裂纹					
	10	15	15	20	25	30
粘接力	用手将两张粘贴在一起的油纸慢慢地一次撕开,从油纸和沥青玛琋脂粘贴面的任何一面的撕开部分,应不大于面积的 1/2					

为确保沥青卷材防水层的质量,所选用的沥青玛琋脂应按配合比严格配料,每个工作班均应检查软化点和柔韧性。至于玛琋脂耐热度和相对应的软化点关系数据,应由试验部门根据原材料试配后确定。热沥青玛琋脂的加热温度不得超过 240 ℃,否则会因油分挥发而加速玛琋脂的老化,影响玛琋脂的粘接性能;热沥青玛琋脂的使用温度也不得低于 190 ℃,

否则会因黏度增加而不便于涂刷均匀,影响玛琋脂对卷材的粘接性。同时,规定了冷、热沥青玛琋脂粘接层和面层的厚度,并要求涂刷均匀,不得过厚或堆积,以确保沥青卷材防水层的质量。

(13)天沟、檐口、泛水和立面卷材的收头端部处理十分重要,如果处理不当容易存在渗漏隐患。为此,必须把卷材收头的端部裁齐,塞入预留凹槽内,采用粘接或压条(垫片)钉压固定,最大钉距不应大于900 mm,凹槽内应用密封材料封严。

(14)卷材防水层完工并经验收合格后,应做好成品保护。保护层的施工应符合下列规定:

①绿豆砂应清洁、预热、铺撒均匀,并使其与沥青玛琋脂粘接,不得残留未粘接的绿豆砂;

②云母或蛭石保护层不得有粉料,撒铺应均匀,不得露底,多余的云母或蛭石应清除;

③水泥砂浆保护层的表面应抹平压光,并设表面分格缝,分格面积宜为1 m^2;

④块体材料保护层应留设分格缝,分格面积不宜大于100 m^2,分格缝宽度不宜小于20 mm;

⑤细石混凝土保护层,混凝土应密实,表面抹平压光,并留设分格缝,分格面积不大于36 m^2;

⑥浅色涂料保护层应与卷材粘接牢固,厚薄均匀,不得漏涂;

⑦水泥砂浆、块材或细石混凝土保护层与防水层之间应设置隔离层;

⑧刚性保护层与女儿墙、山墙之间应预留宽度大于30 mm的缝隙,并用密封材料嵌填严密。

为防止紫外光线对卷材防水层的直接照射并延长其使用年限,规定卷材防水层应做保护层,并根据保护层所采用材料的不同有不同的要求。

用绿豆砂做保护层,是传统的做法。据全国调查,许多工程因未能认真按规范施工而不能确保防水工程质量。绿豆砂保护层应铺撒均匀、粘接牢固,才能真正起到保护层的作用。

近年来出现了冷玛琋脂,这种胶结材料适用于以云母或蛭石做的保护层,根据调研,效果可靠、工艺可行,故将其列入规范。

水泥砂浆保护层由于水泥砂浆自身的干缩或温度变化影响,往往产生严重龟裂,且裂缝宽度较大,以致造成碎裂、脱落。根据工程实践经验,在水泥砂浆保护层上划分表面分格缝,将裂缝均匀分布在分格缝内,避免了大面积表面龟裂,故在规范中列入了这一项行之有效的规定。

用块体材料做保护层时,在调研中发现往往因温度升高、膨胀致使块体隆起。因此,规范作出对块体材料保护层应留设分格缝的规定。

对现浇细石混凝土保护层分格面积作出了下列明确的规定:因分格缝过密会给施工带来困难,也不容易确保质量,故根据国内一些单位的实践经验,将分格面积定为36 m^2 是合适的。

浅色涂料保护层要求将卷材表面清理干净,均匀涂刷保护涂料,确保涂层的质量要求。

根据历次对屋面工程的调查,发现许多工程的水泥砂浆、块材、细石混凝土等刚性保护层与女儿墙间均未留空隙。在高温季节,刚性保护层热胀顶推女儿墙,有的还将女儿墙推裂造成渗漏;而在刚性保护层与女儿墙间留出空隙的屋面,均未见有推裂女儿墙的现象。因此,规定刚性保护层与女儿墙之间应预留 30 mm 以上空隙,并用密封材料封闭严密。另外,还要求在刚性保护层与柔性防水层之间设置隔离层,以保证刚性保护层胀缩变形时不致损坏防水层。

(二)主控项目

(1)卷材防水层所用卷材及其配套材料,必须符合设计要求。

检验方法:检查出厂合格证、质量检验报告和现场抽样复验报告。

沥青防水卷材是我国传统防水材料,已制定了较完整的技术标准,产品质量应符合现行国家标准《石油沥青纸胎油毡》(GB 326)的要求。

国内新型防水材料发展很快。近年来,我国普遍应用并获得较好效果的是高聚物改性沥青防水卷材,其产品质量应符合现行国家标准《弹性体改性沥青防水卷材》(GB 18242)、《塑性体改性沥青防水卷材》(GB 18243)和《改性沥青聚乙烯胎防水卷材》(GB 18967)的要求。目前,国内合成高分子防水卷材主要有三元乙丙、氯化聚乙烯橡胶共混、聚氯乙烯、氯化聚乙烯和纤维增强氯化聚乙烯等产品,这些材料在国内使用也比较多,而且比较成熟。产品质量应符合现行国家标准《高分子防水材料 第一部分:片材》(GB 18173. 1—2006)的要求。

对卷材的胶粘剂提出下列基本质量要求:合成高分子胶粘剂浸水保持率是一项重要性能指标,为保证屋面整体防水性能,规定浸水 168 h 后胶粘剂剥离强度保持不应低于 70%。

(2)卷材防水层不得有渗漏或积水现象。

检验方法:雨后或淋水、蓄水检验。

防水是屋面的主要功能之一,若卷材防水层出现渗漏或积水现象,将是最大的弊病。检验屋面有无渗漏和积水、排水系统是否畅通,可在雨后或持续淋水 2 h 以后进行。有可能做蓄水检验的屋面,其蓄水时间不应少于 24 h。

(3)卷材防水层在天沟、檐沟、檐口、水落口、泛水、变形缝和伸出屋面管道的防水构造,必须符合设计要求。

检验方法:检查隐蔽工程验收记录。

天沟、檐沟、檐口、水落口、泛水、变形缝和伸出屋面管道等处,是当前屋面防水工程渗漏最严重的部位。因此,卷材屋面的防水构造设计应符合下列规定:

①应根据屋面的结构变形、温差变形、干缩变形和震动等因素,使节点设防能够满足基层变形的需要;

②应采用柔性密封、防排结合、材料防水与构造防水相结合的做法;

③应采用防水卷材、防水涂料、密封材料和刚性防水材料等材性互补并用的多道设防(包括设置附加层)。

(三)一般项目

(1)卷材防水层的搭接缝应粘(焊)接牢固,密封严密,不得有皱折、翘边和鼓泡等缺陷;防水层的收头应与基层粘接并固定牢固,缝口封严,不得翘边。

检验方法:观察。

调查发现,天沟、檐沟与屋面交接处常发生裂缝,在这个部位应增铺卷材或防水涂膜附加层。由于卷材铺贴较厚,檐沟卷材收头又在沟帮顶部,若不采取固定措施就会出现因卷材的弹性而发生的翘边胶落现象。

卷材在泛水处理上应采用满粘,以免防水立面卷材下滑。收头密封形式还应根据墙体材料及泛水高度确定如下：

①女儿墙较低，卷材铺到压顶下，上用金属或钢筋混凝土等盖压。

②墙体为砖砌时，应预留凹槽将卷材收头压实，用压条钉压，密封材料封严，抹水泥砂浆或聚合物砂浆保护。凹槽距屋面找平层高度不应小于250 mm。

③墙体为混凝土时，卷材的收头可采用金属压条钉压，并用密封材料封固。

(2)卷材防水层上的撒铺材料和浅色涂料保护层应铺撒或涂刷均匀，粘接牢固；水泥砂浆、块材或细石混凝土保护层与卷材防水层间应设置隔离层；刚性保护层的分格缝留置应符合设计要求。

检验方法：观察。

(3)排汽屋面的排汽道应纵横贯通，不得堵塞。排汽管应安装牢固，位置正确，封闭严密。

检验方法：观察。

排汽屋面的排汽道应纵横贯通，不得堵塞，并与大气排汽出口相通。找平层设置分格缝可兼作排汽道，排汽道间距宜为6 m，纵横设置。屋面面积每36 m^2 宜设一个排汽出口。

排汽出口应埋设排汽管，排汽管应设置在结构层上，穿过保温层的管壁应设排汽孔，以保证排汽道的畅通。排汽出口亦可设在檐口下或屋面排汽道交叉处。排汽管的安装必须牢固、封闭严密，否则会使排汽管变成进水孔，造成屋面漏水。

(4)卷材的铺贴方向应正确，卷材搭接宽度的允许偏差为 -10 mm。

检验方法：观察和尺量检查。

为保证卷材铺贴质量，规定卷材搭接宽度的允许偏差为 -10 mm，不考虑正偏差。通常卷材铺贴前施工单位应根据卷材搭接宽度和允许偏差，在现场弹出尺寸粉线作为标准去控制施工质量。

第二节　涂膜防水屋面工程

涂膜防水屋面是由各类防水涂料经重复多遍地涂刷在找平层上，静置固化后，形成无接缝，整体性好的多层涂膜作屋面防水层。主要适用于屋面多道防水的一道，少量用于防水等级为Ⅲ级、Ⅳ级的屋面防水，这是由涂膜的强度、耐穿刺性能比卷材低所决定的。

防水涂膜找平层工程与保温层工程应符合本章第一节的规定。本节只对涂膜防水层工程进行阐述。

一、涂膜防水屋面工程施工质量控制

（一）基本规定

(1)防水涂料应采用高聚物改性沥青防水涂料、合成高分子防水涂料。

(2)涂料厚度选用应符合表2-6-7的规定。

(3)屋面基层的干燥程度应视所用涂料特性确定。当采用溶剂涂料时，屋面基层应干燥。

(4)多组分涂料按配合比准确计量，搅拌均匀，并应根据有效时间确定使用量。

(5)天沟、檐沟、泛水和立面涂膜防水层的收头，应用防水涂料多遍涂刷或用密封材料

封严。

(6)涂膜防水层完工并经验收合格后,应做好成品保护。

表 2-6-7　涂膜厚度选用

(单位:mm)

屋面防水等级	设防道数	高聚物改性沥青防水涂料厚度	合成高分子防水涂料厚度
Ⅰ	三道或三道以上	—	不应小于 1.5
Ⅱ	二道	不应小于 3	不应小于 1.5
Ⅲ	一道	不应小于 3	不应小于 2
Ⅳ	一道	不应小于 2	—

(二)防水涂膜施工

(1)涂膜应根据防水涂料的品种分层分遍涂布,不得一次涂成。

(2)应待先涂的涂层干燥成膜后,方可涂后一遍涂料。

(3)需铺设胎体增强材料时,屋面坡度小于 15% 时可平行于屋脊铺设,屋面坡度大于 15% 时应垂直于屋脊铺设。

(4)胎体长边搭接宽度不应小于 50 mm,短边搭接宽度不应小于 70 mm。

(5)采用二层胎体增强材料时,上下层不得相互垂直铺设,搭接缝应错开,其间距不应小于幅宽的 1/3。

(三)涂膜防水工程施工要求

(1)防水工程完工后不得有渗漏和积水现象。

(2)工程所用材料必须符合国家有关质量标准和设计要求,并按规定抽样复验合格。

(3)节点、构造细部等处做法应符合设计要求,封固严密,不得开缝翘边,密封材料必须与基层黏结牢固,密封部位应平直、光滑,无气泡、龟裂、空鼓、起壳、塌陷,尺寸符合设计要求;底部放置背衬材料但不与密封材料黏结;保护层应覆盖严密。

(4)涂膜防水层表面平整、均匀,不应有裂纹、脱皮、流淌、鼓泡、露胎体、皱折等现象,涂膜厚度应符合设计要求。

(5)涂膜表面上的松散材料保护层、涂料保护层或泡沫塑料保护层等,应覆盖均匀,黏结牢固。

(6)在屋面涂膜防水工程中的架空隔热层、保温层、蓄水屋面的种植面等,应符合设计要求和有关技术规范规定。

二、质量检查与验收

(一)主控项目

(1)防水涂料和胎体增强材料必须符合设计要求。

检验方法:检查出厂合格证、质量检验报告和现场抽样复验报告。

(2)涂膜防水层不得有渗漏或积水现象。

检验方法:雨后或淋水、蓄水检验。

(3)涂膜防水层在天沟、檐沟、檐口、水落口、泛水、变形缝和伸出屋面管道等处的防水构造,必须符合设计要求。

检验方法:观察和检查隐蔽工程验收记录。

(二)一般项目

(1)涂膜防水层的平均厚度应符合设计要求,最小厚度应不小于设计厚度的80%。

检验方法:针测法或取样量测。

涂膜防水层合理使用年限长短的决定因素除防水涂料技术性能外,就是涂膜的厚度。规定涂膜的平均厚度应符合设计要求,最小厚度不应小于设计厚度的80%。涂膜防水层厚度也应包括胎体厚度。

(2)涂膜防水层与基层应黏结牢固,表面平整,涂刷均匀,无流淌、皱折、鼓泡、露胎体和翘边等缺陷。

检验方法:观察。

涂膜防水层应表面平整,涂刷均匀,成膜后若出现流淌、鼓泡、露胎体和翘边等缺陷,会降低防水工程质量而影响使用寿命。

关于涂膜防水层与基层黏结牢固的问题,考虑到防水涂料的黏结性是反映防水涂料性能优劣的一项重要指标,而且涂膜防水层施工时,基层可预见变形部位(如分格缝处)可采用空铺附加层,因此验收时规定涂膜防水层与基层应黏结牢固是合理的要求。

(3)涂膜防水层上的撒铺材料或浅色涂料保护层应铺撒或涂刷均匀,黏结牢固;水泥砂浆、块材或细石混凝土保护层与涂膜防水层间应设置隔离层;刚性保护层的分格缝留置应符合设计要求。

检验方法:观察。

防水层上设置保护层,可提高防水层的合理使用年限。如采用细砂等粉料作保护层,应在涂刮最后一遍涂料时边涂边撒铺,使细砂等粉料与防水层黏结牢固,并要求撒铺均匀,不得露底,以起到长期保护防水层的作用。与防水层黏结不牢的细砂等粉料,要待涂膜干燥后将多余的细砂等粉料及时清除掉,避免雨水冲刷将多余的细砂等粉料堆积到水落口处,堵塞水落口或使屋面局部积水而影响排水效果。

第三节　刚性防水屋面工程

刚性防水屋面实质上是刚性混凝土板块防水和柔性接缝防水材料复合的防水屋面。这种刚柔结合的防水屋面适应结构层的变化,它主要依靠混凝土自身的密实性或采用补偿收缩混凝土,并配合一定的结构措施来达到防水目的。由于刚性防水层对地基不均匀沉降、温度变化、结构振动等因素都非常敏感,所以刚性防水屋面适用于屋面结构刚度较大及地基地质条件较好的建筑。

一、细石混凝土防水层

(一)细石混凝土防水层施工质量控制

1.基本规定

(1)适用于防水等级为Ⅰ~Ⅲ级的屋面防水,不适用于设有松散材料保温层的屋面以及受较大震动与冲击的和坡度大于15%的建筑屋面。

(2)细石混凝土配合比由实验室试配确定，施工中严格按配合比计量，并按规定制作试块。

(3)混凝土中掺加膨胀剂、减水剂、防水剂等外加剂时，应按配合比准确计量，投料顺序得当，并应机械搅拌，机械振捣。

(4)细石混凝土防水层的分格缝，应设在屋面板的支承端、屋面转折处、防水层与突出屋面结构的交接处，其纵横间距不宜大于6 m。分格缝内应嵌填密封材料。

(5)细石混凝土防水层的厚度不应小于40 mm，并应配置双向钢筋网片。钢筋网片在分格缝处应断开，其保护层厚度不应小于10 mm。

(6)细石混凝土防水层与立墙及突出屋面结构等交接处，均应做柔性密封处理。细石混凝土防水层与基层间宜设置隔离层。

2. 施工过程控制

(1)屋面预制板缝用C20细石混凝土灌缝，养护不少于7 d。

(2)在结构层与防水层之间增加一层隔离作用层(一般可用低强度砂浆、卷材等)。

(3)细石混凝土防水层，分格缝应设置在装配式结构层屋面板的支承端、屋面转折处(如屋脊)、防水层与突出屋面结构的交接处，并与板缝对齐，其纵横间距一般不大于6 m，分格缝上口宽为30 mm，下口宽为20 mm。分格缝可用油膏嵌封，屋脊和平行于流水方向的分格缝，也可做成泛水，用盖瓦覆盖，盖瓦单边坐灰固定。

(4)按设计要求铺设钢筋网，设计无规定时，一般配置ϕ4@100～200 mm双向钢筋网片，保护层厚度不小于10 mm。绑扎时端头要有弯钩，搭接长度要大于250 mm。焊接搭接长度不小于25倍直径，在一个网片的同一断面内接头不得超过钢丝面积的1/4。分格缝处钢筋要断开。

(5)现浇细石混凝土防水层厚度应均匀一致。混凝土以分格缝分块，每块一次浇捣，不留施工缝。浇捣混凝土时应振捣密实平整，压实抹光，无起砂、起皮等缺陷。

(6)屋面泛水应按设计要求施工。如设计无明确要求，泛水高度不应低于120 mm，并与防水层一次浇捣完成，泛水转角处要做成圆弧或钝角。

(7)细石混凝土终凝后养护不少于14 d。

3. 施工检验

(1)基层找平层和刚性防水层的平整度，用2 m长的直尺检查，直尺与面层间的最大空隙不超过5 mm，空隙应平缓变化，每米长度内不多于1处。

(2)刚性屋面防水工程的每道防水层完成后，应由专人进行检查，合格后方可进行下一道防水施工。

(3)刚性防水层面施工后，应进行24 h蓄水试验，或持续淋水24 h或雨后观察，看屋面排水系统是否畅通，有无渗漏水、积水现象。

(4)防水工程的细部构造处理，各种接缝、保护层及密封防水部位等均应进行外观检验和防水功能检验，合格后方可隐蔽。

(二)质量检查与验收

1. 主控项目

(1)细石混凝土的原材料及配合比必须符合设计要求。

检验方法：检查出厂合格证、质量检验报告、计量措施和现场抽样复验报告。

细石混凝土防水层的原材料质量及各组成材料的配合比，是确保混凝土抗渗性能的基本条件。如果原材料质量不好，配合比不准确，就不能确保细石混凝土的防水性能。

(2)细石混凝土防水层不得有渗漏或积水现象。

检验方法：雨后或淋水、蓄水检验。

强调细石混凝土防水层应在雨后或淋水 2 h 后进行检查，使防水层经受雨淋的考验，观察有无渗漏，以确保防水层的使用功能。

(3)细石混凝土防水层在天沟、檐口、水落口、泛水、变形缝和伸出屋面管道的防水构造，必须符合设计要求。

检验方法：观察和检查隐蔽工程验收记录。

细石混凝土防水层在天沟、檐口、水落口、泛水、变形缝和伸出屋面管道等处，防水构造均应符合设计要求，确保细石混凝土防水层的整体质量。

2. 一般项目

(1)细石混凝土防水层应表面平整、压实抹光，不得有裂缝、起壳、起砂等缺陷。

检验方法：观察。

细石混凝土防水层应按每个分格板一次浇筑完成，严禁留施工缝。如果防水层留设施工缝，往往因接槎处理不好，形成渗水通道导致屋面渗漏。

混凝土抹压时不得在表面洒水、加水泥浆或撒干水泥，否则只能使混凝土表面产生一层浮浆，混凝土硬化后内部与表面的强度和干缩不一致，极易产生面层的收缩龟裂、脱皮现象，降低防水层的防水效果。混凝土收水后二次压光可以封闭毛细孔，提高抗渗性，是保证防水层表面密实的极其重要的一道工序。

混凝土的养护应在浇筑 12 ~ 24 h 后进行，养护时间不得少于 14 d，养护初期屋面不得上人。养护方法可采用洒水湿润，也可覆盖塑料薄膜、喷涂养护剂等，但必须保证细石混凝土处于充分湿润状态。

(2)细石混凝土防水层的厚度和钢筋位置应符合设计要求。

检验方法：观察和尺量检查。

目前，国内的细石混凝土防水层厚度为 40 ~ 60 mm，如果厚度小于 40 mm，会因无法保证钢筋网片保护层厚度(规定不应小于 10 mm)，从而降低了防水层的抗渗性能。双向钢筋网片配置直径 4 ~ 6 mm 的钢筋，间距宜为 100 ~ 200 mm，分格缝处的钢筋应断开，满足刚性屋面的构造要求，故规定细石混凝土防水层的厚度和钢筋位置应符合设计要求。

(3)细石混凝土分格缝的位置和间距应符合设计要求。

检验方法：观察和尺量检查。

为了避免结构变形及混凝土本身变形而引起的混凝土开裂，分格缝位置应设置在变形较大或较易变形的屋面支承端、屋面转折处、防水层与突出屋面结构的交接处。

(4)细石混凝土防水层表面平整度的允许偏差为 5 mm。

检验方法：用 2 m 靠尺和楔形塞尺检查。

细石混凝土防水层的表面平整度，应用 2 m 靠尺检查：每 100 m^2 的屋面不应少于 1 处，每一屋面不应少于 3 处，面层与直尺间最大空隙不应大于 5 mm，空隙应平缓变化，每米长度不应多于 1 处。

二、密封材料嵌缝

本部分适用于刚性防水屋面分格缝以及天沟、檐沟、泛水、变形缝等细部构造的密封处理。

屋面工程中构件与构件、构件与配件的拼接缝，以及天沟、檐沟、泛水、变形缝等细部构造的防水收头，都是屋面渗漏水的主要通道。密封防水处理质量直接影响屋面防水的连续性和整体性。屋面密封防水处理不能视为独立的一道防水层，应与卷材防水屋面、涂膜防水屋面、刚性防水屋面以及隔热屋面配套使用，并且适用于防水等级为Ⅰ～Ⅲ级的屋面。

（一）密封材料嵌缝质量控制

1. 基本规定

（1）密封材料的品种、性能、质量标准必须符合设计要求和有关标准的规定。

（2）非成品密封材料的配合比，必须通过试验确定，并符合施工规范规定。

（3）密封防水部位的基层质量应符合下列要求：

①基层应牢固，表面平整、密实，不得有蜂窝、麻面、起皮和起砂现象；

②嵌填密封材料的基层应干净、干燥。

（4）密封防水处理连接部位的基层，应涂刷与密封材料相配套的基层处理剂。基层处理剂应配比准确，搅拌均匀。采用多组分基层处理剂时，应根据有效时间确定使用量。

（5）接缝处的密封材料底部应填放背衬材料，外露的密封材料上应设置保护层，其宽度不应小于200 mm。

（6）密封材料嵌填完成后不得碰损及污染，固化前不得踩踏。

2. 板面裂缝治理

板面裂缝的治理方法为裂缝封闭法，可用防水油膏、二布三油或环氧树脂进行密封处理，处理过程如下：

（1）将裂缝周围50 mm宽的界面清洗干净，将裂缝周边的浮渣或不牢的灰浆清除；

（2）用腻子刀或喷枪将密封膏挤入其中；

（3）在嵌缝材料上覆盖一层保护层。

3. 建筑接缝密封的维护

接缝密封胶及埋入的定型密封材料一般寿命较长，但并非一劳永逸，很少能与结构寿命等同。由于日光、大气、雨雪、高低温及腐蚀介质的侵蚀，风沙、伸缩位移应力的作用及意外损伤，接缝密封材料的性能将逐渐劣化，发生软化、硬化、龟裂、剥离或破裂等，造成接缝密封失效。为了保证在建设使用期内接缝有效密封，应定期检修、清洗，或为其他目的进行检查时，注意密封失效的先兆。安排专业人员对接缝密封状态进行检查和维护，当接缝密封呈现粉化、变软、发硬、微裂纹、边界剥脱等失效特征（尽管未发生渗漏）时，应提前安排局部修复或进行重新密封或定期更换。当建筑发生渗漏时才进行维修，不但维修难度大，而且损失大、代价高。

（二）质量检查与验收

1. 主控项目

（1）密封材料的质量必须符合设计要求。

检验方法：检查出厂合格证、配合比和现场抽样复验报告。

改性石油沥青密封材料按耐热度和低温柔性分为Ⅰ类和Ⅱ类,质量要求依据《建筑防水沥青嵌缝油膏》(JC/T 207—1996)。Ⅰ类产品代号为“702”,即耐热度为70 ℃,低温柔性为-20 ℃,适合北方地区使用;Ⅱ类产品代号为“801”,即耐热度为80 ℃,低温柔性为-10 ℃,适合南方地区使用。

合成高分子密封材料分成两类:

①弹性体密封材料,如聚氨酯类、硅酮类、聚硫类密封材料,质量要求依据《聚氨酯建筑密封胶》(JC/T 482—2003);

②塑性体密封材料,如丙烯酸酯类、丁基橡胶类密封材料,质量要求依据《丙烯酸建筑密封胶》(JC/T 484—2006)。

(2)密封材料嵌填必须密实、连续、饱满、黏结牢固,无气泡、开裂、脱落等缺陷。

检验方法:观察。

采用改性沥青石油密封材料嵌填时应注意以下两点:

①热灌法施工应由下向上进行,并减少接头。垂直于屋脊的板缝宜先浇灌,同时在纵横交叉处宜沿平行于屋脊的两侧板缝各延伸浇灌150 mm,并留成斜槎。密封材料熬制及浇灌温度应按不同材料要求严格控制。

②冷嵌法施工应先将少量密封材料批刮到缝槽两侧,分次将密封材料嵌填在缝内,用力压嵌密实。嵌填时密封材料与缝壁不得留有空隙,并防止裹入空气,接头应采用斜槎。

采用合成高分子密封材料嵌填时,不管是用挤出枪还是用腻子刀施工,表面都不会光滑平直,可能还会出现凹陷、漏嵌填、孔洞、气泡等现象,故应在密封材料表面干燥前进行修整。如果表面干燥前不修整,则表面干燥后不易修整,且容易将成膜固化的密封材料破坏。

上述目的是使嵌填的密封材料饱满、密实,无气泡、孔洞现象。

2. 一般项目

(1)嵌填密封材料的基层应牢固、干净、干燥,表面应平整、密实。

检验方法:观察。

(2)嵌填的密封材料表面应平滑,缝边应顺直,无凹凸不平的现象。

检验方法:观察。

(3)密封防水接缝宽度的允许偏差为±10%,接缝深度为宽度的0.5~0.7倍。

检验方法:尺量检查。

屋面密封防水的接缝宽度规定不应大于40 mm,且不应小于10 mm。考虑到接缝宽度太窄密封材料不易嵌填,太宽会造成材料浪费,故规定接缝宽度的允许偏差为±10%。如果接缝宽度不符合上述要求,应进行调整或用聚合物水泥砂浆处理。板缝为上窄下宽时,灌缝的混凝土易脱落而造成密封材料留坠,应在板外侧做成台阶形,并配置适量的构造钢筋。

第四节　平瓦屋面工程

一、基本规定

(1)适用于防水等级为Ⅱ、Ⅲ级以上坡度不小于20%的屋面。

平瓦主要是指传统的黏土机制平瓦和混凝土平瓦。平瓦屋面适用于不小于20%的坡度，是基于瓦的特性及使用经验。

(2)平瓦屋面与立墙及突出屋面结构等交接处，均应做泛水处理。天沟、檐沟的防水层应采用合成高分子防水卷材、高聚物改性沥青防水卷材、沥青防水卷材、金属板材或塑料板材等材料铺设。

屋面与立墙及突出屋面结构等的交接处是平瓦屋面防水的关键部位，应做好泛水处理。至于天沟、檐沟防水层采用什么样的材料与形式，需根据工程的综合条件要求而确定。

(3)平瓦屋面的有关尺寸应符合下列要求：

①脊瓦在两坡面瓦上的搭盖宽度，每边不小于40 mm；

②瓦伸入天沟、檐沟的长度为50～70 mm；

③天沟、檐沟的防水层伸入瓦内的宽度不小于150 mm；

④瓦头挑出封檐板的长度为50～70 mm；

⑤突出屋面的墙或烟囱的侧面瓦伸入泛水的宽度不小于50 mm。

二、主控项目

(1)平瓦及其脊瓦的质量必须符合设计要求。

检验方法：观察和检查出厂合格证与质量检验报告。

瓦在进入现场时，检查检验报告及外观检查是必不可少的。平瓦的质量必须符合有关标准，即《烧结瓦》(GB/T 21149—2007)和《混凝土瓦》(JC/T 746—2007)的规定。

(2)平瓦必须铺置牢固。地震设防地区或坡度大于50%的屋面，应采取固定加强措施。

检验方法：观察和手扳检查。

为了确保安全，针对大风、地震地区或坡度大于50%的平瓦屋面，应采取固定加强措施。有时几种因素应综合考虑，在设计中给出具体的规定。

三、一般项目

(1)挂瓦条应分档均匀，铺钉平整、牢固；瓦面平整，行列整齐，搭接紧密，檐口平直。

检验方法：观察。

(2)脊瓦应搭盖正确，间距均匀，封固严密；屋脊和斜脊应顺直，无起伏现象。

检验方法：观察和手扳检查。

(3)泛水做法应符合设计要求，顺直整齐，结合严密，无渗漏。

检验方法：观察和雨后或淋水检验。

第五节　架空隔热屋面工程

一、基本规定

(1)架空隔热层的高度应按照屋面宽度或坡度大小的变化确定。如设计无要求，一般以100～300 mm为宜。当屋面宽度大于10 m时，应设置通风屋脊。屋面较宽时，风道中阻力增大，宜采用较高的架空层；屋面坡度较小时，宜采用较高的架空层。反之，可采用较低的架空层。考虑到太低了隔热效果不好，太高了通风效果并不能提高多少且稳定性不好，因此屋面设计若无要求，架空层的高度宜为 100～300 mm。当屋面宽度大于 10 m 时，设置通风屋脊也是为了保证通风效果。

（2）架空隔热制品支座底面的卷材、涂膜防水层上应采取加强措施，操作时不得损坏已完工的防水层。

（3）架空隔热制品的质量应符合下列要求：

①非上人屋面的黏土砖强度等级不应低于 MU7.5，上人屋面的黏土砖强度不应低于 MU10；

②混凝土板的强度等级不应低于 C20，板内宜加放钢丝网片。

二、主控项目

架空隔热制品的质量必须符合设计要求，严禁有断裂和露筋等缺陷。

检验方法：观察和检查构件合格证或试验报告。

架空屋面是采用隔热制品覆盖在屋面防水层上，并架设一定高度的空间，利用空气流动加快散热起到隔热作用。架空隔热制品的质量必须符合设计要求，如使用有断裂和露筋等缺陷的制品，日长月久会使隔热层受到破坏，对隔热效果带来不良影响。

对于隔热屋面，架空板施工完成后就成了防水层的保护层。因此，隔热制品的质量对屋面防水和隔热都起着重要作用。

三、一般项目

（1）架空隔热制品的铺设应平整、稳固，缝隙勾填应密实；架空隔热制品距山墙或女儿墙不得小于 250 mm，架空层中不得堵塞，架空高度及变形缝做法应符合设计要求。

检验方法：观察和尺量检查。

考虑到屋面在使用中要上人清扫等情况，要求架空隔热制品的铺设做到平整和稳固，板缝以填密实为好，使板的刚度增大形成一个整体。架空隔热制品与山墙的距离不应小于 250 mm，主要是考虑在保证屋面膨胀变形的同时，防止堵塞和便于清理。当然，间距也不应过大，太大将会降低架空隔热的作用。架空隔热层内的灰浆杂物应清扫干净，以减小空气流动时的阻力。

（2）相邻两块制品的高低差不得大于 3 mm。

检验方法：用直尺和楔形塞尺检查。

相邻两块隔热制品的高低差限值为 3 mm，是为了不使架空隔热层表面有积水现象。

第六节　细部构造

一、基本规定

（1）适用于屋面的天沟、檐沟、檐口、泛水、水落口、变形缝、伸出屋面管道等防水构造。

屋面的天沟、檐沟、泛水、水落口、檐口、变形缝、伸出屋面管道等部位，是屋面工程中最容易出现渗漏的薄弱环节。据调查，有 70% 的屋面渗漏都是节点部位的防水处理不当引起的。所以，对这些部位均应进行防水增强处理，并按重点质量检查验收。

(2)用于细部构造处理的防水卷材、防水涂料和密封材料的质量，均应符合规范有关规定的要求。

用于细部构造的防水材料，由于品种多、用量少但作用非常大，所以对其也应按照有关的材料标准进行检查验收。

(3)卷材或涂膜防水层在天沟、檐沟与屋面交接处以及泛水、阴阳角等部位，应增加卷材或涂膜附加层。

天沟、檐沟与屋面交接处以及泛水、阴阳角等部位，由于构件断面的变化和屋面的变形常会产生裂缝，对这些部位应做防水增强处理。

(4)天沟、檐沟的防水构造应符合下列要求：

①沟内附加层在天沟、檐沟与屋面交接处宜空铺，空铺的宽度不应小于200 mm；

②卷材防水层应由沟底上翻至沟外檐顶部，卷材收头应用水泥钉固定，并用密封材料封严；

③涂膜收头应用防水涂料多遍涂刷或用密封材料封严；

④在天沟、檐沟与细石混凝土防水层的交接处，应留凹槽并用密封材料嵌填严密。

天沟、檐沟与屋面交接处的变形大，若采用满粘的防水层，防水层极易被拉裂，故该部位应做附加层，附加层宜空铺，空铺的宽度不应小于200 mm。屋面采用刚性防水层时，应在天沟、檐沟与细石混凝土防水层交接处预留凹槽，并用密封材料嵌填严密。

天沟、檐沟的混凝土在搁置梁部位容易产生开裂现象，裂缝会延伸至檐沟顶端，所以防水层应从沟底上翻至外檐的顶部。为防止收头翘边，卷材防水层应用压条钉压固定，涂料防水层应增加涂刷遍数，必要时用密封材料封严。

(5)檐口的防水构造应符合下列要求：

①铺贴檐口800 mm范围内的卷材应采取满粘法；

②卷材收头应压入凹槽，采用金属压条钉压，并用密封材料封口；

③涂膜收头应用防水涂料多遍涂刷或用密封材料封严；

④檐口下端应抹出“鹰嘴”和滴水槽。

(6)女儿墙泛水的防水构造应符合下列要求：

①铺贴泛水处的卷材应采取满粘法。

②砖墙上的卷材收头可直接铺压在女儿墙压顶下，压顶应做防水处理；也可压入砖墙凹槽内固定密封，凹槽距屋面找平层不应小于250 mm，凹槽上部的墙体应做防水处理。

③涂膜防水层应直接涂刷至女儿墙的压顶下，收头处理应用防水涂料多遍涂刷封严，压顶应做防水处理。

④混凝土墙上的卷材收头应采用金属压条钉压，并用密封材料封严。

砖砌女儿墙、山墙常因抹灰和压顶开裂使雨水从裂缝渗入砖墙，沿砖墙流入室内，故砖砌女儿墙、山墙及压顶均应进行防水设防处理。

女儿墙泛水的收头若处理不当易产生翘边现象，使雨水从开口处渗入防水层下部，故应按设计要求进行收头处理。

(7)水落口的防水构造应符合下列要求：

①水落口杯上口的标高应设置在沟底的最低处；

②防水层贴入水落口杯内不应小于 50 mm；

③水落口周围直径 500 mm 范围内的坡度不应小于 5%，并采用防水涂料或密封材料涂封，其厚度不应小于 2 mm；

④水落口杯与基层接触处应留宽 20 mm、深 20 mm 凹槽，并嵌填密封材料。

因为水落口与天沟、檐沟的材料不同，环境温度变化引起的热胀冷缩会使水落口与檐沟间产生裂缝，故水落口应固定牢固。水落口杯周围 500 mm 范围内，规定坡度不应小于 5%，以利于排水，并采用防水涂料或密封材料涂封严密，避免水落口处开裂而产生渗漏。

(8)变形缝的防水构造应符合下列要求：

①变形缝的泛水高度不应小于 250 mm；

②防水层应铺贴到变形缝两侧砌体的上部；

③变形缝内应填充聚苯乙烯泡沫塑料，上部填放衬垫材料，并用卷材封盖；

④变形缝顶部应加扣混凝土或金属盖板，混凝土盖板的接缝应用密封材料嵌填。

变形缝宽度变化大，防水层往往容易断裂，防水设防时应充分考虑变形的幅度，设置能满足变形要求的卷材附加层。

(9)伸出屋面管道的防水构造应符合下列要求：

①管道根部直径 500 mm 范围内，找平层应抹出高度不小于 30 mm 的圆台；

②管道周围与找平层或细石混凝土防水层之间，应预留 20 mm ×20 mm 的凹槽，并用密封材料嵌填严密；

③管道根部四周应增设附加层，宽度和高度均不应小于 300 mm；

④管道上的防水层收头处应用金属箍紧固，并用密封材料封严。

伸出屋面管道通常采用金属或 PVC 管材，温差变化引起的材料收缩会使管壁四周产生裂纹，所以在管壁四周的找平层应预留凹槽用密封材料封严，并增设附加层。上翻至管壁的防水层应用金属箍或铁丝紧固，再用密封材料封严。

二、主控项目

(1)天沟、檐沟的排水坡度，必须符合设计要求。

检验方法：用水平仪(水平尺)、拉线和尺量检查。

天沟、檐沟的排水坡度和排水方向应能保证雨水及时排走，充分体现防排结合的屋面工程设计思想。如果屋面长期积水或干湿交替，会在天沟等低洼处滋生青苔、杂草或发生霉烂，最后导致屋面渗漏。

(2)天沟、檐沟、檐口、水落口、泛水、变形缝和伸出屋面管道的防水构造，必须符合设计要求。

检验方法：观察和检查隐蔽工程验收记录。

屋面的天沟、檐沟、水落口、泛水、变形缝和伸出屋面管道的防水构造，是屋面工程最容易出现渗漏的薄弱环节。对屋面工程的综合治理，应该体现“材料是基础，设计是前提，施工是关键，管理维护要加强”的原则。因此，对屋面细部的防水构造施工必须符合设计要求。

第七节 分部工程验收

（1）屋面工程施工应按工序或分项工程进行验收，构成分项工程的各检验批应符合相应质量标准的规定。

《建筑工程施工质量验收统一标准》（GB 50300）规定分项工程可由若干检验批组成。将分项工程划分成检验批进行验收，有助于及时纠正施工中出现的质量问题，确保工程质量，符合施工实际的需要。

分项工程检验批的质量应按主控项目和一般项目进行验收。主控项目是对建筑工程的质量起决定性作用的检验项目，规范用黑体字标志的条文列为强制性条文，必须严格执行。对于屋面工程的施工质量，构成分项工程的各检验批应符合相应质量标准要求。分项工程检验批不符合质量标准要求时，应及时进行处理。

（2）屋面工程验收的文件和记录应按表 2-6-8 的要求执行。

表 2-6-8 屋面工程验收的文件和记录

序号	项目	文件和记录
1	防水设计	设计图纸及会审记录、设计变更通知单和材料代用核定单
2	施工方案	施工方法、技术措施、质量保证措施
3	技术交底记录	施工操作要求及注意事项
4	材料质量证明文件	出厂合格证、质量检验报告和试验报告
5	中间检查记录	分项工程质量验收记录、隐蔽工程验收记录、施工检验记录、淋水或蓄水检验记录
6	施工日志	逐日施工情况
7	工程检验记录	抽样质量检验及观察记录
8	其他技术资料	事故处理报告、技术总结

屋面工程验收的文件和记录体现了施工全过程控制，必须做到真实、准确，不得涂改和伪造，各级技术负责人签字后方可生效。

（3）屋面工程隐蔽验收记录应包括以下主要内容：

①卷材、涂膜防水层的基层；

②密封防水处理部位；

③天沟、檐沟、泛水和变形缝等细部做法；

④卷材、涂膜防水层的搭接宽度和附加层；

⑤刚性保护层与卷材、涂膜防水层之间设置的隔离层。

隐蔽工程是指被后续的工序或分项工程覆盖、包裹、遮挡的前一分项工程。例如，防水层的基层，密封防水处理部位，天沟、檐沟、泛水和变形缝等细部构造，应经过检查符合质量标准后方可进行隐蔽，避免因质量问题造成渗漏或不易修复而直接影响防水效果。

（4）屋面工程质量应符合下列要求：

①防水层不得有渗漏或积水现象；

②使用的材料应符合设计要求和质量标准的规定；

③找平层表面应平整，不得有酥松、起砂、起皮现象；

④保温层的厚度、含水率和表观应符合设计要求；

⑤天沟、檐沟、泛水和变形缝等构造，应符合设计要求；

⑥卷材铺贴方法和搭接顺序应符合设计要求，搭接宽度正确，接缝严密，不得有皱折、鼓泡和翘边现象；

⑦涂膜防水层的厚度应符合设计要求，涂层无裂纹、皱折、流淌、鼓泡和露胎体现象；

⑧刚性防水层表面应平整、压光、不起砂、不起皮、不开裂，分格缝应平直，位置正确；

⑨嵌缝密封材料应与两侧基层粘牢，密封部位光滑、平直，不得有开裂、鼓泡、下塌现象；

⑩平瓦屋面的基层应平整、牢固，瓦片排列整齐、平直，搭接合理，接缝严密，不得有残缺瓦片。

本条规定找平层、保温层、防水层、密封材料嵌缝等分项施工质量的基本要求，主要用于分部工程验收时必须进行的观感质量验收。工程的观感质量应由验收人员通过现场检查，并应共同确认。

(5)检查屋面有无渗漏、积水和排水系统是否畅通，应在雨后或持续淋水 2 h 后进行。有可能做蓄水检验的屋面，其蓄水时间不应少于 24 h。

按《建筑工程施工质量验收统一标准》(GB 50300)的规定，建筑工程施工质量验收时，对涉及结构安全和使用功能的重要分部工程应进行抽样检测。因此，屋面工程验收时，应检查屋面有无渗漏、积水以及排水系统是否畅通，可在雨后或持续淋水 2 h 后进行。有可能做蓄水检验的屋面，其蓄水时间不应少于 24 h。检验后应填写安全和功能检验(检测)报告，作为屋面工程验收的文件和记录之一。

(6)屋面工程验收后，应填写分部工程质量验收记录，交建设单位和施工单位存档。

屋面工程完成后，应由施工单位先行自检，并整理施工过程中的有关文件和记录，确认合格后会同建设(监理)单位，共同按质量标准进行验收。分部工程的验收，应在分项、子分部工程通过验收的基础上，对必要的部位进行抽样检验和使用功能满足程度的检查。分部工程应由总监理工程师(建设单位项目负责人)组织施工技术质量负责人进行验收。

屋面工程竣工验收时，施工单位应按照表 2-6-8 的规定，将验收文件和记录提交总监理工程师(建设单位项目负责人)审查，核查无误后方可作为存档资料。

第七章　地下防水工程

随着高层建筑、大型公共建筑的增多以及向地下要空间的要求，地下室和地下工程越来越多，地下防水工程越来越引起人们的重视。由于地下工程常年受到潮湿和地下水的有害影响，所以对地下工程防水的处理比屋面工程的要求更高、更严，防水技术难度更大。同时，地下工程防水成功与否，不仅是建筑物（或构筑物）使用功能的基本要求，而且在一定程度上影响建筑物的结构安全和使用寿命，还可以节约投资，降低工程成本，减少维修。

一般说来，地下工程的防水常采用以下三种方法：一是采用防水混凝土结构自防水，利用提高混凝土结构本身的密实性来达到防水要求；二是在地下结构表面加设防水层，如水泥砂浆防水层、卷材防水层以及涂料防水层等；三是采用排水工程，即利用盲沟、渗排水层、隧道、坑道等，把地下水排走，以达到防水的目的。随着我国建筑业的发展，建筑防水领域也正在逐步完善。"防、排、截、堵相结合，刚柔并济，因地制宜，综合治理"的原则是我国建筑防水技术发展至今的实践经验总结。

第一节　防水混凝土

防水混凝土是以调整混凝土配合比或掺外加剂等方法，来提高混凝土本身的密实性和抗渗性，使其具有一定防水能力的特殊混凝土。它兼具承重、围护功能，且可满足一定的耐冻融和耐侵蚀要求，随着混凝土工业化、商业化生产和与其配套的先进运输及浇捣设备的发展，它也成为地下防水工程首选的一种主要结构型式。常用的防水混凝土有普通防水混凝土、外加剂防水混凝土和新型防水混凝土等。防水混凝土常用于防水等级为Ⅰ～Ⅳ级的地下整体式混凝土结构，不适用环境温度高于 80 ℃或处于耐侵蚀系数小于 0.8 的侵蚀性介质中的地下工程。其中，耐侵蚀系数是指在侵蚀性水中养护 6 个月的混凝土试块的抗折强度与在饮用水中养护 6 个月的混凝土试块的抗折强度之比。

一、质量控制要点

（一）材料

（1）防水混凝土使用的水泥，应符合下列规定：

①水泥的强度等级不应低于 32.5 级；

②在不受侵蚀性介质和冻融作用时，宜采用普通硅酸盐水泥、硅酸盐水泥、火山灰质硅酸盐水泥、粉煤灰硅酸盐水泥、矿渣硅酸盐水泥，使用矿渣硅酸盐水泥必须掺用高效减水剂；

③在受侵蚀性介质作用时，应按介质的性质选用相应的水泥；

④在受冻融作用时，应优先选用普通硅酸盐水泥，不宜采用火山灰质硅酸盐水泥和粉煤灰硅酸盐水泥；

⑤不得使用过期或受潮结块的水泥，并不得将不同品种或强度等级的水泥混合使用。

（2）碎石或卵石的粒径宜为 5～40 mm，含泥量不得大于 1.0%，泥块含量不得大于

0.5%，石子最大粒径不宜大于40 mm，泵送时其最大粒径应为输送管径的1/4；吸水率不应大于1.5%；不得使用碱活性骨料。其他要求应符合《普通混凝土用碎石或卵石质量标准及检验方法》（JGJ 53—92）的规定。

（3）砂宜用中砂，含泥量不得大于3.0%，泥块含量不得大于1.0%，其要求应符合《普通混凝土用砂、石质量及检验方法标准》（JGJ 52—92）的规定。

（4）拌制混凝土所用的水，应采用不含有害物质的洁净水且符合《混凝土拌合用水标准》（JGJ 63—89）的规定。

（5）防水混凝土可根据工程需要掺入减水剂、膨胀剂、防水剂、密实剂、引气剂、复合型外加剂等外加剂，其品种和掺量应经试验确定。所有外加剂应符合国家或行业标准一等品及以上的质量要求。

（6）防水混凝土可掺入一定数量的粉煤灰、磨细矿渣粉、硅粉等。粉煤灰的级别不应低于二级，掺量不宜大于20%；硅粉掺量不应大于3%；其他掺合料的掺量应经过试验确定。

（7）防水混凝土可根据工程抗裂需要掺入钢纤维或合成纤维。

（8）每立方米防水混凝土中各类材料的总碱量不得大于3 kg。

（二）配合比

防水混凝土的配合比应符合下列规定：

（1）试配要求的抗渗水压值应比设计值提高0.2 MPa。

（2）水泥用量不得少于300 kg/m³，掺有活性掺合料时，水泥用量不得少于280 kg/m³。

（3）砂率宜为35%～45%，灰砂比宜为1:2～1:2.5。

（4）水灰比不得大于0.55。

（5）普通防水混凝土坍落度不宜大于50 mm，泵送时入泵坍落度宜为100～140 mm。

（6）掺加引气剂或引气型减水剂时，混凝土含气量应控制在3%～5%。

（7）防水混凝土采用预拌混凝土时，缓凝时间宜为6～8 h。

（三）施工

（1）混凝土拌制和浇筑过程控制应符合下列规定：

①拌制混凝土所用材料的品种、规格和用量，每工作班检查不应少于两次。每盘混凝土各组成材料计量结果的允许偏差应符合表2-7-1的规定。

表2-7-1　混凝土组成材料计量结果的允许偏差　（%）

混凝土组成材料	每盘计量	累计计量
水泥、掺合料	±2	±1
粗、细骨料	±3	±2
水、外加剂	±2	±1

注：累计计量仅适用于微机控制计量的搅拌站。

②混凝土在浇筑地点的坍落度，每工作班至少检查两次。混凝土的坍落度试验应符合现行《普通混凝土拌合物性能试验方法》（GBJ 80）的有关规定。混凝土实测的坍落度与要求坍落度之间的偏差应符合表2-7-2的规定。

（2）防水混凝土应连续浇筑，宜少留施工缝。当留设施工缝时，应遵守《地下工程防水技术规范》（GB 50108—2001）的相关规定。

表 2-7-2 混凝土坍落度允许偏差 (单位:mm)

要求坍落度	允许偏差
≤40	±10
50~90	±15
≥100	±20

(3)防水混凝土结构内部设置的各种钢筋或绑扎铁丝不得接触模板。固定模板用的螺栓必须穿过混凝土结构时,可采用工具式螺栓或螺栓加堵头,螺栓上应加焊方形止水环。拆模后应采取加强防水措施将留下的凹槽封堵密实,并宜在迎水面涂刷防水涂料。

(4)防水混凝土终凝后应立即进行养护,养护时间不得少于 14 d。

(四)抗渗性能

防水混凝土抗渗性能,应采用标准条件下养护混凝土抗渗试件的试验结果评定。试件应在浇筑地点制作。连续浇筑混凝土每 500 m^3 应留置一组抗渗试件(一组为 6 个试件),且每项工程不得少于两组。采用预拌混凝土的抗渗试件,留置组数应视结构的规模和要求而定。抗渗性能试验应符合现行《普通混凝土长期性能和耐久性能试验方法》(GBJ 82)的有关规定。

二、质量验收项目

防水混凝土的施工质量检验数量,应按混凝土外露面积每 100 m^2 抽查 1 处,每处 10 m^2,且不得少于 3 处;细部构造应按全数检查。

(一)主控项目

(1)防水混凝土的原材料、配合比及坍落度必须符合设计要求。

检验方法:检查出厂合格证、质量检验报告、计量措施和现场抽样复验报告。

(2)防水混凝土的抗压强度和抗渗压力必须符合设计要求,此项为强制项目。

检验方法:检查混凝土抗压、抗渗试验报告。

(3)防水混凝土的变形缝、施工缝、后浇带、穿墙管道、埋设件等设置和构造,均须符合设计要求,严禁有渗漏,此项为强制项目。

检验方法:观察和检查隐蔽工程验收记录。

(二)一般项目

(1)防水混凝土结构表面应坚实、平整,不得有露筋、蜂窝等缺陷;埋设件位置应正确。

检验方法:观察和尺量检查。

(2)防水混凝土结构表面的裂缝宽度不应大于 0.2 mm,并不得贯通。

检验方法:用刻度放大镜检查。

(3)防水混凝土结构厚度不应小于 250 mm,其允许偏差为 +15 mm、-10 mm;迎水面钢筋保护层厚度不应小于 50 mm,其允许偏差为 ±10 mm。

检验方法:尺量检查和检查隐蔽工程验收记录。

第二节　水泥砂浆防水层

水泥砂浆防水层是用水泥砂浆、素灰(纯水泥浆)交替抹压涂刷四层或五层的多层抹面的防水层。水泥砂浆防水层包括普通水泥砂浆、聚合物水泥防水砂浆、掺外加剂或掺合料防水砂浆等,宜采用多层抹压法施工。水泥砂浆防水层适用于混凝土或砌体结构的基层上采用多层抹面的防水层工程施工,不适用于环境有侵蚀性、持续振动或温度高于 80 ℃的地下工程。

一、质量控制要点

(一)材料

水泥砂浆防水层所用的材料应符合下列规定:

(1)水泥品种应按设计要求选用,其强度等级不应低于 32.5 级,不得使用过期或受潮结块水泥。

(2)砂宜采用中砂,粒径 3 mm 以下,含泥量不得大于 1%,硫化物和硫酸盐含量不得大于 1%。

(3)拌制水泥砂浆所用的水,应采用不含有害物质的洁净水,且符合《混凝土拌合用水标准》(JGJ 63—89)的规定。

(4)聚合物乳液外观应无颗粒、异物和凝固物,固体含量应大于 35%,宜选用专用产品。

(5)外加剂的技术性能应符合国家或行业标准一等品及以上的质量要求。

(6)水泥砂浆防水层宜掺入外加剂、掺合料、聚合物等进行改性,改性后防水砂浆的性能应符合《地下工程防水技术规范》(GB 50108—2001)的规定。

(二)配合比

普通水泥砂浆防水层的配合比应按表 2-7-3 选用,掺外加剂、掺合料、聚合物水泥砂浆的配合比应符合所掺材料的规定。

表 2-7-3　普通水泥砂浆防水层的配合比

名称	配合比(质量比)		水灰比	适用范围
	水泥	砂		
水泥浆	1	—	0.55~0.60	水泥砂浆防水层的第一层
水泥浆	1	—	0.37~0.40	水泥砂浆防水层的第三、五层
水泥砂浆	1	1.5~2.0	0.40~0.50	水泥砂浆防水层的第二、四层

(三)施工

水泥砂浆防水层施工应符合下列要求:

(1)分层铺抹或喷涂,铺抹时应压实、抹平,最后一层表面应提浆压光。

(2)防水层各层应紧密贴合,每层宜连续施工,必须留施工缝时应采用阶梯坡形槎,但离开阴阳角处不得小于 200 mm;接槎应依层次顺序操作,层层搭接紧密。

(3)防水层的阴阳角处应做成圆弧形。

(4)水泥砂浆终凝后应及时进行养护，养护温度不宜低于 5 ℃并保持湿润，养护时间不得少于 14 d。

二、质量验收项目

水泥砂浆防水层的施工质量检验数量，应按施工面积每 100 m^2 抽查 1 处，每处 10 m^2，且不得少于 3 处。

(一)主控项目

(1)水泥砂浆防水层的原材料及配合比必须符合设计要求。

检验方法：检查出厂合格证、质量检验报告、计量措施和现场抽样复验报告。

(2)水泥砂浆防水层各层之间必须结合牢固，无空鼓现象，此项为强制项目。

检验方法：观察和用小锤轻击检查。

(二)一般项目

(1)水泥砂浆防水层表面应密实、平整，不得有裂纹、起砂、麻面等缺陷；阴阳角处应做成圆弧形。

检验方法：观察。

(2)水泥砂浆防水层施工缝留槎位置应正确，接槎应按层次顺序操作，层层搭接紧密。

检验方法：观察和检查隐蔽工程验收记录。

(3)水泥砂浆防水层的平均厚度应符合设计要求，最小厚度不得小于设计值的 85%。

检验方法：观察和尺量检查。

第三节　卷材防水层

地下防水工程一般把卷材防水层设置在建筑结构的外侧，称为外防水，具有防水效果好、较少渗漏的优点。外防水有外防外贴法和外防内贴法两种设置方法。由于外防外贴法的防水效果优于外防内贴法，所以在施工场地和条件不受限制时一般均采用外防外贴法。卷材防水层适用于受侵蚀性介质或受振动作用的地下工程主体迎水面铺贴。

一、质量控制要点

(一)材料

(1)卷材防水层应采用高聚物改性沥青防水卷材和合成高分子防水卷材。

(2)所选用的基层处理剂、胶粘剂、密封材料等配套材料均应与铺贴的卷材材性相容。粘贴各类卷材必须采用与卷材材性相容的胶粘剂，胶粘剂的质量应符合有关要求。

(3)防水卷材厚度选用应符合表 2-7-4 的规定。

(二)施工

(1)铺贴合成高分子卷材采用冷粘法施工，冷粘法铺贴卷材应符合《地下防水工程质量验收规范》(GB 50208—2002)的规定。

(2)铺贴高聚物改性沥青卷材应采用热熔法施工，热熔法铺贴卷材应符合 GB 50208—2002 的规定。

(3)铺贴防水卷材前，应将找平层清扫干净，在基面上涂刷基层处理剂；当基面较潮湿时,应涂刷湿固化型胶粘剂或潮湿界面隔离剂。基层处理剂配制与施工应符合 GB 50208—2002 的规定。

表 2-7-4 防水卷材厚度

（单位:mm）

防水等级	设防道数	合成高分子防水卷材厚度	高聚物改性沥青防水卷材厚度
Ⅰ级	三道或三道以上	单层:应≥1.5 双层:每层应≥1.2	单层:应≥4 双层:每层应≥3
Ⅱ级	二道	单层:应≥1.5 双层:每层应≥1.2	单层:应≥4 双层:每层应≥3
Ⅲ级	一道	应≥1.5	应≥4
Ⅳ级	复合	应≥1.2	应≥3

(4)两幅卷材短边和长边的搭接宽度均不应小于 100 mm。采用多层卷材时,上下两层和相邻两幅卷材的接缝应错开 1/3 幅宽,且两层卷材不得相互垂直铺贴。

(5)铺贴卷材严禁在雨天、雪天施工;5 级风及其以上时不得施工;冷粘法施工气温不宜低于 5 ℃,热熔法施工气温不宜低于 -10 ℃。

(6)卷材防水层完工并经验收合格后应及时做保护层。保护层应符合下列规定:

①顶板的细石混凝土保护层与防水层之间宜设置隔离层;

②底板的细石混凝土保护层厚度应大于 50 mm;

③侧墙宜采用聚苯乙烯泡沫塑料保护层,或砌砖保护墙(边砌边填实)和铺抹 30 mm 厚水泥砂浆。

二、质量验收项目

卷材防水层的施工质量检验数量,应按铺贴面积每 100 m^2 抽查 1 处,每处 10 m^2,且不得少于 3 处。

(一)主控项目

(1)卷材防水层所用卷材及主要配套材料必须符合设计要求。

检验方法:检查出厂合格证、质量检验报告和现场抽样复验报告。

(2)卷材防水层及其转角处、变形缝、穿墙管道等细部做法均须符合设计要求。

检验方法:观察和检查隐蔽工程验收记录。

(二)一般项目

(1)卷材防水层的基层应牢固,基面应洁净、平整,不得有空鼓、松动、起砂和脱皮现象;基层阴阳角处应做成圆弧形。

检验方法:观察和检查隐蔽工程验收记录。

(2)卷材防水层的搭接缝应粘(焊)接牢固,密封严密,不得有皱折、翘边和鼓泡等缺陷。

检验方法:观察。

(3)侧墙卷材防水层的保护层与防水层应黏结牢固,结合紧密,厚度均匀一致。

检验方法:观察。

(4)卷材搭接宽度的允许偏差为 -10 mm。

检验方法:观察和尺量检查。

第四节 涂料防水层

建筑防水涂料是无定形材料如液体、糊(稠)状物、粉剂加水现场拌和等,通过现场刷、刮、抹、喷等操作,可固化形成具有防水功能的膜层材料,具有可形成无接缝、连续防水膜层,使用时无需加热,便于操作等优点。涂料防水层包括无机防水涂料和有机防水涂料。无机防水涂料可选用水泥基防水涂料、水泥基渗透结晶型涂料,宜用于结构主体的背水面;有机防水涂料可选用反应型、水乳型、聚合物水泥防水涂料,宜用于结构主体的迎水面。用于背水面的有机防水涂料应具有较高的抗渗性,且与基层有较强的黏结性。涂料防水层适用于受侵蚀性介质或受振动作用的地下工程主体迎水面或背水面涂刷。

一、质量控制要点

(1)涂料防水层应采用反应型、水乳型、聚合物水泥防水涂料或水泥基、水泥基渗透结晶型防水涂料。

(2)防水涂料厚度选用应符合表2-7-5的规定。

表2-7-5 防水涂料厚度 (单位:mm)

防水等级	设防道数	有机涂料厚度			无机涂料厚度	
		反应型	水乳型	聚合物水泥	水泥基	水泥基渗透结晶型
Ⅰ级	三道或三道以上	1.2~2.0	1.2~1.5	1.5~2.0	1.5~2.0	≥0.8
Ⅱ级	二道	1.2~2.0	1.2~1.5	1.5~2.0	1.5~2.0	≥0.8
Ⅲ级	一道	—	—	≥2.0	≥2.0	—
	复合	—	—	≥1.5	≥1.5	—

二、质量验收的项目

涂料防水层的施工质量检验数量,应按涂层面积每100 m^2 抽查1处,每处10 m^2,且不得少于3处。

(一)主控项目

(1)涂料防水层所用材料及配合比必须符合设计要求。

检验方法:检查出厂合格证、质量检验报告、计量措施和现场抽样复验报告。

(2)涂料防水层及其转角处、变形缝、穿墙管道等细部做法均须符合设计要求。

检验方法:观察和检查隐蔽工程验收记录。

(二)一般项目

(1)涂料防水层的基层应牢固,基面应洁净、平整,不得有空鼓、松动、起砂和脱皮现象;基层阴阳角处应做成圆弧形。

检验方法:观察和检查隐蔽工程验收记录。

(2)涂料防水层应与基层黏结牢固,表面平整、涂刷均匀,不得有流淌、皱折、鼓泡、露胎体和翘边等缺陷。

检验方法：观察。

(3)涂料防水层的平均厚度应符合设计要求，最小厚度不得小于设计厚度的80%。

检验方法：针测法或割取20 mm×20 mm实样用卡尺测量。

(4)侧墙涂料防水层的保护层应与防水层黏结牢固，结合紧密，厚度均匀一致。

检验方法：观察。

第五节　细部构造

细部构造是地下防水工程渗漏水的薄弱环节。细部构造一般是独立的部位，一旦出现渗漏难以修补，不能以抽检的百分率来确定地下防水工程的整体质量，因此施工质量检验时应按全数检查。本节适用于防水混凝土结构的变形缝、施工缝、后浇带、穿墙管道、埋设件等细部构造。

防水混凝土结构细部构造的施工质量检验应按全数检查。

一、主控项目

(1)细部构造所用止水带、遇水膨胀橡胶腻子止水条和接缝密封材料必须符合设计要求。

检验方法：检查出厂合格证、质量检验报告和现场抽样复验报告。

(2)变形缝、施工缝、后浇带、穿墙管道、埋设件等细部构造做法，均应符合设计要求，严禁有渗漏。

检验方法：观察和检查隐蔽工程验收记录。

二、一般项目

(1)中埋式止水带中心线应与变形缝中心线重合，止水带应固定牢靠、平直，不得有扭曲现象。

检验方法：观察和检查隐蔽工程验收记录。

(2)穿墙管止水环与主管或翼环与套管应连续满焊，并做防腐处理。

检验方法：观察和检查隐蔽工程验收记录。

(3)接缝处混凝土表面应密实、洁净、干燥；密封材料应嵌填严密、黏结牢固，不得有开裂、鼓泡和下塌现象。

检验方法：观察。

第六节　特殊施工法防水工程

一、锚喷支护

喷射混凝土施工速度快、效率高、省工、省料，可以边掘进、边喷射，省去了临时支护，最大限度地发挥了围岩的自承作用。喷射混凝土和锚杆联合支护，不仅是安全可靠的支护形式，而且在某些场合中，也是在岩层中构筑地下工程最为优越的衬砌形式，适用于地下工程的支护结构以及复合式衬砌的初期支护。

（一）质量控制要点

1. 材料

喷射混凝土所用原材料应符合下列规定：

（1）水泥优先选用普通硅酸盐水泥，其强度等级不应低于32.5级。

（2）细骨料：采用中砂或粗砂，细度模数应大于2.5，使用时的含水率宜为5%～7%。

（3）粗骨料：卵石或碎石粒径不应大于15 mm；使用碱性速凝剂时，不得使用活性二氧化硅石料。

（4）水：采用不含有害物质的洁净水。

（5）速凝剂：初凝时间不应超过5 min，终凝时间不应超过10 min。

2. 施工

（1）混合料应搅拌均匀并符合下列规定：

①配合比：水泥与砂石质量比宜为1:4～1:4.5，砂率宜为45%～55%，水灰比不得大于0.45，速凝剂掺量应通过试验确定；

②原材料称量允许偏差：水泥和速凝剂±2%，砂石±3%；

③运输和存放中严防受潮，混合料应随拌随用，存放时间不应超过20 min。

（2）在有水的岩面上喷射混凝土时应采取下列措施：

①潮湿岩面增加速凝剂掺量；

②表面渗、滴水采用导水盲管或盲沟排水；

③集中漏水采用注浆堵水。

（3）喷射混凝土终凝2 h后应养护，养护时间不得少于14 d；当气温低于5 ℃时不得喷水养护。

（4）喷射混凝土试件制作组数应符合下列规定：

①抗压强度试件：区间或小于区间断面的结构每20延米拱和墙各取一组，车站各取两组；

②抗渗试件：区间结构每40延米取一组，车站每20延米取一组。

3. 性能

锚杆应进行抗拔试验。同一批锚杆每100根应取一组试件，每组3根，不足100根也取3根。同一批试件抗拔力的平均值不得小于设计锚固力，且同一批试件抗拔力的最低值不应小于设计锚固力的90%。

（二）质量验收的项目

锚喷支护的施工质量检验数量，应按区间或小于区间断面的结构，每20延米检查1处，车站每10延米检查1处，每处10 m^2，且不得少于3处。

1. 主控项目

（1）喷射混凝土所用原材料及钢筋网、锚杆必须符合设计要求。

检验方法：检查出厂合格证、质量检验报告和现场抽样复验报告。

（2）喷射混凝土抗压强度、抗渗压力及锚杆抗拔力必须符合设计要求。

检验方法：检查混凝土抗压、抗渗试验报告和锚杆抗拔力试验报告，此项为强制项目。

2. 一般项目

(1)喷层与围岩及各喷层之间应黏结紧密,不得有空鼓现象。

检验方法:用锤击法检查。

(2)喷层厚度有60%不小于设计厚度,平均厚度不得小于设计厚度,最小厚度不得小于设计厚度的50%。

检验方法:用针探或钻孔检查,每个独立工程的检查数量不得少于1个断面,每个断面的检查点应从拱部中线起,每2~3 m设1个,但1个断面上拱部不应少于3个点,总计不应少于5个点。

(3)喷射混凝土应密实、平整,无裂缝、脱落、漏喷、露筋、空鼓和渗漏水。

检验方法:观察。

(4)喷射混凝土表面平整度的允许偏差为30 mm,且矢弦比不得大于1/6。

检验方法:尺量检查。

二、地下连续墙

地下连续墙结构是在水下灌注防水混凝土,用做地下工程的支护结构,也可以作防水等级为Ⅰ、Ⅱ级工程的与内衬结构构成复合式衬砌的初期支护。强度与抗渗性能优异的地下连续墙,还可以直接作为主体结构,但从耐久性考虑,这类地下连续墙不宜用做防水等级为Ⅰ级的地下工程墙体。地下连续墙具有两大突出优点:一是对邻近建筑物和地下管线的影响较小;二是施工时无噪声、无振动。

地下连续墙的施工质量检验数量,应按连续墙每10个槽段抽查1处,每处为1个槽段,且不得少于3处。

(一)主控项目

(1)防水混凝土所用原材料、配合比以及其他防水材料必须符合设计要求。

检验方法:检查出厂合格证、质量检验报告、计量措施和现场抽样复验报告。

(2)地下连续墙混凝土抗压强度和抗渗压力必须符合设计要求。

检验方法:检查混凝土抗压、抗渗试验报告。

(二)一般项目

(1)地下连续墙的槽段接缝以及墙体与内衬结构的接缝应符合设计要求。

检验方法:观察和检查隐蔽工程验收记录。

(2)地下连续墙墙面的露筋部分应小于1%墙面面积,且不得有露石和夹泥现象。

检验方法:观察。

(3)地下连续墙墙体表面平整度的允许偏差:临时支护墙体为50 mm,单一或复合墙体为30 mm。

检验方法:尺量检查。

三、其他

其他特殊施工法还有复合式衬砌和盾构法施工。复合式衬砌近年来发展较快,在铁路隧道、地下铁道工程中已大量使用。由于在初期支护和内衬中间设置一道塑料防水板,可以大大减小内衬混凝土干缩时的约束,使内衬混凝土的裂缝变小,提高了结构主体防水的能力。适用于混凝土初期支护与二次衬砌中间设置防水层和缓冲排水层的隧道工程复合式衬砌。盾构法施工的构思是由法国工程师布鲁诺(Brunel)在船板上蛀虫钻孔的启示下于1818年提出的。自1818年首次提出盾构施工法至今,世界各国已制成数千个盾构,盾构法已广泛用于城市地下工程中适用于在软土和软岩中采用盾构掘进和拼装钢筋混凝土管片方法修建的区间隧道结构。这两种施工法的质量验收项目不再赘述,具体内容可参看规范GB 50208—2002的规定。

第七节　排水工程

排水法是用疏导的方法将地下水有组织地经过排水系统排走,以削弱对地下结构的压力,减小水对结构的渗透作用,从而辅助地下工程达到防水的目的。对于重要的、防水要求较高且具有抗浮要求的地下工程,在制订防水方案时,可结合排水法一并考虑。有自流排水条件的地下工程,应采用自流排水法。无自流排水条件且需考虑排水的地下工程,可采用渗排水、盲沟排水或机械排水。但应注意,勿因排水而危及地面建筑物。

一、渗排水、盲沟排水

渗排水、盲沟排水是采用疏导的方法,将地下水有组织地经过排水系统排走,以削弱水对地下结构的压力,减小水对结构的渗透作用,从而辅助地下工程达到防水目的。渗排水、盲沟排水适用于无自流排水条件、防水要求较高且有抗浮要求的地下工程。

渗排水、盲沟排水的施工质量检验数量应按10%抽查,其中以两轴线间或10延米为1处,且不得少于3处。

(一)主控项目

(1)反滤层的砂、石粒径和含泥量必须符合设计要求,此项为强制项目。

检验方法:检查砂、石试验报告。此项为强制项目。

(2)集水管的埋设深度及坡度必须符合设计要求。

检验方法:观察和尺量检查。

(二)一般项目

(1)渗排水层的构造应符合设计要求。

检验方法:检查隐蔽工程验收记录。

(2)渗排水层的铺设应分层、铺平、拍实。

检验方法:检查隐蔽工程验收记录。

(3)盲沟的构造应符合设计要求。

检验方法:检查隐蔽工程验收记录。

二、隧道、坑道排水

隧道、坑道排水是采取各种排水措施,使地下水能顺着预设的各种管沟被排到工程外,以降低地下水位和减少地下工程中的渗水量。隧道、坑道排水用于贴壁式、复合式、离壁式衬砌构造的隧道或坑道。其中贴壁式衬砌采用盲沟或暗沟将水导入排水沟内,盲沟宜设在衬砌与围岩之间,而排水暗沟可设置在衬砌内;复合式衬砌的排水系统,除纵向集水盲管设置在塑料防水板外侧并与缓冲排水层连接畅通外,其他均与贴壁式衬砌的要求相同;离壁式衬砌的拱肩应设置排水沟，沟底预埋排水管或设排水孔，在侧墙和拱肩处应设检查孔。侧墙外排水应做明沟。

隧道、坑道排水的施工质量检验数量应按10%抽查，其中以两轴线间或10延米为1处，且不得少于3处。

(一)主控项目

(1)隧道、坑道排水系统必须畅通。

检验方法:观察。

(2)反滤层的砂、石粒径和含泥量必须符合设计要求。

(3)土工复合材料必须符合设计要求。

检验方法:检查出厂合格证和质量检验报告。

(二)一般项目

(1)隧道纵向集水盲管和排水明沟的坡度应符合设计要求。

检验方法:尺量检查。

(2)隧道导水盲管和横向排水管的设置间距应符合设计要求。

检验方法:尺量检查。

(3)中心排水盲沟的断面尺寸、集水管埋设及检查井设置应符合设计要求。

检验方法:观察和尺量检查。

(4)复合式衬砌的缓冲排水层应铺设平整、均匀、连续，不得有扭曲、折皱和重叠现象。

检验方法:观察和检查隐蔽工程验收记录。

第八节　分部(子分部)工程质量验收

地下防水工程施工应按工序或分项进行验收，地下防水工程验收文件和记录应按表2-7-6的要求进行。地下防水隐蔽工程验收记录应包括:卷材、涂料防水层的基层;防水混凝土结构和防水层被掩盖的部位;变形缝、施工缝等防水构造的做法;管道设备穿过防水层的封固部位;渗排水层、盲沟和坑槽;衬砌前围岩渗漏水处理和基坑的超挖和回填。地下防水工程验收后，应填写子分部工程质量验收记录，随同工程验收的文件和记录交建设单位和施工单位存档。

表2-7-6　地下防水工程验收文件和记录

序号	项目	文件和记录
1	防水设计	设计图及会审记录、设计变更通知单和材料代用核定单
2	施工方案	施工方法、技术措施、质量保证措施
3	技术交底	施工操作要求及注意事项
4	材料质量证明文件	出厂合格证、产品质量检验报告、试验报告
5	中间检查记录	分项工程质量验收记录、隐蔽工程检查验收记录、施工检验记录
6	施工日志	逐日施工情况
7	混凝土、砂浆	试配及施工配合比，混凝土抗压、抗渗试验报告
8	施工单位资质证明	资质复印证件
9	工程检验记录	抽样质量检验及观察记录
10	其他技术资料	事故处理报告、技术总结

第八章　建筑地面工程

建筑地面工程是建筑物底层地面(地面)和楼层地面(楼面)工程的总称。根据《建筑工程施工质量验收统一标准》(GB 50300—2001)中建筑工程分部(子分部)工程的划分,建筑地面工程归属于建筑装饰装修工程分部的子分部工程。

第一节　基本规定

建筑地面工程的基本规定,主要是对其整体面层,板块面层,木、竹面层子分部工程及各属的分项工程施工质量验收作出了共同性要求。基本规定对建筑地面子分部工程、分项工程的划分,材料的质量,施工工序,施工工艺,施工环境温度,施工质量的检验及检验方法诸方面作出了明确的要求。

一、子分部、分项工程的划分

建筑地面子分部工程、分项工程的划分,按表 2-8-1 执行。

表 2-8-1　建筑地面子分部工程、分项工程划分

<table>
<tr><th>分部工程</th><th colspan="2">子分部工程</th><th>分项工程</th></tr>
<tr><td rowspan="6">建筑装饰装修工程</td><td rowspan="6">地面</td><td rowspan="2">整体面层</td><td>基层:基土、灰土垫层、砂垫层和砂石垫层、碎石垫层和碎砖垫层、三合土垫层、炉渣垫层、水泥混凝土垫层、找平层、隔离层、填充层</td></tr>
<tr><td>面层:水泥混凝土面层、水泥砂浆面层、水磨石面层、水泥钢(铁)屑面层、防油渗面层、不发火(防爆)面层</td></tr>
<tr><td rowspan="2">板块面层</td><td>基层:基土、灰土垫层、砂垫层和砂石垫层、碎石垫层和碎砖垫层、三合土垫层、炉渣垫层、水泥混凝土垫层、找平层、隔离层、填充层</td></tr>
<tr><td>面层:砖面层(陶瓷锦砖、缸砖、陶瓷地砖和水泥花砖面层)、大理石面层和花岗石面层、预制板块面层(水泥混凝土板块、水磨石板块面层)、料石面层(条石、块石面层)、塑料板面层、活动地板面层、地毯面层</td></tr>
<tr><td rowspan="2">木、竹面层</td><td>基层:基土、灰土垫层、砂垫层和砂石垫层、碎石垫层和碎砖垫层、三合土垫层、炉渣垫层、水泥混凝土垫层、找平层、隔离层、填充层</td></tr>
<tr><td>面层:实木地板面层(条材、块材面层)、实木复合地板面层(条材、块材面层)、中密度(强化)复合地板面层(条材面层)、竹地板面层</td></tr>
</table>

二、材料质量

(1)建筑施工企业在进行建筑地面工程施工时,应有质量管理体系和相应的施工工艺技术标准。

(2)建筑地面工程采用的材料应按设计要求和规范的规定选用,并应符合国家标准的规定;材料应有中文质量合格证明文件、规格、型号及性能检测报告,重要材料应有复验报告。

(3)建筑地面采用的大理石、花岗石等天然石材必须符合国家现行行业标准《天然石材产品放射防护分类控制标准》(JC 518)中有关材料有害物质的限量规定。进场应具有检测报告。

(4)胶粘剂、沥青胶结料和涂料等材料应按设计要求选用,并应符合现行国家标准《民用建筑工程室内环境污染控制规范》(GB 50325)的规定。

(5)厕浴间和有防滑要求的建筑地面的板块材料应符合设计要求。

三、施工次序

(1)建筑地面下的沟槽、暗管等工程完工后,经检验合格并做隐蔽记录,方可进行建筑地面工程的施工。

(2)建筑地面工程基层(各构造层)和面层的铺设,均应待其下一层检验合格后方可施工上一层。建筑地面工程各层铺设前与相关专业的分部(子分部)工程、分项工程以及设备管道安装工程之间,应进行交接检验。

四、建筑地面坡度的控制及附属工程的施工

(1)铺设有坡度的地面应采用基土高差达到设计要求的坡度;铺设有坡度的楼面(或架空地面)应采用在钢筋混凝土板上变更填充层(或找平层)铺设的厚度或以结构起坡达到设计要求的坡度。

(2)室外散水、明沟、踏步、台阶和坡道等附属工程,其面层和基层(各构造层)均应符合设计要求。施工时应按规范基层铺设中基土和相应垫层以及面层的规定执行。

(3)水泥混凝土散水、明沟,应设置伸缩缝,其延米间距不得大于10 m;房屋转角处应做45°缝。水泥混凝土散水、明沟和台阶等与建筑物连接处应设缝处理。上述缝宽度为15~20 mm,缝内填嵌柔性密封材料。

五、建筑地面变形缝

建筑地面的变形缝应按设计要求设置,并应符合下列规定:

(1)建筑地面的沉降缝、伸缩缝和防震缝,应与结构相应缝的位置一致,且应贯通建筑地面的各构造层。

(2)沉降缝和防震缝的宽度应符合设计要求,缝内清理干净,以柔性密封材料填嵌后用板封盖,并应与面层齐平。

六、建筑地面镶边

建筑地面镶边,当设计无要求时,应符合下列规定:

(1)在强烈机械作用下的水泥类整体面层与其他类型的面层邻接处,应设置金属镶边构件。

(2)采用水磨石整体面层时,应用同类材料以分格条设置镶边。

(3)条石面层和砖面层与其他面层邻接处,应用顶铺的同类材料镶边。

(4)采用木、竹面层和塑料板面层时,应用同类材料镶边。

(5)地面面层与管沟、孔洞、检查井等邻接处,均应设置镶边。

(6)管沟、变形缝等处的建筑地面面层的镶边构件,应在面层铺设前装设。

七、对有防水排水要求的建筑地面质量要求

厕浴间、厨房和有排水(或其他液体)要求的建筑地面面层与相连接各类面层的标高差应符合设计要求。

八、建筑地面施工环境的温度控制

建筑地面工程施工时,各层环境温度的控制应符合下列规定:

(1)采用掺有水泥、石灰的拌和料铺设以及用石油沥青胶结料铺贴时,不应低于 5 ℃。

(2)采用有机胶粘剂粘贴时,不应低于 10 ℃。

(3)采用砂、石材料铺设时,不应低于 0 ℃。

九、检验水泥混凝土和水泥砂浆强度试块组数的确定

检验水泥混凝土和水泥砂浆强度试块的组数,按每一层(或检验批)建筑地面工程不应小于一组。当每一层(或检验批)建筑地面工程面积大于 1 000 m^2 时,每增加 1 000 m^2 应增做一组试块;小于 1 000 m^2 按 1 000 m^2 计算。当改变配合比时,亦应制作相应组数的试块。

十、检验批的划分及检验数量

(1)基层(各构造层)和各类面层的分项工程的施工质量验收应以每一层次或每层施工段(或变形缝)作为检验批,高层建筑的标准层可以每三层(不足三层按三层计)作为检验批。

(2)每检验批应以各子分部工程的基层(各构造层)和各类面层所划分的分项工程按自然间(或标准间)检验,抽查数量为随机检验不应少于 3 间,不足 3 间,应全数检查,其中走廊(过道)应以 10 延米为 1 间,工业厂房(按单跨计)、礼堂、门厅应以两个轴线为 1 间计算。

(3)有防水要求的建筑地面子分部工程的分项工程施工质量每检验批抽查数量按其房间总数,随机检验不应少于 4 间,不足 4 间,应全数检查。

十一、检验工具及检验方法的规定

检验方法应符合下列规定:

(1)检查允许偏差应采用钢尺、2 m 靠尺、楔形塞尺、坡度尺和水准仪。

(2)检查空鼓应采用敲击的方法。

(3)检查有防水要求建筑地面的基层(各构造层)和面层,应采用泼水或蓄水方法,蓄水时间不得少于 24 h。

(4)检查各类面层(含不需铺设部分或局部面层)表面的裂纹、脱皮、麻面和起砂等缺陷,应采用观感的方法。

建筑地面工程的分项工程施工质量检验的主控项目,必须达到规范规定的质量标准。一般项目 80% 以上的检查点(处)符合规范规定的质量要求,其他检查点(处)没有明显影

响使用,并不大于允许偏差值的50%为合格。

凡达不到质量标准的,应按现行国家标准《建筑工程施工质量验收统一标准》(GB 50300—2001)的规定处理。

建筑地面工程完工后,施工质量验收应在建筑施工企业自检合格的基础上,由监理单位组织有关单位对分项工程、子分部工程进行检验。

建筑地面工程完工后,应对面层采取保护措施。

第二节　基层铺设

一、一般规定

(1)适用于基土、垫层、找平层、隔离层和填充层等基层分项工程的施工质量检收。

(2)基层铺设的材料质量、密实度和强度等级(或配合比)等应符合设计要求和规范的规定。

(3)基层铺设前,其下一层表面应干净、无积水。

(4)当垫层、找平层内埋设暗管时,管道应按设计要求予以稳固。

基层的标高、坡度、厚度等应符合设计要求。基层表面应平整,其允许偏差应符合表2-8-2的规定。

二、基土

对软弱土层应按设计要求进行处理。

填土应分层压(夯)实,填土质量应符合现行国家标准《建设地基基础工程施工质量验收规范》(GB 50202)的有关规定。

填土时应为最优含水量。重要工程或大面积的地面填土前,应取土样,按击实试验确定最优含水量与相应的最大干密度。

(一)主控项目

(1)基土严禁用淤泥、腐殖土、冻土、耕植土、膨胀土和含有机物质大于8%的土作为填土。

检验方法:观察和检查土质记录。

(2)基土应均匀密实,压实系数应符合设计要求,设计无要求时,不应小于0.90。

检验方法:观察和检查试验记录。

(二)一般项目

基土表面的允许偏差应符合规范GB 50202中表4.1.5的规定。

检验方法:应按规范GB 50202中表4.1.5中的检验方法检验。

三、灰土垫层

灰土垫层应采用熟化石灰与黏土(或粉质黏土、粉土)的拌和料铺设,其厚度不应小于100 mm。

熟化石灰可采用磨细生石灰,亦可用粉煤灰或电石渣代替。

表 2-8-2　基层表面的允许偏差和检验方法　（单位:mm）

项次				1	2	3	4
项目				表面平整度	标高	坡度	厚度
允许偏差	基土		土	15	0 -50	不大于房间相应尺寸的2/1 000，且不大于30	在个别地方不大于设计厚度的1/10
	垫层		砂、砂石、碎石、碎砖	15	±20		
			灰土、混凝土、炉渣水泥土	10	±10		
			木搁栅	3	±3		
		毛地板	拼花实木地板、拼花实木复合地板面层	3	±5		
			其他种类面层	5	±8		
	找平层		用沥青玛琦脂做结合层，拼花木板铺设板块面层	3	±5		
			用水泥砂浆做板块面层铺设	5	±8		
			用胶粘剂做结合层，强化木地板、拼花木板、塑料板、复合地板、竹地板铺设面层	2	±4		
	填充层		松散材料	7	±4		
			板、块材料	5			
	隔离层		防水、防潮、防油渗	3	±4		
检验方法				用 2 m 靠尺和楔形塞尺检查	用水准仪检查	用坡度尺检查	用钢尺检查

灰土垫层应铺设在不受地下水浸泡的基土上。施工后应有防止水浸泡的措施。

灰土垫层应分层夯实，经湿润养护、晾干后方可进行下一道工序施工。

（一）主控项目

灰土体积比应符合设计要求。

检验方法：观察和检查配合比通知单。

（二）一般项目

（1）熟化石灰颗粒粒径不得大于 5 mm，黏土（或粉质黏土、粉土）内不得含有有机物质，颗粒粒径不得大于 15 mm。

检验方法：观察和检查材质合格记录。

（2）灰土垫层表面的允许偏差应符合规范 GB 50202 中表 4. 1. 5 的规定。

检验方法：应按规范 GB 50202 中表 4. 1. 5 中的检验方法检验。

四、砂垫层和砂石垫层

砂垫层厚度不应小于 60 mm,砂石垫层厚度不应小于 100 mm。

砂石应选用天然级配材料。铺设时不应有粗细颗粒分离现象,压(夯)至不松动为止。

(一)主控项目

(1)砂和砂石不得含有草根等有机杂质;砂应采用中砂;石子最大粒径不得大于垫层厚度的 2/3。

检验方法:观察和检查材质合格证明文件及检测报告。

(2)砂垫层和砂石垫层的干密度(或贯入度)应符合设计要求。

检验方法:观察和检查试验记录。

(二)一般项目

(1)表面不应有砂窝、石堆等质量缺陷。

检验方法:观察。

(2)砂垫层和砂石垫层表面的允许偏差应符合规范 GB 50202 中表 4.1.5 的规定。

检验方法:应按规范 GB 50202 中表 4.1.5 中的检验方法检验。

五、碎石垫层和碎砖垫层

碎石垫层和碎砖垫层厚度不应小于 100 mm。垫层应分层压(夯)实,达到表面坚实、平整。

(一)主控项目

(1)碎石的强度应均匀,最大粒径不应大于垫层厚度的 2/3;碎砖不应采用风化、酥松、夹有有机杂质的砖料,颗粒粒径不应大于 60 mm。

检验方法:观察和检查材质合格证明文件及检测报告。

(2)碎石、碎砖垫层的密实度应符合设计要求。

检验方法:观察和检查试验记录。

(二)一般项目

碎石、碎砖垫层的表面允许偏差应符合规范 GB 50202 中表 4.1.5 的规定。

检验方法:应按规范 GB 50202 中表 4.1.5 中的检验方法检验。

六、三合土垫层

三合土垫层采用石灰、砂(可掺入少量黏土)与碎砖的拌和料铺设,其厚度不应小于 100 mm。

三合土垫层应分层夯实。

(一)主控项目

(1)熟化石灰颗粒粒径不得大于 5 mm;砂应用中砂,并不得含有草根等有机物质;碎砖不应采用风化、酥松和夹有有机杂质的砖料,颗粒粒径不应大于 60 mm。

检验方法:观察和检查材质合格证明文件及检测报告。

(2)三合土的体积比应符合设计要求。

检验方法:观察和检查配合比通知单。

（二）一般项目

三合土垫层表面的允许偏差应符合规范 GB 50202 中表 4.1.5 的规定。

检验方法：应按规范 GB 50202 中表 4.1.5 中的检验方法检验。

七、炉渣垫层

炉渣垫层采用炉渣或水泥与炉渣或水泥、石灰与炉渣的拌和料铺设，其厚度不应小于 80 mm。

炉渣或水泥炉渣垫层的炉渣，使用前应浇水闷透；水泥石灰炉渣垫层的炉渣，使用前应用石灰浆或用熟化石灰浇水拌和闷透；闷透时间均不得少于 5 d。

在垫层铺设前，其下一层应湿润；铺设时应分层压实，铺设后应养护，待其凝结后方可进行下一道工序施工。

（一）主控项目

（1）炉渣内不应含有有机杂质和未燃尽的煤块，颗粒粒径不应大于 40 mm，且粒径在 5 mm 及其以下的颗粒不得超过总体积的 40%；熟化石灰颗粒粒径不得大于 5 mm。

检验方法：观察和检查材质合格证明文件及检测报告。

（2）炉渣垫层的体积比应符合设计要求。

检验方法：观察和检查配合比通知单。

（二）一般项目

（1）炉渣垫层与其下一层应结合牢固，不得有空鼓和松散炉渣颗粒。

检验方法：观察和用小锤轻击检查。

（2）炉渣垫层表面的允许偏差应符合规范 GB 50202 中表 4.1.5 的规定。

检验方法：应按规范 GB 50202 中表 4.1.5 中的检验方法检验。

八、水泥混凝土垫层

水泥混凝土垫层铺设在基土上，当气温长期处于 0 ℃以下，设计无要求时，垫层应设置伸缩缝。

水泥混凝土垫层的厚度不应小于 60 mm。

垫层铺设前，其下一层表面应湿润。

室内地面的水泥混凝土垫层，应设置纵向缩缝和横向缩缝；纵向缩缝间距不得大于 6 m，横向缩缝间距不得大于 12 m。

垫层的纵向缩缝应做平头缝或加肋板平头缝。当垫层厚度大于 150 mm 时，可做企口缝。横向缩缝应做假缝。

平头缝和企口缝的缝间不得放置隔离材料，浇筑时应互相紧贴。企口缝的尺寸应符合设计要求，假缝宽度为 5～20 mm，深度为垫层厚度的 1/3，缝内填水泥砂浆。

工业厂房、礼堂、门厅等大面积水泥混凝土垫层应分区段浇筑。区段应结合变形缝位置、不同类型的建筑地面连接处和设备基础的位置进行划分，并应与设置的纵向、横向缩缝的间距相一致。

水泥混凝土施工质量检验尚应符合现行国家标准《混凝土结构工程施工质量验收规范》（GB 50204）的有关规定。

（一）主控项目

（1）水泥混凝土垫层采用的粗骨料，其最大粒径不应大于垫层厚度的2/3；含泥量不应大于2%；砂为中粗砂，其含泥量不应大于3%。

检验方法：观察和检查材质合格证明文件及检测报告。

（2）混凝土的强度等级应符合设计要求，且不应小于C10。

检验方法：观察和检查配合比通知单及检测报告。

（二）一般项目

水泥混凝土垫层表面的允许偏差应符合规范GB 50202中表4.1.5的规定。

检验方法：应按规范GB 50202中表4.1.5中的检验方法检验。

九、找平层

找平层应采用水泥砂浆或水泥混凝土铺设，并应符合规范GB 50202中第5章有关面层的规定。

铺设找平层前，当其下一层有松散填充料时，应予铺平振实。

有防水要求的建筑地面工程，铺设前必须对立管、套管和地漏与楼板节点之间进行密封处理；排水坡度应符合设计要求。

在预制钢筋混凝土板上铺设找平层前，板缝填嵌的施工应符合下列要求：

（1）预制钢筋混凝土板相邻缝底宽不应小于20 mm。

（2）填嵌时，板缝内应清理干净，保持湿润。

（3）填缝采用细石混凝土，其强度等级不得小于C20。填缝高度应低于板面10～20 mm，且振捣密实，表面不应压光；填缝后应养护。

当板缝底宽大于40 mm时，应按设计要求配置钢筋。

在预制钢筋混凝土板上铺设找平层时，其板端应按设计要求做防裂的构造设施。

（一）主控项目

（1）找平层采用碎石或卵石的粒径不应大于其厚度的2/3，含泥量不应大于2%；砂为中粗砂，其含泥量不应大于3%。

检验方法：观察和检查材质合格证明文件及检测报告。

（2）水泥砂浆体积比或水泥混凝土强度等级应符合设计要求，且水泥砂浆体积比不应小于1:3（或相应的强度等级）；水泥混凝土强度等级不应小于C15。

检验方法：观察和检查配合比通知单及检测报告。

（3）有防水要求的建筑地面工程的立管、套管、地漏处严禁渗漏，坡向应正确、无积水。

检验方法：观察和蓄水、泼水检验及用坡度尺检查。

（二）一般项目

（1）找平层与其下一层应结合牢固，不得有空鼓。

检验方法：用小锤轻击检查。

（2）找平层表面应密实，不得有起砂、蜂窝和裂缝等缺陷。

检验方法：观察。

（3）找平层的表面允许偏差应符合规范GB 50202中表4.1.5的规定。

检验方法：应按规范GB 50202中表4.1.5中的检验方法检验。

十、隔离层

隔离层的材料，其材质应经有资质的检测单位认定。

在水泥类找平层上铺设沥青类防水卷材、防水涂料或以水泥类材料作为防水隔离层时，其表面应坚固、洁净、干燥。铺设前，应涂刷基层处理剂。基层处理剂应采用与卷材性能配套的材料或采用同类涂料的底子油。

当采用掺有防水剂的水泥类找平层作为防水隔离层时，其掺量和强度等级(或配合比)应符合设计要求。

铺设防水隔离层时，在管道穿过楼板面的四周，防水材料应向上铺涂，并超过套管的上口；在靠近墙面处，应高出面层200~300 mm或按设计要求的高度铺涂。阴阳角和管道穿过楼板面的根部应增加铺涂附加防水隔离层。

防水材料铺设后，必须蓄水检验。蓄水深度应为20~30 mm，24 h内无渗漏为合格，并做记录。

隔离层施工质量检验应符合现行国家标准《屋面工程质量验收规范》(GB 50207)的有关规定。

(一)主控项目

(1)隔离层材质必须符合设计要求和国家有关产品标准的规定。

检验方法：观察和检查材质合格证明文件、检测报告。

(2)厕浴间和有防水要求的建筑地面必须设置防水隔离层。楼层结构必须采用现浇混凝土或整块预制混凝土板，混凝土强度等级不应小于C20；楼板四周除门洞外，应做混凝土翻边，其高度不应小于120 mm。施工时，结构层标高和预留孔洞位置应准确，严禁乱凿洞。

检验方法：观察和用钢尺检查。

(3)水泥类防水隔离层的防水性能和强度等级必须符合设计要求。

检验方法：观察和检查检测报告。

(4)防水隔离层严禁渗漏，坡向应正确、排水通畅。

检验方法：观察和蓄水、泼水检验或用坡度尺检查及检查检验记录。

(二)一般项目

(1)隔离层厚度应符合设计要求。

检验方法：观察和用钢尺检查。

(2)隔离层与其下一层应黏结牢固，不得有空鼓；防水涂层应平整、均匀，无脱皮、起壳、裂缝、鼓泡等缺陷。

检验方法：用小锤轻击检查和观察。

(3)隔离层表面的允许偏差应符合规范GB 50202中表4.1.5的规定。

检验方法：应按规范GB 50202中表4.1.5中的检验方法检验。

十一、填充层

填充层应按设计要求选用材料，其密度和导热系数应符合国家有关产品标准的规定。

填充层的下一层表面应平整。当为水泥类时，尚应洁净、干燥，并不得有空鼓、裂缝和起砂等缺陷。

采用松散材料铺设填充层时,应分层铺平拍实;采用板、块状材料铺设填充层时,应分层错缝铺贴。

填充层施工质量检验尚应符合现行国家标准《屋面工程质量验收规范》(GB 50207)的有关规定。

(一)主控项目

(1)填充层的材料质量必须符合设计要求和国家有关产品标准的规定。

检验方法:观察和检查材质合格证明文件、检测报告。

(2)填充层的配合比必须符合设计要求。

检验方法:观察和检查配合比通知单。

(二)一般项目

(1)松散材料填充层铺设应密实;板、块状材料填充层应压实、无翘曲。

检验方法:观察。

(2)填充层表面的允许偏差应符合规范 GB 50202 中表 4.1.5 的规定。

检验方法:应按规范 GB 50202 中表 4.1.5 中的检验方法检验。

第三节　整体面层铺设

一、一般规定

(1)适用于水泥混凝土(含细石混凝土)面层、水泥砂浆面层、水磨石面层、水泥钢(铁)屑面层、防油渗面层和不发火(防爆)面层等面层分项工程的施工质量检验。

(2)铺设整体面层时,其水泥类基层的抗压强度不得小于 1.2 MPa;表面应粗糙、洁净、湿润并不得有积水。铺设前宜涂刷界面处理剂。

(3)铺设整体面层,应符合设计要求和规范 GB 50202 中第 3.0.13 条的规定。

(4)整体面层施工后,养护时间不应少于 7 d;抗压强度应达到 5 MPa 后,方准上人行走;抗压强度达到设计要求后,方可正常使用。

(5)当采用掺有水泥的拌和料做踢脚线时,不得用石灰砂浆打底。

(6)整体面层的抹平工作应在水泥初凝前完成,压光工作应在水泥终凝前完成。

(7)整体面层的允许偏差应符合表 2-8-3 的规定。

二、水泥混凝土面层

水泥混凝土面层厚度应符合设计要求。

水泥混凝土面层铺设不得留施工缝。当施工间隙超过允许时间规定时,应对接槎处进行处理。

(一)主控项目

(1)水泥混凝土采用的粗骨料,其最大粒径不应大于面层厚度的 2/3,细石混凝土面层采用的石子粒径不应大于 15 mm。

检验方法:观察和检查材质合格证明文件及检测报告。

表 2-8-3 整体面层的允许偏差和检验方法 （单位：mm）

项次		1	2	3
项目		表面平整度	踢脚线上口平直度	缝格平直度
允许偏差	水泥混凝土面层	5	4	3
	水泥砂浆面层	4	4	3
	普通水磨石面层	3	3	3
	高级水磨石面层	2	3	2
	水泥钢（铁）屑面层	4	4	3
	防油渗面层和不发火（防爆）面层	5	4	3
检验方法		用 2 m 靠尺和楔形塞尺检查	拉 5 m 线和用钢尺检查	

（2）面层的强度等级应符合设计要求，且水泥混凝土面层强度等级不应低于 C20；水泥混凝土垫层兼面层强度等级不应低于 C15。

检验方法：检查配合比通知单及检测报告。

（3）面层与下一层应结合牢固，无空鼓、裂纹。

检验方法：用小锤轻击检查。

注：空鼓面积不应大于 400 cm^2，且每自然间（标准间）不多于 2 处可不计。

（二）一般项目

（1）面层表面不应有裂纹、脱皮、麻面、起砂等缺陷。

检验方法：观察。

（2）面层表面的坡度应符合设计要求，不得有倒泛水和积水现象。

检验方法：观察和采用泼水或用坡度尺检查。

（3）水泥砂浆踢脚线与墙面应紧密结合，高度一致，出墙厚度均匀。

检验方法：观察和用小锤轻击、钢尺检查。

注：局部空鼓长度不应大于 300 mm，且每自然间（标准间）不多于 2 处可不计。

（4）楼梯踏步的宽度、高度应符合设计要求。楼层梯段相邻踏步高度差不应大于 10 mm，每踏步两端宽度差不应大于 10 mm；旋转楼梯梯段的每踏步两端宽度的允许偏差为 5 mm。楼梯踏步的齿角应整齐，防滑条应顺直。

检验方法：观察和用钢尺检查。

（5）水泥混凝土面层的允许偏差应符合规范 GB 50202 中表 5. 1. 7 的规定。

检验方法：应按规范 GB 50202 中表 5. 1. 7 中的检验方法检验。

三、水泥砂浆面层

水泥砂浆面层的厚度应符合设计要求，且不应小于 20 mm。

（一）主控项目

（1）水泥采用硅酸盐水泥、普通硅酸盐水泥，其强度等级不应小于 32. 5 级，不同品种、不同强度等级的水泥严禁混用；砂应为中粗砂，当采用石屑时，其粒径应为 1 ~5 mm，且含泥量不应大于3%。

检验方法:观察和检查材质合格证明文件及检测报告。

(2)水泥砂浆面层的体积比(强度等级)必须符合设计要求,且体积比应为1:2,强度等级不应小于M15。

检验方法:检查配合比通知单和检测报告。

(3)面层与下一层应结合牢固,无空鼓、裂纹。

检验方法:用小锤轻击检查。

注:空鼓面积不应大于400 cm^2,且每自然间(标准间)不多于2处可不计。

(二)一般项目

(1)面层表面的坡度应符合设计要求,不得有倒泛水和积水现象。

检验方法:观察和采月泼水或用坡度尺检查。

(2)面层表面应洁净,无裂纹、脱皮、麻面、起砂等缺陷。

检验方法:观察。

(3)踢脚线与墙面应紧密结合,高度一致,出墙厚度均匀。

检验方法:观察和用小锤轻击、钢尺检查。

注:局部空鼓长度不应大于300 mm,且每自然间(标准间)不多于2处可不计。

(4)楼梯踏步的宽度、高度应符合设计要求。楼层梯段相邻踏步高度差不应大于10 mm,每踏步两端宽度差不应大于10 mm;旋转楼梯梯段的每踏步两端宽度的允许偏差为5 mm。楼梯踏步的齿角应整齐,防滑条应顺直。

检验方法:观察和用钢尺检查。

(5)水泥砂浆面层的允许偏差应符合规范GB 50202中表5.1.7的规定。

检验方法:应按规范GB 50202中表5.1.7中的检验方法检验。

四、水磨石面层

水磨石面层应采用水泥与石粒的拌和料铺设。面层厚度除有特殊要求外,宜为12~18 mm,且按石粒粒径确定。水磨石面层的颜色和图案应符合设计要求。

白色或浅色的水磨石面层,应采用白水泥;深色的水磨石面层,宜采用硅酸盐水泥、普通硅酸盐水泥或矿渣硅酸盐水泥;同颜色的面层应使用同一批水泥。同一彩色面层应使用同厂、同批的颜料,其掺入量宜为水泥质量的3%~6%或由试验确定。

水磨石面层的结合层的水泥砂浆体积比宜为1:3,相应的强度等级不应低于M10,水泥砂浆稠度(以标准圆锥体沉入度计)宜为30~35 mm。

普通水磨石面层磨光遍数不应少于3遍。高级水磨石面层的厚度和磨光遍数由设计确定。在水磨石面层磨光后,涂草酸和上蜡前,其表面不得污染。

(一)主控项目

(1)水磨石面层的石粒,应采用坚硬可磨的白云石、大理石等岩石加工而成,石粒应洁净无杂物,其粒径除特殊要求外应为6~15 mm;水泥强度等级不应低于32.5级;颜料应采用耐光、耐碱的矿物原料,不得使用酸性颜料。

检验方法:观察和检查材质合格证明文件。

(2)水磨石面层拌和料的体积比应符合设计要求,且为1:1.5~1:2.5(水泥:石粒)。

检验方法:检查配合比通知单和检测报告。

(3)面层与下一层结合应牢固,无空鼓、裂纹。

检验方法:用小锤轻击检查。

注:空鼓面积不应大于 400 cm^2,且每自然间(标准间)不多于 2 处可不计。

(二)一般项目

(1)面层表面应光滑;无明显裂纹、砂眼和磨纹;石粒密实,显露均匀;颜色图案一致,不混色;分格条牢固、顺直和清晰。

检验方法:观察。

(2)踢脚线与墙面应紧密结合,高度一致,出墙厚度均匀。

检验方法:观察和用小锤轻击、钢尺检查。

注:局部空鼓长度不应大于 300 mm,且每自然间(标准间)不多于 2 处可不计。

(3)楼梯踏步的宽度、高度应符合设计要求。楼层梯段相邻踏步高度差不应大于 10 mm,每踏步两端宽度差不应大于 10 mm;旋转楼梯梯段的每踏步两端宽度的允许偏差为 5 mm。楼梯踏步的齿角应整齐,防滑条应顺直。

检验方法:观察和用钢尺检查。

(4)水磨石面层的允许偏差应符合规范 GB 50202 中表 5.1.7 的规定。

检验方法:应按规范 GB 50202 中表 5.1.7 中的检验方法检验。

五、水泥钢(铁)屑面层

水泥钢(铁)屑面层应采用水泥与钢(铁)屑的拌和料铺设。

水泥钢(铁)屑面层配合比应通过试验确定。当采用振动法使水泥钢(铁)屑拌和料密实时,其密度不应小于 2 000 kg/m^3,其稠度不应大于 10 mm。

水泥钢(铁)屑面层铺设时应先铺一层厚 20 mm 的水泥砂浆结合层,面层的铺设应在结合层的水泥初凝前完成。

(一)主控项目

(1)水泥强度等级不应低于 32.5 级;钢(铁)屑的粒径应为 1 ~5 mm;钢(铁)屑中不应有其他杂质,使用前应去油除锈,冲洗干净并干燥。

检验方法:观察和检查材质合格证明文件及检测报告。

(2)面层和结合层的强度等级必须符合设计要求,且面层抗压强度不应小于 40 MPa;结合层体积比为 1:2(相应的强度等级不应低于 M15)。

检验方法:检查配合比通知单和检测报告。

(3)面层与下一层结合必须牢固,无空鼓。

检验方法:用小锤轻击检查。

(二)一般项目

(1)面层表面坡度应符合设计要求。

检验方法:用坡度尺检查。

(2)面层表面不应有裂纹、脱皮、麻面等缺陷。

检验方法:观察。

(3)踢脚线与墙面应结合牢固,高度一致,出墙厚度均匀。

检验方法:观察和用小锤轻击、钢尺检查。

(4)水泥钢(铁)屑面层的允许偏差应符合规范 GB 50202 中表 5.1.7 的规定。

检验方法:应按规范 GB 50202 中表 5.1.7 中的检验方法检验。

六、防油渗面层

防油渗面层应采用防油渗混凝土铺设或采用防油渗涂料涂刷。

防油渗面层设置防油渗隔离层(包括与墙、柱连接处的构造)时,应符合设计要求。

防油渗混凝土面层厚度应符合设计要求,防油渗混凝土的配合比应按设计要求的强度等级和抗渗性能通过试验确定。

防油渗混凝土面层应按厂房柱网分区段浇筑,区段划分及分区段缝应符合设计要求。

防油渗混凝土面层内不得敷设管线。凡露出面层的电线管、接线盒、预埋套管和地脚螺栓等的处理,以及与墙、柱、变形缝、孔洞等连接处的泛水均应符合设计要求。

防油渗面层采用防油渗涂料时,材料应按设计要求选用,涂层厚度宜为 5~7 mm。

(一)主控项目

(1)防油渗混凝土所用的水泥应采用普通硅酸盐水泥,其强度等级应不低于 32.5 级;碎石应采用花岗石或石英石,严禁使用松散多孔和吸水率大的石子,粒径为 5~15 mm,其最大粒径不应大于 20 mm,含泥量不应大于 1%;砂应为中砂,洁净无杂物,其细度模数应为 2.3~2.6;掺入的外加剂和防油渗剂应符合有关产品质量标准。防油渗涂料应具有耐油、耐磨、耐火和黏结性能。

检验方法:观察和检查材质合格证明文件及检测报告。

(2)防油渗混凝土的强度等级和抗渗性能必须符合设计要求,且强度等级不应低于 C30;防油渗涂料抗拉黏结强度不应低于 0.3 MPa。

检验方法:检查配合比通知单和检测报告。

(3)防油渗混凝土面层与下一层应结合牢固、无空鼓。

检验方法:用小锤轻击检查。

(4)防油渗涂料面层与基层应黏结牢固,严禁有起皮、开裂、漏涂等缺陷。

检验方法:观察。

(二)一般项目

(1)防油渗面层表面坡度应符合设计要求,不得有倒泛水和积水现象。

检验方法:观察和泼水或用坡度尺检查。

(2)防油渗混凝土面层表面不应有裂纹、脱皮、麻面和起砂现象。

检验方法:观察。

(3)踢脚线与墙面应紧密结合、高度一致,出墙厚度均匀。

检验方法:观察和用小锤轻击、钢尺检查。

(4)防油渗面层的允许偏差应符合规范 GB 50202 中表 5.1.7 的规定。

检验方法:应按规范 GB 50202 中表 5.1.7 中的检验方法检验。

七、不发火(防爆)面层

不发火(防爆)面层应采用水泥类的拌和料铺设,其厚度应符合设计要求。

不发火(防爆)各类面层的铺设,应符合本章相应面层的规定。

不发火(防爆)面层采用的石料和硬化后的试件,应在金刚砂轮上做摩擦试验。试验时应符合规范 GB 50202 附录 A 的规定。

(一)主控项目

(1)不发火(防爆)面层采用的碎石应选用大理石、白云石或其他石料加工而成,并以金属或石料撞击时不发生火花为合格;砂应质地坚硬、表面粗糙,其粒径宜为 0.15 ~5 mm,含泥量不应大于 3%,有机物含量不应大于 0.5%;水泥应采用普通硅酸盐水泥,其强度等级不应低于 32.5 级;面层分格的嵌条应采用不发生火花的材料配制,配制时应随时检查,不得混入金属或其他易发生火花的杂质。

检验方法:观察和检查材质合格证明文件及检测报告。

(2)不发火(防爆)面层的强度等级应符合设计要求。

检验方法:检查配合比通知单和检测报告。

(3)面层与下一层应结合牢固,无空鼓、无裂纹。

检验方法:用小锤轻击检查。

注:空鼓面积不应大于 400 cm^2,且每自然间(标准间)不多于 2 处可不计。

(4)不发火(防爆)面层的试件,必须检验合格。

检验方法:检查检测报告。

(二)一般项目

(1)面层表面应密实,无裂缝、蜂窝、麻面等缺陷。

检验方法:观察。

(2)踢脚线与墙面应紧密结合、高度一致、出墙厚度均匀。

检验方法:观察和用小锤轻击、钢尺检查。

(3)不发火(防爆)面层的允许偏差应符合规范 GB 50202 中表 5.1.7 的规定。

检验方法:应按规范 GB 50202 中表 5.1.7 中的检验方法检验。

第四节　板块面层铺设

一、一般规定

适用于砖面层、大理石面层和花岗石面层、预制板块面层、料石面层、塑料板面层、活动地板面层及地毯面层等面层分项工程的施工质量检验。

铺设板块面层时,其水泥类基层的抗压强度不得小于 1.2 MPa。

铺设板块面层的结合层和板块间的填缝采用的水泥砂浆,应符合下列规定:

(1)配制水泥砂浆应采用硅酸盐水泥、普通硅酸盐水泥或矿渣硅酸盐水泥,其水泥强度等级不宜低于 32.5 级。

(2)配制水泥砂浆的砂应符合国家现行行业标准《普通混凝土用砂质量标准及检验方法》(JGJ 52)的规定。

(3)配制水泥砂浆的体积比(或强度等级)应符合设计要求。

结合层和板块面层填缝的沥青胶结材料应符合国家现行有关产品标准和设计要求。

板块的铺砌应符合设计要求。当设计无要求时，宜避免出现板块小于1/4边长的边角料。

铺设水泥混凝土板块、水磨石板块、水泥花砖、陶瓷锦砖、陶瓷地砖、缸砖、料石、大理石和花岗石面层等的结合层及填缝的水泥砂浆时，在面层铺设后，表面应覆盖、湿润，其养护时间不应少于7 d。

当板块面层的水泥砂浆结合层的抗压强度达到设计要求后，方可正常使用。

板块类踢脚线施工时，不得采用石灰砂浆打底。

板块面层的允许偏差应符合表2-8-4的规定。

表2-8-4　板块面层的允许偏差和检验方法

（单位：mm）

	项次	1	2	3	4	5
	项目	表面平整度	缝格平直度	接缝高低差	踢脚线上口平直度	板块间隙宽度
允许偏差	陶瓷锦砖面层、高级水磨石板、陶瓷地砖面层	2.0	3.0	0.5	3.0	2.0
	缸砖面层	4.0	3.0	1.5	4.0	2.0
	水泥花砖面层	3.0	3.0	0.5	—	2.0
	水磨石板块面层	3.0	3.0	1.0	4.0	2.0
	大理石面层和花岗石面层	1.0	2.0	0.5	1.0	1.0
	塑料板面层	2.0	3.0	0.5	2.0	—
	水泥混凝二板块面层	4.0	3.0	1.5	4.0	6.0
	碎拼大理石、碎拼花岗石面层	3.0	—	—	10.0	—
	活动地板面层	2.0	2.5	0.4	—	0.3
	条石面层	10.0	8.0	2.0	—	5.0
	块石面层	10.0	8.0	—	—	—
	检验方法	用2 m靠尺和楔形塞尺检查	拉5 m线和用钢尺检查	用钢尺和楔形塞尺检查	拉5 m线和用钢尺检查	用钢尺检查

二、砖面层

砖面层采用的陶瓷锦砖、缸砖、陶瓷地砖和水泥花砖应在结合层上铺设。

有防腐蚀要求的砖面层采用的耐酸瓷砖、浸渍沥青砖、缸砖的材质、铺设以及施工质量验收应符合现行国家标准《建筑防腐蚀工程施工及验收规范》(GB 50212)的规定。

在水泥砂浆结合层上铺贴缸砖、陶瓷地砖和水泥花砖面层时，应符合下列规定：

(1)在铺贴前，应对砖的规格尺寸、外观质量、色泽等进行预选，浸水湿润后晾干待用。

(2)勾缝和压缝应采用同品种、同强度等级、同颜色的水泥，并做养护和保护。

在水泥砂浆结合层上铺贴陶瓷锦砖面层时，砖底面应洁净，每联陶瓷锦砖之间、陶瓷锦砖与结合层之间以及在墙角、镶边和靠墙处,应紧密贴合。在靠墙处不得采用砂浆填补。

在沥青胶结料结合层上铺贴缸砖面层时,缸砖应干净,铺贴时应在摊铺热沥青胶结料上进行,并应在胶结料凝结前完成。

采用胶粘剂在结合层上粘贴砖面层时,胶粘剂选用应符合现行国家标准《民用建筑工程室内环境污染控制规范》(GB 50325)的规定。

(一)主控项目

(1)面层所用的板块的品种、质量必须符合设计要求。

检验方法:观察和检查材质合格证明文件及检测报告。

(2)面层与下一层的结合(黏结)应牢固,无空鼓。

检验方法:用小锤轻击检查。

注:凡单块砖边角有局部空鼓,且每自然间(标准间)不超过总数的5%可不计。

(二)一般项目

(1)砖面层的表面应洁净,图案清晰,色泽一致,接缝平整,深浅一致,周边顺直。板块无裂纹、掉角和缺棱等缺陷。

检验方法:观察。

(2)面层邻接处的镶边用料及尺寸应符合设计要求,边角整齐、光滑。

检验方法:观察和用钢尺检查。

(3)踢脚线表面应洁净,且高度一致、结合牢固、出墙厚度一致。

检验方法:观察和用小锤轻击及用钢尺检查。

(4)楼梯踏步和台阶板块的缝隙宽度应一致、齿角整齐,楼层梯段相邻踏步高度差不应大于10 mm,防滑条应顺直。

检验方法:观察和用钢尺检查。

(5)面层表面的坡度应符合设计要求,不倒泛水、无积水;与地漏、管道结合处应严密牢固,无渗漏。

检验方法:观察和泼水、蓄水检验或用坡度尺检查。

(6)砖面层的允许偏差应符合规范GB 50202中表6.1.8的规定。

检验方法:应按规范GB 50202中表6.1.8中的检验方法检验。

三、大理石面层和花岗石面层

大理石、花岗石面层采用的天然大理石、花岗石(或碎拼大理石、碎拼花岗石)板材应在结合层上铺设。

天然大理石、花岗石的技术等级、光泽度、外观等质量要求应符合国家现行行业标准《天然大理石建筑板材》(JC 79)、《天然花岗石建筑板材》(JC 205)的规定。

板材有裂缝、掉角、翘曲和表面有缺陷时应予剔除,品种不同的板材不得混杂使用;在铺设前,应根据石材的颜色、花纹、图案、纹理等按设计要求,试拼编号。

铺设大理石、花岗石面层前,板材应浸湿、晾干,结合层与板材应分段同时铺设。

(一)主控项目

(1)大理石、花岗石面层所用板块的品种、质量应符合设计要求。

检验方法:观察和检查材质合格记录。

(2)面层与下一层应结合牢固,无空鼓。

检验方法:用小锤轻击检查。

注:凡单块板块边角有局部空鼓,且每自然间(标准间)不超过总数的5%可不计。

(二)一般项目

(1)大理石、花岗石面层的表面应洁净、平整、无磨痕,且应图案清晰,色泽一致,接缝均匀,周边顺直,镶嵌正确,板块无裂纹、掉角、缺棱等缺陷。

检验方法:观察。

(2)踢脚线表面应洁净,且高度一致、结合牢固、出墙厚度一致。

检验方法:观察和用小锤轻击及用钢尺检查。

(3)楼梯踏步和台阶板块的缝隙宽度应一致、齿角整齐;楼层梯段相邻踏步高度差不应大于10 mm;防滑条应顺直、牢固。

检验方法:观察和用钢尺检查。

(4)面层表面的坡度应符合设计要求,不倒泛水、无积水;与地漏、管道结合处应严密牢固,无渗漏。

检验方法:观察和泼水、蓄水检验或用坡度尺检查。

(5)大理石和花岗石(或碎拼大理石、碎拼花岗石)面层的允许偏差应符合规范GB 50202中表6.1.8的规定。

检验方法:应按规范GB 50202中表6.1.8中的检验方法检验。

四、预制板块面层

预制板块面层采用的水泥混凝土板块、水磨石板块应在结合层上铺设。

在现场加工的预制板块应按规范GB 50202中第5章的有关规定执行。

水泥混凝土板块面层的缝隙,应采用水泥浆(或砂浆)填缝;彩色混凝土板块和水磨石板块应用同色水泥浆(或砂浆)擦缝。

(一)主控项目

(1)预制板块的强度等级、规格、质量应符合设计要求,水磨石板块尚应符合国家现行行业标准《建筑水磨石制品》(JC/T 507)的规定。

检验方法:观察和检查材质合格证明文件及检测报告。

(2)面层与下一层应结合牢固、无空鼓。

检验方法:用小锤轻击检查。

注:凡单块板块料边角有局部空鼓,且每自然间(标准间)不超过总数的5%可不计。

(二)一般项目

(1)预制板块表面应无裂缝、掉角、翘曲等明显缺陷。

检验方法:观察。

(2)预制板块面层应平整洁净,图案清晰,色泽一致,接缝均匀,周边顺直,镶嵌正确。

检验方法:观察。

(3)面层邻接处的镶边用料尺寸应符合设计要求,边角整齐、光滑。

检验方法:观察和用钢尺检查。

(4)踢脚线表面应洁净,且高度一致、结合牢固、出墙厚度一致。

检验方法:观察和用小锤轻击及用钢尺检查。

(5)楼梯踏步和台阶板块的缝隙宽度一致、齿角整齐;楼层梯段相邻踏步高度差不应大于10 mm;防滑条应顺直。

检验方法:观察和用钢尺检查。

(6)水泥混凝土板块和水磨石板块面层的允许偏差应符合规范 GB 50202 中表 6.1.8 的规定。

检验方法:应按规范 GB 50202 中表 6.1.8 中的检验方法检验。

五、料石面层

料石面层采用的天然条石和块石应在结合层上铺设。

条石和块石面层所用石材的规格、技术等级和厚度应符合设计要求。条石的质量应均匀,形状为矩形六面体,厚度为 80 ~ 120 mm;块石形状为直棱柱体,顶面粗琢平整,底面面积不宜小于顶面面积的 60%,厚度为 100 ~ 150 mm。

不导电的料石面层的石料应采用辉绿岩石加工制成。填缝材料亦应采用由辉绿岩石加工而成的砂嵌实。耐高温的料石面层的石料,应按设计要求选用。

块石面层结合层铺设厚度:砂垫层不应小于 60 mm;基土层应为均匀密实的基土或夯实的基土。

(一)主控项目

(1)面层材质应符合设计要求;条石的强度等级应大于 MU60,块石的强度等级应大于 MU30。

检验方法:观察和检查材质合格证明文件及检测报告。

(2)面层与下一层应结合牢固、无松动。

检验方法:观察和用小锤轻击检查。

(二)一般项目

(1)条石面层应组砌合理,无十字缝,铺砌方向和坡度应符合设计要求;块石面层石料缝隙应相互错开,通缝不超过两块石料。

检验方法:观察和用坡度尺检查。

(2)条石面层和块石面层的允许偏差应符合规范 GB 50202 中表 6.1.8 的规定。

检验方法:应按规范 GB 50202 中表 6.1.8 中的检验方法检验。

六、塑料板面层

塑料板面层应采用塑料板块材、塑料板焊接、塑料卷材以胶粘剂在水泥类基层上铺设。

水泥类基层表面应平整、坚硬、干燥、密实、洁净、无油脂及其他杂质,不得有麻面、起砂、裂缝等缺陷。

胶粘剂选用应符合现行国家标准《民用建筑工程室内环境污染控制规范》(GB 50325)的规定。其产品应按基层材料和面层材料使用的相容性要求,通过试验确定。

(一)主控项目

(1)塑料板面层所用的塑料板块和卷材的品种、规格、颜色、等级应符合设计要求和现行国家标准的规定。

检验方法：观察和检查材质合格证明文件及检测报告。

(2)面层与下一层的黏结应牢固，不翘边、不脱胶、无溢胶。

检验方法：观察和用小锤轻击及用钢尺检查。

注：卷材局部脱胶处面积不大于 20 cm^2，且相隔间距不小于 50 cm 者可不计；凡单块板块料边角有局部脱胶处且每自然间(标准间)不超过总数的 5% 者可不计。

(二)一般项目

(1)塑料板面层应表面洁净，图案清晰，色泽一致，接缝严密、美观。拼缝处的图案、花纹吻合，无胶痕；与墙边交接严密，阴阳角收边方正。

检验方法：观察。

(2)板块的焊接，焊缝应平整、光洁，无焦化变色、斑点、焊瘤和起鳞等缺陷，其凹凸允许偏差为 ±0.6 mm。焊缝的抗拉强度不得小于塑料板强度的 75%。

检验方法：观察和检查检测报告。

(3)镶边用料应尺寸准确、边角整齐、拼缝严密、接缝顺直。

检验方法：观察和用钢尺检查。

(4)塑料板面层的允许偏差应符合规范 GB 50202 中表 6.1.8 的规定。

检验方法：应按规范 GB 50202 中表 6.1.8 中的检验方法检验。

七、活动地板面层

活动地板面层用于防尘和防静电要求的专业用房的建筑地面工程。采用特制的平压刨花板为基材，表面饰以装饰板和底层用镀锌板经黏结胶合组成的活动地板块，配以横梁、橡胶垫条和可供调节高度的金属支架组装成架空板铺设在水泥类面层(或基层)上。

活动地板所有的支座柱和横梁应构成框架一体，并与基层连接牢固；支架抄平后高度应符合设计要求。

活动地板面层包括标准地板、异形地板和地板附件(即支架和横梁组件)。

采用的活动地板块应平整、坚实，面层承载力不得小于 7.5 MPa，其系统电阻：A 级板为 $1.0\times10^5\sim1.0\times10^8\ \Omega$，B 级板为 $1.0\times10^5\sim1.0\times10^{10}\ \Omega$。

活动地板面层的金属支架应支承在现浇水泥混凝土基层(或面层)上，基层表面应平整、光洁、不起灰。

活动板块与横梁接触搁置处应达到四角平整、严密。

当活动地板不符合模数时，其不足部分在现场根据实际尺寸将板块切割后镶补，并配装相应的可调支撑和横梁。切割边不经处理不得镶补安装，并不得有局部膨胀变形情况。

活动地板在门口处或预留洞口处应符合设置构造要求，其周侧边应用耐磨硬质板材封闭或用镀锌钢板包裹，胶条封边应符合耐磨要求。

(一)主控项目

(1)面层材质必须符合设计要求，且应具有耐磨、防潮、阻燃、耐污染、耐老化和导静电等特点。

检验方法：观察和检查材质合格证明文件及检测报告。

(2)活动地板面层应无裂纹、掉角和缺棱等缺陷。行走无声响、无摆动。

检验方法：观察和脚踩检查。

(二)一般项目

(1)活动地板面层应排列整齐、表面洁净、色泽一致、接缝均匀、周边顺直。

检验方法:观察。

(2)活动地板面层的允许偏差应符合规范 GB 50202 中表 6.1.8 的规定。

检验方法:应按规范 GB 50202 中表 6.1.8 中的检验方法检验。

八、地毯面层

地毯面层采用方块、卷材地毯在水泥类面层(或基层)上铺设。

水泥类面层(或基层)表面应坚硬、平整、光洁、干燥,无凹坑、麻面、裂缝,并应清除油污、钉头和其他突出物。

海绵衬垫应满铺平整,地毯拼缝处不露底衬。

固定式地毯铺设应符合下列规定:

(1)固定地毯用的金属卡条(倒刺板)、金属压条、专用双面胶带等必须符合设计要求。

(2)铺设的地毯张拉应适宜,四周卡条固定牢,门口处应用金属压条等固定。

(3)地毯周边应塞入卡条和踢脚线之间的缝中。

(4)地毯应用胶粘剂与基层粘贴牢固。

活动式地毯铺设应符合下列规定:

(1)地毯拼成整块后直接铺在洁净的地上,地毯周边应塞入踢脚线下。

(2)与不同类型的建筑地面连接处,应按设计要求收口。

(3)小方块地毯铺设,块与块之间应挤紧服贴。

楼梯地毯铺设,每梯段顶级地毯应用压条固定于平台上,每级阴角处应用卡条固定牢。

(一)主控项目

(1)地毯的品种、规格、颜色、花色、胶料和辅料及其材质必须符合设计要求和国家现行地毯产品标准的规定。

检验方法:观察和检查材质合格记录。

(2)地毯表面应平服、拼缝处粘贴牢固、严密平整、图案吻合。

检验方法:观察。

(二)一般项目

(1)地毯表面不应起鼓、起皱、翘边、卷边、显拼缝、露线,且无毛边,绒面毛顺光一致,毯面干净,无污染和损伤。

检验方法:观察。

(2)地毯同其他面层连接处、收口处和墙边、柱子周围应顺直、压紧。

检验方法:观察。

第五节　木、竹面层铺设

一、一般规定

(1)适用于实木地板面层、实木复合地板面层、中密度(强化)复合地板面层、竹地板面层等（包括免刨免漆类）分项工程的施工质量检验。

（2）木、竹地板面层下的木搁栅、垫木、毛地板等采用木材的树种、选材标准和铺设时木材含水率以及防腐、防蛀处理等，均应符合现行国家标准《木结构工程施工质量验收规范》（GB 50206）的有关规定。所选用的材料，进场时应对其断面尺寸、含水率等主要技术指标进行抽检，抽检数量应符合产品标准的规定。

（3）与厕浴间、厨房等潮湿场所相邻的木、竹面层连接处应做防水（防潮）处理。

（4）木、竹面层铺设在水泥类基层上，其基层表面应坚硬、平整、洁净、干燥、不起砂。

（5）建筑地面工程的木、竹面层搁栅下架空结构层（或构造层）的质量检验，应符合相应国家现行标准的规定。

（6）木、竹面层的通风构造层包括室内通风沟、室外通风窗等，均应符合设计要求。

（7）木、竹面层的允许偏差应符合表2-8-5的规定。

表2-8-5　木、竹面层的允许偏差和检验方法　（单位：mm）

项次			1	2	3	4	5	6
项目			板面缝隙宽度	表面平整度	踢脚线上口平齐度	板面拼缝平直度	相邻板材高差	踢脚线与面层的接缝
允许偏差	实木地板面层	松木地板	1.0	3.0	3.0	3.0	0.5	1.0
		硬木地板	0.5	2.0	3.0	3.0	0.5	
		拼花地板	0.2	2.0	3.0	3.0	0.5	
	实木复合地板面层、中密度（强化）复合地板面层、竹地板面层		0.5	2.0	3.0	3.0	0.5	
检验方法			用钢尺检查	用2 m靠尺和楔形塞尺检查	拉5 m线，不足5 m拉通线和用钢尺检查		用钢尺和楔形塞尺检查	用楔形塞尺检查

二、实木地板面层

实木地板面层采用条材和块材实木地板或采用拼花实木地板，以空铺或实铺方式在基层上铺设。

实木地板面层可采用双层面层和单层面层铺设，其厚度应符合设计要求。实木地板面层的条材和块材应采用具有商品检验合格证的产品，其产品类别、型号、适用树种、检验规则以及技术条件等均应符合现行国家标准《实木地板》（GB/T 15036.1～6）的规定。

铺设实木地板面层时，其木搁栅的截面尺寸、间距和稳固方法等均应符合设计要求。木搁栅固定时，不得损坏基层和预埋管线。木搁栅应垫实钉牢，与墙之间应留出30 mm的缝隙，表面应平直。

毛地板铺设时，木材髓心应向上，其板间缝隙不应大于3 mm，与墙之间应留8～12 mm缝隙，表面应刨平。

实木地板面层铺设时，面板与墙之间应留8～12 mm缝隙。

采用实木制作的踢脚线,背面应抽槽并做防腐处理。

(一)主控项目

(1)实木地板面层所采用的材质和铺设时的木材含水率必须符合设计要求。木搁栅、垫木和毛地板等必须做防腐、防蛀处理。

检验方法:观察和检查材质合格证明文件及检测报告。

(2)木搁栅安装应牢固、平直。

检验方法:观察、脚踩检查。

(3)面层铺设应牢固,粘贴无空鼓。

检验方法:观察、脚踩或用小锤轻击检查。

(二)一般项目

(1)实木地板面层应刨平、磨光,无明显刨痕和毛刺等现象;图案清晰、颜色均匀一致。

检验方法:观察、手摸和脚踩检查。

(2)面层缝隙应严密;接头位置应错开、表面洁净。

检验方法:观察。

(3)拼花地板接缝应对齐,粘、钉严密;缝隙宽度均匀一致;表面洁净,胶粘无溢胶。

检验方法:观察。

(4)踢脚线表面应光滑,接缝严密,高度一致。

检验方法:观察和用钢尺检查。

(5)实木地板面层的允许偏差应符合规范 GB 50202 中表 7.1.7 的规定。

检验方法:应按规范 GB 50202 中表 7.1.7 中的检验方法检验。

三、实木复合地板面层

实木复合地板面层采用条材和块材实木复合地板或采用拼花实木复合地板,以空铺或实铺方式在基层上铺设。

实木复合地板面层的条材和块材应采用具有商品检验合格证的产品,其技术等级及质量要求均应符合国家现行标准的规定。

铺设实木复合地板面层时,其木搁栅的截面尺寸、间距和稳固方法等均应符合设计要求。木搁栅固定时,不得损坏基层和预埋管线。木搁栅应垫实钉牢,与墙之间应留出 30 mm 缝隙,表面应平直。

毛地板铺设时,按规范 GB 50202 中第 7.2.4 条规定执行。

实木复合地板面层可采用整贴和点贴法施工。粘贴材料应采用具有耐老化、防水和防菌、无毒等性能的材料,或按设计要求选用。

实木复合地板面层下衬垫的材质和厚度应符合设计要求。

实木复合地板面层铺设时,相邻板材接头位置应错开不小于 300 mm 距离,与墙之间应留不小于 10 mm 缝隙。

大面积铺设实木复合地板面层时,应分段铺设,分段缝的处理应符合设计要求。

(一)主控项目

(1)实木复合地板面层所采用的条材和块材,其技术等级及质量要求应符合设计要求。木搁栅、垫木和毛地板等必须做防腐、防蛀处理。

检验方法:观察和检查材质合格证明文件及检测报告。

(2)木搁栅安装应牢固、平直。

检验方法:观察、脚踩检查。

(3)面层铺设应牢固,粘贴无空鼓。

检验方法:观察、脚踩或用小锤轻击检查。

(二)一般项目

(1)实木复合地板面层图案和颜色应符合设计要求,图案清晰,颜色一致,板面无翘曲。

检验方法:观察、用 2 m 靠尺和楔形塞尺检查。

(2)面层的接头应错开、缝隙严密、表面洁净。

检验方法:观察。

(3)踢脚线表面光滑,接缝严密,高度一致。

检验方法:观察和用钢尺检查。

(4)实木复合地板面层的允许偏差应符合规范 GB 50202 中表 7.1.7 的规定。

检验方法:应按规范 GB 50202 中表 7.1.7 中的检验方法检验。

四、中密度(强化)复合地板面层

中密度(强化)复合地板面层的材料以及面层下的板或衬垫等材质应符合设计要求,并采用具有商品检验合格证的产品,其技术等级及质量要求均应符合国家现行标准的规定。

中密度(强化)复合地板面层铺设时,相邻条板端头应错开不小于 300 mm 距离;衬垫层及面层与墙之间应留不小于 10 mm 缝隙。

(一)主控项目

(1)中密度(强化)复合地板面层所采用的材料,其技术等级及质量要求应符合设计要求。木搁栅、垫木和毛地板等应做防腐、防蛀处理。

检验方法:观察和检查材质合格证明文件及检测报告。

(2)木搁栅安装应牢固、平直。

检验方法:观察、脚踩检查。

(3)面层铺设应牢固。

检验方法:观察、脚踩检查。

(二)一般项目

(1)中密度(强化)复合地板面层图案和颜色应符合设计要求,图案清晰,颜色一致,板面无翘曲。

检验方法:观察、用 2 m 靠尺和楔形塞尺检查。

(2)面层的接头应错开,缝隙严密,表面洁净。

检验方法:观察。

(3)踢脚线表面应光滑,接缝严密,高度一致。

检验方法:观察和用钢尺检查。

(4)中密度(强化)复合木地板面层的允许偏差应符合规范 GB 50202 中表 7.1.7 的规定。

检验方法:应按规范 GB 50202 中表 7.1.7 中的检验方法检验。

五、竹地板面层

竹地板面层的铺设应按规范 GB 50202 中第 7.2 节的规定执行。

竹子具有纤维硬、密度大、水分少、不易变形等优点。竹地板应经严格选材、硫化、防腐、防蛀处理，并采用具有商品检验合格证的产品，其技术等级及质量要求均应符合国家现行行业标准《竹地板》(LY/T 1573)的规定。

(一)主控项目

(1)竹地板面层所采用的材料，其技术等级和质量应符合设计要求。木搁栅、毛地板和垫木应等做防腐、防蛀处理。

检验方法:观察和检查材质合格证明文件及检测报告。

(2)木搁栅安装应牢固、平直。

检验方法:观察、脚踩检查。

(3)面层铺设应牢固，粘贴无空鼓。

检验方法:观察、脚踩或用小锤轻击检查。

(二)一般项目

(1)竹地板面层品种与规格应符合设计要求，板面无翘曲。

检验方法:观察、用 2 m 靠尺和楔形塞尺检查。

(2)面层缝隙应均匀、接头位置错开，表面洁净。

检验方法:观察。

(3)踢脚线表面应光滑，接缝均匀，高度一致。

检验方法:观察和用钢尺检查。

(4)竹地板面层的允许偏差应符合规范 GB 50202 中表 7.1.7 的规定。

检验方法:应按规范 GB 50202 中表 7.1.7 中的检验方法检验。

第六节　分部(子分部)工程质量验收

(1)建筑地面工程施工质量中各类面层子分部工程的面层铺设与其相应的基层铺设的分项工程施工质量检验应全部合格。

(2)建筑地面工程子分部工程质量验收应检查下列工程质量文件和记录:

①建筑地面工程设计图纸和变更文件等;

②原材料的出厂检验报告和质量合格保证文件、材料进场检(试)验报告(含抽样报告);

③各层的强度等级、密实度等试验报告和测定记录;

④各类建筑地面工程施工质量控制文件;

⑤各构造层的隐蔽验收及其他有关验收文件。

(3)建筑地面工程子分部工程质量验收应检查下列安全和功能项目:

①有防水要求的建筑地面子分部工程的分项工程施工质量的蓄水检验记录，并抽查复验认定;

②建筑地面板块面层铺设子分部工程和木、竹面层铺设子分部工程采用的天然石材、胶

粘剂、沥青胶结料和涂料等材料质量证明资料。

(4)建筑地面工程子分部工程观感质量综合评价包括下列项目:

①变形缝的位置和宽度以及填缝质量应符合规定;

②室内建筑地面工程按各子分部工程经抽查分别作出评价;

③楼梯、踏步等工程项目经抽查分别作出评价。

第九章 建筑装饰装修工程

建筑装饰装修工程是建筑工程中的一个分部工程，其中包括的子分部工程及其分项工程见表2-9-1。

表2-9-1 建筑装饰装修工程子分部工程及其分项工程

项次	子分部工程	分项工程
1	抹灰工程	一般抹灰，装饰抹灰，清水砌体勾缝
2	门窗工程	木门窗制作与安装，金属门窗安装，塑料门窗安装，特种门安装，门窗玻璃安装
3	吊顶工程	明、暗龙骨吊顶
4	轻质隔墙工程	板材，骨架，板材隔墙，骨架隔墙，活动隔墙，玻璃隔墙
5	饰面板(砖)工程	饰面板安装，饰面砖粘贴
6	幕墙工程	玻璃、金属、石材幕墙
7	涂饰工程	水性涂料涂饰，溶剂性涂料涂饰，美术装饰
8	裱糊和软包工程	裱糊，软包
9	细部工程	橱柜制作与安装，窗帘盒、窗台板和散热器罩制作与安装，门窗套制作与安装，护栏和扶手制作与安装，花饰制作与安装
10	建筑地面工程	基层，整体面层，板块面层，竹木面层

建筑装饰装修工程，随着我国经济的发展和人民生活水平的提高，已经成为了一个独立的新兴行业。

建筑装饰装修的定义：为保护建筑物的主体结构、完善建筑物的使用功能和美化建筑物，采用装饰装修材料或饰物，对建筑物的内外表面及空间进行各种处理的过程。建筑装饰装修的含义包括了“建筑装饰”、“建筑装修”、“建筑装潢”。

建筑装饰装修，是采用材料对建筑物的内外表面及空间进行各种处理，饰面必须有所依附，故应先明确和理解两个概念：

基体：建筑的主体结构或围护结构。

基层：直接承受装饰装修施工的面层。

基体关系到建筑物的安全；基层关系到保护功能和装饰效果。

建筑装饰装修能否达到验收质量合格的要求，首先取决于采用材料的品质和性能、工序质量的控制、遵守有关法律法规。

第一节 基本规定

一、总则

(1)建筑装饰装修工程必须进行设计，并出具完整的施工图设计文件。

(2)承担建筑装饰装修工程设计的单位应具备相应的资质,并应建立质量管理体系。由于设计原因造成的质量问题应由设计单位负责。

(3)建筑装饰装修设计应符合城市规划、消防、环保、节能等有关规定。

(4)承担建筑装饰装修工程设计的单位应对建筑物进行必要的了解和实地勘察,设计深度应满足施工要求。

(5)建筑装饰装修工程设计必须保证建筑物的结构安全和主要使用功能。当涉及主体和承重结构改动或增加荷载时,必须由原结构设计单位或具备相应资质的设计单位核查有关原始资料,对既有建筑结构的安全性进行核验、确认。

(6)建筑装饰装修工程的防火、防雷和抗震设计应符合现行国家标准的规定。

(7)当墙体或吊顶内的管线可能产生冰冻或结露时,应进行防冻或防结露设计。

二、材料

(1)建筑装饰装修工程所用材料的品种、规格和质量应符合设计要求和现行国家标准的规定。当设计无要求时应符合现行国家标准的规定。严禁使用国家明令淘汰的材料。

(2)建筑装饰装修工程所用材料的燃烧性能应符合现行国家标准《建筑内部装修设计防火规范》(GB 50222)、《建筑设计防火规范》(GBJ 16)和《高层民用建筑设计防火规范》(GB 50045)的规定。

(3)建筑装饰装修工程所用材料应符合国家有关建筑装饰装修材料有害物质限量标准的规定。

(4)所有材料进场时应对品种、规格、外观和尺寸进行验收。材料包装应完好,应有产品合格证书、中文说明书及相关性能的检测报告;进口产品应按规定进行商品检验。

(5)进场后需要进行复验的材料种类及项目应符合规范的规定。同一厂家生产的同一品种、同一类型的进场材料应至少抽取一组样品进行复验,当合同另有约定时应按合同执行。

(6)当国家规定或合同约定应对材料进行见证检测,或对材料的质量发生争议时,应进行见证检测。

(7)承担建筑装饰装修材料检测的单位应具备相应的资质,并应建立质量管理体系。

(8)建筑装饰装修工程所使用的材料在运输、储存和施工过程中,必须采取有效措施防止损坏、变质和污染环境。

(9)建筑装饰装修工程所使用的材料应按设计要求进行防火、防腐和防虫处理。

(10)现场配制的材料如砂浆、胶粘剂等,应按设计要求或产品说明书配制。

三、施工

(1)承担建筑装饰装修工程施工的单位应具备相应的资质,并应建立质量管理体系。施工单位应编制施工组织设计并应经过审查批准。施工单位应按有关的施工工艺标准或经审定的施工技术方案施工,并应对施工全过程实行质量控制。

(2)承担建筑装饰装修工程施工的人员应有相应岗位的资格证书。

(3)建筑装饰装修工程的施工质量应符合设计要求和规范的规定,由于违反设计文件和规范的规定施工造成的质量问题应由施工单位负责。

(4)建筑装饰装修工程施工中，严禁违反设计文件擅自改动建筑主体、承重结构或主要使用功能；严禁未经设计确认和有关部门批准擅自拆改水、暖、电、燃气、通信等配套设施。

(5)施工单位应遵守有关环境保护的法律法规，并应采取有效措施控制施工现场的各种粉尘、废气、废弃物、噪声、振动等对周围环境造成的污染和危害。

(6)施工单位应遵守有关施工安全、劳动保护、防火和防毒的法律法规，应建立相应的管理制度，并应配备必要的设备、器具和标识。

(7)建筑装饰装修工程应在基体或基层的质量验收合格后施工。对既有建筑进行装饰装修前，应对基层进行处理并达到规范的要求。

(8)建筑装饰装修工程施工前应有主要材料的样板或做样板间(件)，并应经有关各方确认。

(9)墙面采用保温材料的建筑装饰装修工程，所用保温材料的类型、品种、规格及施工工艺应符合设计要求。

(10)管道、设备等的安装及高度应在建筑装饰装修工程施工前完成，当必须同步进行时，应在饰面层施工前完成。装饰装修工程不得影响管道、设备等的使用和维修。涉及燃气管道的建筑装饰装修工程必须符合有关安全管理的规定。

(11)建筑装饰装修工程的电器安装应符合设计要求和现行国家标准的规定。严禁不经穿管直接埋设电线。

(12)室内外装饰装修工程施工的环境条件应满足施工工艺的要求。施工环境温度不应低于5 ℃。当必须在低于5 ℃气温下施工时，应采取保证工程质量的有效措施。

(13)建筑装饰装修工程施工过程中应做好半成品、成品的保护，防止污染和损坏。

(14)建筑装饰装修工程验收前应将施工现场清理干净。

第二节　抹灰工程

一、一般规定

(1)适用于一般抹灰、装饰抹灰和清水砌体勾缝等分项工程的质量验收。

(2)抹灰工程验收时应检查下列文件和记录：

①抹灰工程的施工图、设计说明及其他设计文件；

②材料的产品合格证书、性能检测报告、进场验收记录和复验报告；

③隐蔽工程验收记录；

④施工记录。

(3)抹灰工程应对水泥的凝结时间和安定性进行复验。

(4)抹灰工程应对下列隐蔽工程项目进行验收：

①抹灰总厚度大于或等于35 mm时的加强措施；

②不同材料基体交接处的加强措施。

(5)各分项工程的检验批应按下列规定划分：

①相同材料、工艺和施工条件的室外抹灰工程每500 ~ 1 000 m^2应划为一个检验批，不足500 m^2也应划为一个检验批；

②相同材料、工艺和施工条件的室内抹灰工程每50个自然间(大面积房间和走廊按抹灰面积30 m^2 为一间)应划分为一个检验批,不足50间也应划分为一个检验批。

(6)检查数量应符合下列规定:

①室内每个检验批应至少抽查10%,并不得少于3间,不足3间时应全数检查;

②室外每个检验批每100 m^2 应至少抽查一处,每处不得小于10 m^2。

(7)外墙抹灰工程施工前应先安装钢木门窗框、护栏等,并应将墙上的施工孔洞堵塞密实。

(8)抹灰用的石灰膏的熟化期不应少于15 d;罩面用的磨细石灰粉的熟化期不应少于3 d。

(9)室内墙面、柱面和门洞口的阳角做法应符合设计要求。当设计无要求时,应采用1:2水泥砂浆做护角,其高度不应低于2 m,每侧宽度不应小于50 mm。

(10)当要求抹灰层具有防水、防潮功能时,应采用防水砂浆。

(11)各种砂浆抹灰层,在凝结前应防止快干、水冲、撞击、振动和受冻,在凝结后应采取措施防止沾污和损坏。水泥砂浆抹灰层应在湿润条件下养护。

(12)外墙和顶棚的抹灰层与基层之间及各抹灰层之间必须黏结牢固。

二、一般抹灰工程

适用于石灰砂浆、水泥砂浆、水泥混合砂浆、聚合物水泥砂浆和麻刀石灰、纸筋石灰、石膏灰等一般抹灰工程的质量验收。一般抹灰工程分为普通抹灰和高级抹灰,当设计无要求时,按普通抹灰验收。

(一)主控项目

(1)抹灰前基层表面的尘土、污垢、油渍等应清除干净,并应洒水润湿。

检验方法:检查施工记录。

(2)一般抹灰所用材料的品种和性能应符合设计要求;水泥的凝结时间和安定性复验应合格;砂浆的配合比应符合设计要求。

检验方法:检查产品合格证书、进场验收记录、复验报告和施工记录。

(3)抹灰工程应分层进行。当抹灰总厚度大于或等于35 mm时,应采取加强措施。不同材料基体交接处表面的抹灰,应采取防止开裂的加强措施,当采用加强网时,加强网与各基体的搭接宽度不应小于100 mm。

检验方法:检查隐蔽工程验收记录和施工记录。

(4)抹灰层与基层之间及各抹灰层之间必须黏结牢固,抹灰层应无脱层、空鼓,面层应无爆灰和裂缝。

检验方法:观察、用小锤轻击检查和检查施工记录。

(二)一般项目

(1)一般抹灰工程的表面质量应符合下列规定:

①普通抹灰表面应光滑、洁净、接槎平整,分格缝应清晰;

②高级抹灰表面应光滑、洁净、颜色均匀、无抹纹,分格缝和灰线应清晰美观。

检验方法:观察和手摸检查。

(2)护角、孔洞、槽、盒周围的抹灰表面应整齐、光滑;管道后面的抹灰表面应平整。

检验方法:观察。

(3)抹灰层的总厚度应符合设计要求;水泥砂浆不得抹在石灰砂浆层上;罩面石膏灰不得抹在水泥砂浆层上。

检验方法:检查施工记录。

(4)抹灰分格缝的设置应符合设计要求,宽度和深度应均匀,表面应光滑,棱角应整齐。

检验方法:观察和用尺量检查。

(5)有排水要求的部位应做滴水线(槽)。滴水线(槽)应整齐顺直,滴水线应内高外低,滴水槽宽度和深度均不应小于10 mm。

检验方法:观察和用尺量检查。

(6)一般抹灰工程质量的允许偏差和检验方法应符合表2-9-2的规定。

表2-9-2　一般抹灰工程质量的允许偏差和检验方法

项次	项目	允许偏差(mm)		检验方法
		普通抹灰	高级抹灰	
1	立面垂直度	4	3	用2 m垂直检测尺检查
2	表面平整度	4	3	用2 m靠尺和塞尺检查
3	阴阳角方正	4	3	用直角检测尺检查
4	分格条(缝)直线度	4	3	拉5 m线,不足5 m拉通线,用钢直尺检查
5	墙裙、勒脚上口直线度	4	3	拉5 m线,不足5 m拉通线,用钢直尺检查

注:1. 普通抹灰,本表第3项阴角方正可不检查。

2. 顶棚抹灰,本表第2项表面平整度可不检查,但应平顺。

三、装饰抹灰工程

适用于水刷石、斩假石、干粘石、假面砖等装饰抹灰工程的质量验收。

(一)主控项目

(1)抹灰前基层表面的尘土、污垢、油渍等应清除干净,并应洒水润湿。

检验方法:检查施工记录。

(2)装饰抹灰工程所用材料的品种和性能应符合设计要求。水泥的凝结时间和安定性复验应合格。砂浆的配合比应符合设计要求。

检验方法:检查产品合格证书、进场验收记录、复验报告和施工记录。

(3)抹灰工程应分层进行。当抹灰总厚度大于或等于35 mm时,应采取加强措施。不同材料基体交接处表面的抹灰,应采取防止开裂的加强措施,当采用加强网时,加强网与各基体的搭接宽度不应小于100 mm。

检验方法:检查隐蔽工程验收记录和施工记录。

(4)各抹灰层之间及抹灰层与基体之间必须黏结牢固,抹灰层应无脱层、空鼓和裂缝。

检验方法:观察、用小锤轻击检查和检查施工记录。

(二)一般项目

(1)装饰抹灰工程的表面质量应符合下列规定:

①水刷石表面应石粒清晰、分布均匀、紧密平整、色泽一致,无掉粒和接槎痕迹;

②斩假石表面剁纹应均匀顺直、深浅一致,应无漏剁处,阳角处应横剁并留出宽窄一致的不剁边条,棱角应无损坏;

③干粘石表面应色泽一致、不露浆、不漏粘,石粒应黏结牢固、分布均匀,阳角处应无明显黑边;

④假面砖表面应平整、沟纹清晰、留缝整齐、色泽一致,应无掉角、脱皮、起砂等缺陷。

检验方法:观察和手摸检查。

(2)装饰抹灰分格条(缝)的设置应符合设计要求,宽度和深度应均匀,表面应平整光滑,棱角应整齐。

检验方法:观察。

(3)有排水要求的部位应做滴水线(槽)。滴水线(槽)应面平、有角、线条顺畅平行,滴水线应内高外低,滴水槽的宽度和深度均不应小于10 mm,应采取加强措施。不同材料基体交接处表面的抹灰,应采取防止开裂的加强措施,当采用加强网时,加强网与各基体的搭接宽度不应小于100 mm。

检验方法:观察和尺量检查。

(4)装饰抹灰工程质量的允许偏差和检验方法应符合表2-9-3的规定。

表2-9-3　装饰抹灰工程质量的允许偏差和检验方法

项次	项目	允许偏差(mm)				检验方法
		水刷石	斩假石	干粘石	假面砖	
1	立面垂直度	5	4	5	5	用2 m靠尺和塞尺检查
2	表面平整度	3	3	5	4	用2 m靠尺和塞尺检查
3	阳角方正	3	3	4	4	用直角检测尺检查
4	分格条(缝)直线度	3	3	3	3	拉5 m线,不足5 m拉通线,用钢直尺检查
5	墙裙、勒脚上口直线度	3	3	—	—	拉5 m线,不足5 m拉通线,用钢直尺检查

四、清水砌体勾缝工程

适用于清水砌体砂浆勾缝和原浆勾缝工程的质量验收。

(一)主控项目

(1)清水砌体勾缝所用水泥的凝结时间和安定性复验应合格。砂浆的配合比应符合设计要求。

检验方法:检查复验报告和施工记录。

(2)清水砌体勾缝应无漏勾。勾缝材料应黏结牢固、无开裂。

检验方法:观察。

(二)一般项目

(1)清水砌体勾缝应横平竖直,交接处应平顺,宽度和深度应均匀,表面应压实抹平。

检验方法:观察和尺量检查。

(2)灰缝应颜色一致,砌体表面应洁净。

检验方法:观察。

第三节　门窗工程

一、一般规定

(1)适用于木门窗制作安装、金属门窗安装、塑料门窗安装、特种门安装、门窗玻璃安装等分项工程的质量验收。

(2)门窗工程验收时应检查下列文件和记录:

①门窗工程的施工图、设计说明及其他设计文件;

②材料的产品合格证书、性能检测报告、进场验收记录和复验报告;

③特种门及其附件的生产许可文件;

④隐蔽工程验收记录、施工记录。

(3)门窗工程应对下列材料及其性能指标进行复验:

①人造木板的甲醛含量;

②建筑外墙金属窗、塑料窗的抗风性能、空气渗透性能和雨水渗漏性能。

(4)门窗工程应对下列隐蔽工程项目进行验收:

①预埋件和锚固件;

②隐蔽部位的防腐、填嵌处理。

(5)各分项工程的检验批应按下列规定划分:

①同一品种、类型和规格的木门窗、金属门窗、塑料门窗及门窗玻璃每 100 樘应划分为一个检验批,不足 100 樘也应划分为一个检验批;

②同一品种、类型和规格的特种门每 50 樘应划分为一个检验批,不足 50 樘也应划分为一个检验批。

(6)检查数量应符合下列规定:

①木门窗、金属门窗、塑料门窗及门窗玻璃,每个检验批应至少抽查 5%,并不得少于 3 樘,不足 3 樘时应全数检查;高层建筑的外窗,每个检验批应至少抽查 10%,并不得少于 6 樘,不足 6 樘时应全数检查。

②特种门每个检验批应至少抽查 50%,并不得少于 10 樘,不足 10 樘时应全数检查。

(7)门窗安装前,应对门窗洞口尺寸进行检验。

(8)金属门窗和塑料门窗安装应采用预留洞口的方法施工,不得采用边安装边砌口或先安装后砌口的方法施工。

(9)木门窗与砖石砌体、混凝土或抹灰层接触处应进行防腐处理,并应设置防潮层;埋入砌体或混凝土中的木砖应进行防腐处理。

(10)当金属窗或塑料窗组合时,其拼樘料的尺寸、规格、壁厚应符合设计要求。

(11)建筑外门窗的安装必须牢固。在砌体上安装门窗严禁用射钉固定。

(12)特种门安装除应符合设计要求和规范规定外,还应符合有关专业标准和主管部门的规定。

二、木门窗制作与安装工程

适用于木门窗制作与安装工程的质量验收。

(一)主控项目

(1)木门窗的木材品种、材质等级、规格、尺寸、框扇的线型及人造木板的甲醛含量应符合设计要求。设计未规定材质等级时,所用木材的质量应符合规范的规定。

检验方法:观察、检查材料进场验收记录和复验报告。

(2)木门窗应采用烘干的木材,含水率应符合《建筑木门、木窗》(JG/T 122)的规定。

检验方法:检查材料进场验收记录。

(3)木门窗的防火、防腐、防虫处理应符合设计要求。

检验方法:观察、检查材料进场验收记录。

(4)木门窗的结合处和安装配件处不得有木节或已填补的木节。木门窗若有允许限值以内的死节及直径较大的虫眼,应用同一材质的木塞加胶填补。对于清漆制品,木塞的木纹和色泽应与制品一致。

检验方法:观察。

(5)门窗框和厚度大于50 mm的门窗扇应用双榫连接。榫槽应采用胶料严密嵌合,并应用胶楔加紧。

检验方法:观察和手扳检查。

(6)胶合板门、纤维板门和模压门不得脱胶。胶合板不得刨透表层单板,不得有戗槎。制作胶合板门、纤维板门时,边框和横棱应在同一平面上,面层、边框及横棱应加压胶结。横棱和上、下冒头应各钻两个以上的透气孔,透气孔应通畅。

检验方法:观察。

(7)木门窗的品种、类型、规格、开启方向、安装位置及连接方式应符合设计要求。

检验方法:观察、尺量检查和检查成品门的产品合格证书。

(8)木门窗框的安装必须牢固。预埋木砖的防腐处理,木门窗框固定点的数量、位置及固定方法应符合设计要求。

检验方法:观察,手扳检查,检查隐蔽工程验收记录和施工记录。

(9)木门窗扇必须安装牢固,并应开关灵活,关闭严密,无倒翘。

检验方法:观察,开启和关闭检查,手扳检查。

(10)木门窗配件的型号、规格、数量应符合设计要求,安装应牢固,位置应正确,功能应满足使用要求。

检验方法:观察,开启和关闭检查,手扳检查。

(二)一般项目

(1)木门窗表面应洁净,不得有刨痕、锤印。

检验方法:观察。

(2)木门窗的割角、拼缝应严密平整。门窗框、扇裁口应顺直,刨面应平整。

检验方法:观察。

(3)木门窗上的槽、孔应边缘整齐,无毛刺。

检验方法:观察。

(4)木门窗与墙体间缝隙的填嵌材料应符合设计要求,填嵌应饱满。寒冷地区外门窗(或门窗框)与砌体间的空隙应填充保温材料。

检验方法:轻敲门窗框检查及检查隐蔽工程验收记录和施工记录。

(5)木门窗批水、盖口条、压缝条、密封条安装应顺直,与门窗结合应牢固、严密。

检验方法:观察和手扳检查。

(6)木门窗制作的允许偏差和检验方法应符合表2-9-4的规定。

表2-9-4 木门窗制作的允许偏差和检验方法

项次	项目	构件名称	允许偏差(mm)		检验方法
			普通	高级	
1	翘曲	框	3	2	将框、扇平放在检查平台上,用塞尺检查
		扇	2	2	
2	对角线长度差	框、扇	3	2	用钢尺检查,框量裁口里角,扇量外角
3	表面平整度	扇	2	2	用1 m靠尺和塞尺检查
4	高度、宽度	框	0,-2	0,-1	用钢尺检查,框量裁口里角,扇量外角
		扇	+2,0	+1,0	
5	裁口、线条结合处高低差	框、扇	1	0.5	用钢直尺和塞尺检查
6	相邻棂子两端间距	扇	2	1	用钢直尺检查

(7)木门窗安装的留缝限值、允许偏差和检验方法应符合表2-9-5的规定。

表2-9-5 木门窗安装的留缝限值、允许偏差和检验方法

项次	项目	留缝限值(mm)		允许偏差(mm)		检验方法
		普通	高级	普通	高级	
1	门窗槽口对角线长度差	—	—	3	2	用钢尺检查
2	门窗框的正、侧面垂直度	—	—	2	1	用1 m垂直检测尺检查
3	框与扇、扇与扇接缝高低差	—	—	2	1	用钢直尺和塞尺检查
4	门窗扇对口缝	1~2.5	1.5~2	—	—	用塞尺检查
5	工业厂房双扇大门对口缝	2~5	—	—	—	
6	门窗扇与上框间留缝	1~2	1~1.5	—	—	
7	门窗扇与侧框间留缝	1~2.5	1~1.5	—	—	
8	窗扇与下框间留缝	2~3	2~2.5	—	—	
9	门扇与下框间留缝	3~5	3~4	—	—	
10	双层门窗内外框间距	—	—	4	3	用钢尺检查

续表 2-9-5

项次	项目		留缝限值(mm)		允许偏差(mm)		检验方法
			普通	高级	普通	高级	
11	无下框时门扇与地面间留缝	外门	4~7	5~6	—	—	用塞尺检查
		内门	5~8	6~7	—	—	
		卫生间门	8~12	8~10	—	—	
		厂房大门	10~20	—	—	—	

三、金属门窗安装工程

适用于钢门窗、铝合金门窗、涂色镀锌钢板门窗等金属门窗安装工程质量的验收。

(一)主控项目

(1)金属门窗的品种、类型、规格、尺寸、性能、开启方向、安装位置、连接方式及铝合金门窗的型材壁厚应符合设计要求。金属门窗的防腐处理及填嵌、密封处理应符合设计要求。

检验方法:观察,尺量检查,检查产品合格证书、性能检测报告、进场验收记录和复验报告,检查隐蔽工程验收记录。

(2)金属门窗框和副框的安装必须牢固。预埋件的数量、位置、埋设方式、与框的连接方式必须符合设计要求。

检验方法:手扳检查,检查隐蔽工程验收记录。

(3)金属门窗扇必须安装牢固,并应开关灵活、关闭严密,无倒翘。推拉门窗必须有防脱落措施。

检验方法:观察,开启和关闭检查,手扳检查。

(4)金属门窗配件的型号、规格、数量应符合设计要求,安装应牢固,位置应正确,功能应满足使用要求。

检验方法:观察,开启和关闭检查,手扳检查。

(二)一般项目

(1)金属门窗表面应洁净、平整、光滑、色泽一致,无锈蚀。大面应无划痕、碰伤。漆膜或保护层应连续。

检验方法:观察。

(2)铝合金门窗推拉门窗扇开关力应不大于 100 N。

检验方法:用弹簧秤检查。

(3)金属门窗框与墙体之间的缝隙应填嵌饱满,并采用密封胶密封。密封胶表面应光滑、顺直,无裂纹。

检验方法:观察,轻敲门窗框检查,检查隐蔽工程验收记录。

(4)金属门窗扇的橡胶密封条或毛毡密封条应安装完好,不得脱槽。

检验方法:观察,开启和关闭检查。

(5)有排水孔的金属门窗,排水孔应畅通,位置和数量应符合设计要求。

检验方法:观察。

(6)钢门窗安装的留缝限值、允许偏差和检验方法应符合表 2-9-6 的规定。

表 2-9-6　钢门窗安装的留缝限值、允许偏差和检验方法　（单位：mm）

项次	项目		留缝限值	允许偏差	检验方法
1	门窗槽口宽度、高度	≤1 500	—	2.5	用钢尺检查
		>1 500	—	3.5	
2	门窗槽口对角线长度差	≤2 000	—	5	用钢尺检查
		>2 000	—	6	
3	门窗框的正、侧面垂直度		—	3	用 1 m 垂直检测尺检查
4	门窗横框的水平度		—	3	用 1 m 水平尺和塞尺检查
5	门窗横框标高		—	5	用钢尺检查
6	门窗竖向偏离中心		—	4	用钢尺检查
7	双层门窗内外框间距		—	5	用钢尺检查
8	门窗框、扇配合间隙		≤2	—	用塞尺检查
9	无下框时门扇与地面间留缝		4～8	—	用塞尺检查

(7)铝合金门窗安装的允许偏差和检验方法应符合表 2-9-7 的规定。

表 2-9-7　铝合金门窗安装的允许偏差和检验方法　（单位：mm）

项次	项目		允许偏差	检验方法
1	门窗槽口宽度、高度	≤1 500	1.5	用钢尺检查
		>1 500	2	
2	门窗槽口对角线长度差	≤2 000	3	用钢尺检查
		>2 000	4	
3	门窗框的正、侧面垂直度		2.5	用垂直检测尺检查
4	门窗横框的水平度		2	用 1 m 水平尺和塞尺检查
5	门窗横框标高		5	用钢尺检查
6	门窗竖向偏离中心		5	用钢尺检查
7	双层门窗内外框间距		4	用钢尺检查
8	推拉门窗扇与框搭接量		1.5	用钢直尺检查

(8)涂色镀锌钢板门窗安装的允许偏差和检验方法应符合表 2-9-8 的规定。

表 2-9-8　涂色镀锌钢板门窗安装的允许偏差和检验方法　（单位：mm）

项次	项目		允许偏差	检验方法
1	门窗槽口宽度、高度	≤1 500	2	用钢尺检查
		>1 500	3	
2	门窗槽口对角线长度差	≤2 000	4	用钢尺检查
		>2 000	5	

续表 2-9-8

项次	项目	允许偏差	检验方法
3	门窗框的正、侧面垂直度	3	用垂直检测尺检查
4	门窗横框的水平度	3	用 1 m 水平尺和塞尺检查
5	门窗横框标高	5	用钢尺检查
6	门窗竖向偏离中心	5	用钢尺检查
7	双层门窗内外框间距	4	用钢尺检查
8	推拉门窗扇与框搭接量	2	用钢直尺检查

四、塑料门窗安装工程

适用于塑料门窗安装工程的质量验收。

(一)主控项目

(1)塑料门窗的品种、类型、规格、尺寸、开启方向、安装位置、连接方式及填嵌密封处理应符合设计要求,内衬增强型钢的壁厚及设置应符合国家现行产品标准的质量要求。

检验方法:观察,尺量检查,检查产品合格证书、性能检测报告、进场验收记录和复验报告,检查隐蔽工程验收记录。

(2)塑料门窗框、副框和扇的安装必须牢固。固定片或膨胀螺栓的数量与位置应正确,连接方式应符合设计要求。固定点应距窗角、中横框、中竖框 150 ~200 mm,固定点间距应不大于 600 mm。

检验方法:观察,手扳检查,检查隐蔽工程验收记录。

(3)塑料门窗拼樘料内衬增强型钢的规格、壁厚必须符合设计要求,型钢应与型材内腔紧密吻合,其两端必须与洞口固定牢固。窗框必须与拼樘料连接紧密,固定点间距应不大于 600 mm。

检验方法:观察,手扳检查,尺量检查,检查进场验收记录。

(4)塑料门窗扇应开关灵活、关闭严密,无倒翘。推拉门窗扇必须有防脱落措施。

检验方法:观察,开启和关闭检查,手扳检查。

(5)塑料门窗配件的型号、规格、数量应符合设计要求,安装应牢固,位置应正确,功能应满足使用要求。

检验方法:观察,手扳检查,尺量检查。

(6)塑料门窗框与墙体间的缝隙应采用闭孔弹性材料填嵌饱满,表面应采用密封胶密封。密封胶应黏结牢固,表面应光滑、顺直、无裂纹。

检验方法:观察,检查隐蔽工程验收记录。

(二)一般项目

(1)塑料门窗表面应洁净、平整、光滑,大面应无划痕、碰伤。

检验方法:观察。

(2)塑料门窗扇的密封条不得脱槽。旋转窗间隙应基本均匀。

(3)塑料门窗扇的开关力应符合下列规定:

①平开门窗扇平铰链的开关力应不大于 80 N;滑撑铰链的开关力应不大于 80 N,并不小于 30 N。

②推拉门窗扇的开关力应不大于 100 N。

检验方法:观察,用弹簧秤检查。

(4)玻璃密封条与玻璃槽口的接缝应平整,不得卷边、脱槽。

检验方法:观察。

(5)排水孔应畅通,位置和数量应符合设计要求。

检验方法:观察。

(6)塑料门窗安装的允许偏差和检验方法应符合表 2-9-9 的规定。

表 2-9-9　塑料门窗安装的允许偏差和检验方法　　(单位:mm)

项次	项目		允许偏差	检验方法
1	门窗槽口宽度、高度	≤1 500	2	用钢尺检查
		>1 500	3	
2	门窗槽口对角线长度差	≤2 000	3	用钢尺检查
		>2 000	5	
3	门窗框的正、侧面垂直度		3	用 1 m 垂直检测尺检查
4	门窗横框的水平度		3	用 1 m 水平尺和塞尺检查
5	门窗横框标高		5	用钢尺检查
6	门窗竖向偏离中心		5	用钢直尺检查
7	双层门窗内外框间距		4	用钢尺检查
8	同樘平开门窗相邻扇高度差		2	用钢尺检查
9	平开门窗铰链部位配合间隙		+2,-1	用塞尺检查
10	推拉门窗扇与框搭接量		+1.5,-2.5	用钢尺检查
11	推拉门窗扇与竖框平等度		2	用 1 m 水平尺和塞尺检查

五、特种门安装工程

适用于防火门、防盗门、自动门、全玻门、旋转门、金属卷帘门等特种门安装工程的质量验收。

(一)主控项目

(1)特种门的质量和各项性能应符合设计要求。

检验方法:检查生产许可证、产品合格证书和性能检测报告。

(2)特种门的品种、类型、规格、尺寸、开启方向、安装位置及防腐处理应符合设计要求。

检验方法:观察,尺量检查,检查进场验收记录和隐蔽工程验收记录。

(3)带有机械装置、自动装置或智能化装置的特种门,其机械装置、自动装置或智能化装置的功能应符合设计要求和有关标准的规定。

检验方法:启动机械装置、自动装置或智能化装置,观察。

(4)特种门的安装必须牢固。预埋件的数量、位置、埋设方式、与框的连接方式必须符合设计要求。

检验方法:观察,手扳检查,检查隐蔽工程验收记录。

(5)特种门的配件应齐全,位置应正确,安装应牢固,功能应满足使用要求和特种门的各项性能要求。

检验方法:观察,手扳检查,检查产品合格证书、性能检测报告和进场验收记录。

(二)一般项目

(1)特种门的表面装饰应符合设计要求。

检验方法:观察。

(2)特种门的表面应洁净,无划痕、碰伤。

检验方法:观察。

(3)推拉自动门安装的留缝限值、允许偏差和检验方法应符合表2-9-10的规定。

表2-9-10 推拉自动门安装的留缝限值、允许偏差和检验方法 (单位:mm)

项次	项目		留缝限值	允许偏差	检验方法
1	门槽口宽度、高度	≤1 500	—	1.5	用钢尺检查
		>1 500	—	2	
2	门槽口对角线长度差	≤2 000	—	2	用钢尺检查
		>2 000	—	2.5	
3	门框的正、侧面垂直度		—	1	用1 m垂直检测尺检查
4	门构件装配间隙		—	0.3	用塞尺检查
5	门梁导轨水平度		—	1	用1 m水平尺和塞尺检查
6	下导轨与门梁导轨平行度		—	1.5	用钢尺检查
7	门扇与侧框间留缝		1.2~1.8	—	用塞尺检查
8	门扇对口缝		1.2~1.8	—	用塞尺检查

(4)推拉自动门的感应时间限值和检验方法应符合表2-9-11的规定。

表2-9-11 推拉自动门的感应时间限值和检验方法

项次	项目	感应时间限值(s)	检验方法
1	开门响应时间	≤0.5	用秒表检查
2	堵门保护延时	16~20	用秒表检查
3	门扇全开启后保持时间	13~17	用秒表检查

(5)旋转门安装的允许偏差和检验方法应符合表2-9-12的规定。

六、门窗玻璃安装工程

适用于平板、吸热、反射、中空、夹层、夹丝、磨砂、钢化、压花玻璃等玻璃安装工程的质量验收。

表 2-9-12　旋转门安装的允许偏差和检验方法

项次	项目	允许偏差(mm)		检验方法
		金属框架玻璃旋转门	木质旋转门	
1	门扇正、侧面垂直度	1.5	1.5	用 1 m 垂直检测尺检查
2	门扇对角线长度差	1.5	1.5	用钢尺检查
3	相邻扇高度差	1	1	用钢尺检查
4	扇与圆弧边留缝	1.5	2	用塞尺检查
5	扇与上顶间留缝	2	2.5	用塞尺检查
6	扇与地面间留缝	2	2.5	用塞尺检查

(一)主控项目

(1)玻璃的品种、规格、尺寸、色彩、图案和涂膜朝向应符合设计要求。单块玻璃大于 1.5 m^2 时应使用安全玻璃。

检验方法:观察,检查产品合格证书、性能检测报告和进场验收记录。

(2)门窗玻璃裁割尺寸应正确。安装后的玻璃应牢固,不得有裂纹、损伤和松动。

检验方法:观察,轻敲检查。

(3)玻璃的安装方法应符合设计要求。固定玻璃的钉子或钢丝卡的数量、规格应保证玻璃安装牢固。

检验方法:观察,检查施工记录。

(4)镶钉木压条接触玻璃处,应与裁口边缘平齐。木压条应互相紧密连接,并与裁口边缘紧贴,割角应整齐。

检验方法:观察。

(5)密封条与玻璃、玻璃槽口的接触应紧密、平整。密封胶与玻璃、玻璃槽口的边缘应黏结牢固、接缝平齐。

检验方法:观察。

(6)带密封条的玻璃压条,其密封条必须与玻璃全部贴紧,压条与型材之间应无明显缝隙,压条接缝应不大于 0.5 mm。

检验方法:观察,尺量检查。

(二)一般项目

(1)玻璃表面应洁净,不得有腻子、密封胶、涂料等污渍。中空玻璃内外表面均应洁净,玻璃中空层内不得有灰尘和水蒸气。

检验方法:观察。

(2)门窗玻璃不应直接接触型材。单面镀膜玻璃的镀膜层及磨砂玻璃的磨砂面应朝向室内。中空玻璃的单面镀膜玻璃应在最外层,镀膜层应朝向室内。

检验方法:观察。

(3)腻子应填抹饱满、黏结牢固,腻子边缘与裁口应平齐。固定玻璃的卡子不应在腻子表面显露。

检验方法:观察。

第四节　吊顶工程

一、一般规定

(1)适用于暗龙骨吊顶、明龙骨吊顶等分项工程的质量验收。

(2)吊顶工程验收时应检查下列文件和记录：

①吊顶工程的施工图、设计说明及其他设计文件；

②材料的产品合格证书、性能检测报告、进场验收记录和复验报告；

③隐蔽工程验收记录；

④施工记录。

(3)吊顶工程应对人造木板的甲醛含量进行复验。

(4)吊顶工程应对下列隐蔽工程项目进行验收：

①吊顶内管道、设备的安装及水管试压；

②木龙骨防火、防腐处理；

③预埋件或拉结筋；

④吊杆安装；

⑤龙骨安装；

⑥填充材料的设置。

(5)各分项工程的检验批应按下列规定划分：同一品种的吊顶工程每 50 间(大面积房间和走廊按吊顶面积 30 m^2 为一间)应划分为一个检验批，不足 50 间也应划分为一个检验批。

(6)检查数量应符合下列规定：每个检验批应至少抽查 10%，并不得少于 3 间，不足 3 间时应全数检查。

(7)安装龙骨前，应按设计要求对房间净高、洞口标高和吊顶内管道、设备及其支架的标高进行交接检验。

(8)吊顶工程的木吊杆、木龙骨和木饰面板必须进行防火处理，并应符合有关设计防火规范的规定。

(9)吊顶工程中的预埋件、钢筋吊杆和型钢吊杆应进行防锈处理。

(10)安装饰面板前应完成吊顶内管道和设备的调试及验收。

(11)吊杆距主龙骨端部距离不得大于 300 mm，当大于 300 mm 时，应增加吊杆。当吊杆长度大于 1.5 m 时，应设置反支撑。当吊杆与设备相遇时，应调整并增设吊杆。

(12)重型灯具、电扇及其他重型设备严禁安装在吊顶工程的龙骨上。

二、暗龙骨吊顶工程

适用于以轻钢龙骨、铝合金龙骨、木龙骨等为骨架，以石膏板、金属板、矿棉板、木板、塑料板或格栅等为饰面材料的暗龙骨吊顶工程的质量验收。

(一)主控项目

(1)吊顶标高、尺寸、起拱和造型应符合设计要求。

检验方法:观察,尺量检查。

(2)饰面材料的材质、品种、规格、图案和颜色应符合设计要求。

检验方法:观察,检查产品合格证书、性能检测报告、进场验收记录和复验报告。

(3)暗龙骨吊顶工程的吊杆、龙骨和饰面材料的安装必须牢固。

检验方法:观察,手扳检查,检查隐蔽工程验收记录和施工记录。

(4)吊杆、龙骨的材质、规格、安装间距及连接方式应符合设计要求。金属吊杆、龙骨应经过表面防腐处理,木吊杆、龙骨应进行防腐、防火处理。

检验方法:观察,尺量检查,检查产品合格证书、性能检测报告、进场验收记录和隐蔽工程验收记录。

(5)石膏板的接缝应按其施工工艺标准进行板缝防裂处理。安装双层石膏板时,面层板与基层板的接缝应错开,并不得在同一根龙骨上接缝。

检验方法:观察。

(二)一般项目

(1)饰面材料表面应洁净、色泽一致,不得有翘曲、裂缝及缺损。压条应平直、宽窄一致。

检验方法:观察,尺量检查。

(2)饰面板上的灯具、烟感器、喷淋头、风口篦子等设备的位置应合理、美观,与饰面板的交接应吻合、严密。

检验方法:观察。

(3)金属吊杆、龙骨的接缝应均匀一致,角缝应吻合,表面应平整,无翘曲、锤印。木质吊杆、龙骨应顺直,无劈裂、变形。

检验方法:检查隐蔽工程验收记录和施工记录。

(4)吊顶内填充吸声材料的品种和铺设厚度应符合设计要求,并应有防散落措施。

检验方法:检查隐蔽工程验收记录和施工记录。

(5)暗龙骨吊顶工程安装的允许偏差和检验方法应符合表 2-9-13 的规定。

表 2-9-13　暗龙骨吊顶工程安装的允许偏差和检验方法

项次	项目	允许偏差(mm)				检验方法
		纸面石膏板	金属板	矿棉板	木板、塑料板、格栅	
1	表面平整度	3	2	2	3	用 2 m 靠尺和塞尺检查
2	接缝直线度	3	1.5	3	3	拉 5 m 线,不足 5 m 拉通线,用钢直尺检查
3	接缝高低差	1	1	1.5	1	用钢直尺和塞尺检查

三、明龙骨吊顶工程

适用于以轻钢龙骨、铝合金龙骨、木龙骨等为骨架,以石膏板、金属板、矿棉板、塑料板、玻璃板或格栅等为饰面材料的明龙骨吊顶工程的质量验收。

(一)主控项目

(1)吊顶标高、尺寸、起拱和造型应符合设计要求。

检验方法:观察,尺量检查。

(2)饰面材料的材质、品种、规格、图案和颜色应符合设计要求。当饰面材料为玻璃板时,应使用安全玻璃或采取可靠的安全措施。

检验方法:观察,检查产品合格证书、性能检测报告和进场验收记录。

(3)饰面材料的安装应稳固严密。饰面材料与龙骨的搭接宽度应大于龙骨受力面宽度的2/3。

检验方法:观察,手扳检查,尺量检查。

(4)吊杆、龙骨的材质、规格、安装间距及连接方式应符合设计要求。金属吊杆、龙骨应进行表面防腐处理,木龙骨应进行防腐、防火处理。

检验方法:观察,尺量检查,检查产品合格证书、进场验收记录和隐蔽工程验收记录。

(5)明龙骨吊顶工程的吊杆和龙骨安装必须牢固。

检验方法:手扳检查,检查隐蔽工程验收记录和施工记录。

(二)一般项目

(1)饰面材料表面应洁净、色泽一致,不得有翘曲、裂缝及缺损。饰面板与明龙骨的搭接应平整、吻合,压条应平直、宽窄一致。

检验方法:观察,尺量检查。

(2)饰面板上的灯具、烟感器、喷淋头、风口篦子等设备的位置应合理、美观,与饰面板的交接应吻合、严密。

检验方法:观察。

(3)金属龙骨的接缝应平整、吻合、颜色一致,不得有划伤、擦伤等表面缺陷。木质龙骨应平整、顺直,无劈裂。

检验方法:观察。

(4)吊顶内填充吸声材料的品种和铺设厚度应符合设计要求,并应有防散落措施。

检验方法:检查隐蔽工程验收记录和施工记录。

(5)明龙骨吊顶工程安装的允许偏差和检验方法应符合表2-9-14的规定。

表2-9-14　明龙骨吊顶工程安装的允许偏差和检验方法

项次	项目	允许偏差(mm)				检验方法
		石膏板	金属板	矿棉板	塑料板、玻璃板	
1	表面平整度	3	2	3	3	用2 m靠尺和塞尺检查
2	接缝直线度	3	2	3	3	拉5 m线,不足5 m拉通线,用钢直尺检查
3	接缝高低差	1	1	2	1	用钢直尺和塞尺检查

第五节　轻质隔墙工程

一、一般规定

(1)适用于板材隔墙、骨架隔墙、活动隔墙、玻璃隔墙等分项工程的质量验收。

(2)轻质隔墙工程验收时应检查下列文件和记录：

①轻质隔墙工程的施工图、设计说明及其他设计文件；

②材料的产品合格证书、性能检测报告、进场验收记录和复验报告；

③隐蔽工程验收记录；

④施工记录。

(3)轻质隔墙工程应对人造木板的甲醛含量进行复验。

(4)轻质隔墙工程应对下列隐蔽工程项目进行验收：

①骨架隔墙中设备管线的安装及水管试压；

②木龙骨防火、防腐处理；

③预埋件或拉结筋；

④龙骨安装；

⑤填充材料的设置。

(5)各分项工程的检验批应按下列规定划分：同一品种的轻质隔墙工程每 50 间(大面积房间和走廊按轻质隔墙的墙面 30 m^2 为一间)应划分为一个检验批，不足 50 间也应划分为一个检验批。

(6)轻质隔墙与顶棚和其他墙体的交接处应采取防开裂措施。

(7)民用建筑轻质隔墙工程的隔声性能应符合现行国家标准《民用建筑隔声设计规范》(GBJ 118)的规定。

二、板材隔墙工程

适用于复合轻质墙板、石膏空心板、预制或现制的钢丝网水泥板等板材隔墙工程的质量验收。

板材隔墙工程的检查数量应符合下列规定：每个检验批应至少抽查 10%，并不得少于 3 间，不足 3 间时应全数检查。

(一)主控项目

(1)隔墙板材的品种、规格、性能、颜色应符合设计要求。有隔声、隔热、阻燃、防潮等特殊要求的工程，板材应有相应性能等级的检测报告。

检验方法：观察，检查产品合格证书、进场验收记录和性能检测报告。

(2)安装隔墙板材所需预埋件、连接件的位置、数量及连接方法应符合设计要求。

检验方法：观察，尺量检查，检查隐蔽工程验收记录。

(3)隔墙板材安装必须牢固。现制钢丝网水泥隔墙与周边墙体的连接方法应符合设计要求，并应连接牢固。

检验方法：观察，手扳检查。

(4)隔墙板材所用接缝材料的品种及接缝方法应符合设计要求。

检验方法:观察,检查产品合格证书和施工记录。

(二)一般项目

(1)隔墙板材安装应垂直、平整、位置正确,板材不应有裂缝或缺损。

检验方法:观察,尺量检查。

(2)板材隔墙表面应平整光滑、色泽一致、洁净,接缝应均匀、顺直。

检验方法:观察,手摸检查。

(3)隔墙上的孔洞、槽、盒应位置正确、套割方正、边缘整齐。

检验方法:观察。

(4)板材隔墙安装的允许偏差和检验方法应符合表2-9-15的规定。

表2-9-15　板材隔墙安装的允许偏差和检验方法

项次	项目	允许偏差(mm)				检验方法
		复合轻质墙板		石膏空心板	钢丝网水泥板	
		金属夹心板	其他复合板			
1	立面垂直度	2	3	3	3	用2 m垂直检测尺检查
2	表面平整度	2	3	3	3	用2 m靠尺和塞尺检查
3	阴阳角方正	3	3	3	4	用直角检测尺检查
4	接缝高低差	1	2	2	3	用钢直尺和塞尺检查

三、骨架隔墙工程

适用于以轻钢龙骨、木龙骨等为骨架,以纸面石膏板、人造木板、水泥纤维板等为墙面板的隔墙工程的质量验收。

骨架隔墙工程的检查数量应符合下列规定:每个检验批应至少抽查10%,并不得少于3间,不足3间时应全数检查。

(一)主控项目

(1)骨架隔墙所用龙骨、配件、墙面板、填充材料及嵌缝材料的品种、规格、性能和木材的含水率应符合设计要求。有隔声、隔热、阻燃、防潮等特殊要求的工程,材料应有相应性能等级的检测报告。

检验方法:观察,检查产品合格证书、进场验收记录、性能检测报告和复验报告。

(2)骨架隔墙工程边框龙骨必须与基体结构连接牢固,并应平整、垂直、位置正确。

检验方法:手扳检查,尺量检查,检查隐蔽工程验收记录。

(3)骨架隔墙中龙骨间距和构造连接方法应符合设计要求。骨架内设备管线、门窗洞口等部位加强龙骨应安装牢固、位置正确,填充材料的设置应符合设计要求。

检验方法:检查隐蔽工程验收记录。

(4)木龙骨及木墙面板的防火和防腐处理必须符合设计要求。

检验方法:检查隐蔽工程验收记录。

(5)骨架隔墙的墙面板应安装牢固,无脱层、翘曲、折裂及缺损。

检验方法：观察，手扳检查。

(6)墙面板所用接缝材料的接缝方法应符合设计要求。

检验方法：观察。

(二)一般项目

(1)骨架隔墙表面应平整光滑、色泽一致、洁净、无裂缝，接缝应均匀、顺直。

检验方法：观察，手摸检查。

(2)骨架隔墙上的孔洞、槽、盒应位置正确、套割吻合、边缘整齐。

检验方法：观察。

(3)骨架隔墙内的填充材料应干燥，填充应密实、均匀、无下坠。

检验方法：轻敲检查，检查隐蔽工程验收记录。

(4)骨架隔墙安装的允许偏差和检验方法应符合表2-9-16的规定。

表2-9-16　骨架隔墙安装的允许偏差和检验方法

项次	项目	允许偏差(mm)		检验方法
		纸面石膏板	人造木板、水泥纤维板	
1	立面垂直度	3	4	用2 m垂直检测尺检查
2	表面平整度	3	3	用2 m靠尺和塞尺检查
3	阴阳角方正	3	3	用直角检测尺检查
4	接缝直线度	—	3	拉5 m线，不足5 m拉通线，用钢直尺检查
5	压条直线度	—	3	拉5 m线，不足5 m拉通线，用钢直尺检查
6	接缝高低差	1	1	用钢直尺和塞尺检查

四、活动隔墙工程

适用于各种活动隔墙工程的质量验收。

活动隔墙工程的检查数量应符合下列规定：每个检验批应至少抽查20%，并不得少于6间，不足6间时应全数检查。

(一)主控项目

(1)活动隔墙所用墙板、配件等材料的品种、规格、性能和木材的含水率应符合设计要求。有阻燃、防潮等特殊要求的工程，材料应有相应性能等级的检测报告。

检验方法：观察，检查产品合格证书、进场验收记录、性能检测报告和复验报告。

(2)活动隔墙轨道必须与基体结构连接牢固，并应位置正确。

检验方法：尺量检查，手扳检查。

(3)活动隔墙用于组装、推拉和制动的构配件必须安装牢固、位置正确，推拉必须安全、平稳、灵活。

检验方法：尺量检查，手扳检查，推拉检查。

(4)活动隔墙制作方法、组合方式应符合设计要求。

检验方法：观察。

(二)一般项目

(1)活动隔墙表面应色泽一致、平整光滑、洁净，线条应顺直、清晰。

检验方法：观察，手摸检查。

(2)活动隔墙上的孔洞、槽、盒应位置正确、套割吻合、边缘整齐。

检验方法：观察，尺量检查。

(3)活动隔墙推拉应无噪声。

检验方法：推拉检查。

(4)活动隔墙安装的允许偏差和检验方法应符合表2-9-17的规定。

表2-9-17　活动隔墙安装的允许偏差和检验方法

项次	项目	允许偏差(mm)	检验方法
1	立面垂直度	3	用2 m垂直检测尺检查
2	表面平整度	2	用2 m靠尺和塞尺检查
3	接缝直线度	3	拉5 m线，不足5 m拉通线，用钢直尺检查
4	接缝高低差	2	用钢直尺和塞尺检查
5	接缝宽度	2	用钢直尺检查

五、玻璃隔墙工程

适用于玻璃砖、玻璃板隔墙工程的质量验收。

玻璃隔墙工程的检查数量应符合下列规定：每个检验批应至少抽查20%，并不得少于6间，不足6间时应全数检查。

(一)主控项目

(1)玻璃隔墙工程所用材料的品种、规格、性能、图案和颜色应符合设计要求。玻璃板隔墙应使用安全玻璃。

检验方法：观察，检查产品合格证书、进场验收记录和性能检测报告。

(2)玻璃砖隔墙的砌筑或玻璃板隔墙的安装方法应符合设计要求。

检验方法：观察。

(3)玻璃砖隔墙砌筑中埋设的拉结筋必须与基体结构连接牢固，并应位置正确。

检验方法：手扳检查，尺量检查，检查隐蔽工程验收记录。

(4)玻璃板隔墙的安装必须牢固。玻璃隔墙胶垫的安装应正确。

检验方法：观察，手推检查，检查施工记录。

(二)一般项目

(1)玻璃隔墙表面应色泽一致、平整洁净、清晰美观。

检验方法：观察。

(2)玻璃隔墙接缝应横平竖直，玻璃应无裂痕、缺损和划痕。

检验方法：观察。

(3)玻璃板隔墙嵌缝及玻璃砖隔墙勾缝应密实平整、均匀顺直、深浅一致。

检验方法:观察。

(4)玻璃隔墙安装的允许偏差和检验方法应符合表 2-9-18 的规定。

表 2-9-18 玻璃隔墙安装的允许偏差和检验方法

项次	项目	允许偏差(mm)		检验方法
		玻璃砖	玻璃板	
1	立面垂直度	3	2	用 2 m 垂直检测尺检查
2	表面平整度	3	—	用 2 m 靠尺和塞尺检查
3	阴阳角方正	—	2	用直角检测尺检查
4	接缝直线度	—	2	拉 5 m 线,不足 5 m 拉通线,用钢直尺检查
5	接缝高低差	3	2	用钢直尺和塞尺检查
6	接缝宽度	—	1	用钢直尺检查

第六节 饰面板(砖)工程

一、一般规定

(1)适用于饰面板安装、饰面砖粘贴等分项工程的质量验收。

(2)饰面板(砖)工程验收时应检查下列文件和记录:

①饰面板(砖)工程的施工图、设计说明及其他设计文件;

②材料的产品合格证书、性能检测报告、进场验收记录和复验报告;

③后置埋件的现场拉拔检测报告;

④外墙饰面砖样板件的黏结强度检测报告;

⑤隐蔽工程验收记录;

⑥施工记录。

(3)饰面板(砖)工程应对下列材料及其性能指标进行复验:

①室内用花岗石的放射性;

②粘贴用水泥的凝结时间、安定性和抗压强度;

③外墙陶瓷面砖的吸水率;

④寒冷地区外墙陶瓷面砖的抗冻性。

(4)饰面板(砖)工程应对下列隐蔽工程项目进行验收:

①预埋件(或后置埋件);

②连接节点;

③防水层。

(5)各分项工程的检验批应按下列规定划分:

①相同材料、工艺和施工条件的室内饰面板(砖)工程每 50 间(大面积房间和走廊按施工面积 30 m^2 为一间)应划分为一个检验批,不足 50 间也应划分为一个检验批;

②相同材料、工艺和施工条件的室外饰面板(砖)工程每500～1 000 m^2 应划分为一个检验批,不足500 m^2 也应划分为一个检验批。

(6)检查数量应符合下列规定:

①室内每个检验批应至少抽查10%,并不得少于3间,不足3间时应全数检查;

②室外每个检验批每100 m^2 应至少抽查一处,每处不得小于10 m^2。

(7)外墙饰面粘贴前和施工过程中,均应在相同基层上做样板件,并对样板件的饰面砖黏结强度进行检验,其检验方法和结果判定应符合《建筑工程饰面砖粘结强度检验标准》(JGJ 110)的规定。

(8)饰面板(砖)工程的抗震缝、伸缩缝、沉降缝等部位的处理应保证缝的使用功能和饰面的完整性。

二、饰面板安装工程

适用于内墙饰面板安装工程和高度不大于24 m、抗震设防烈度不大于Ⅶ度的外墙饰面板安装工程的质量验收。

(一)主控项目

(1)饰面板的品种、规格、颜色和性能应符合设计要求,木龙骨、木饰面板和塑料饰面板的燃烧性能等级应符合设计要求。

检验方法:观察,检查产品合格证书、进场验收记录和性能检测报告。

(2)饰面板孔、槽的数量、位置和尺寸应符合设计要求。

检验方法:检查进场验收记录和施工记录。

(3)饰面板安装工程的预埋件(或后置埋件)、连接件的数量、规格、位置、连接方法和防腐处理必须符合设计要求。后置埋件的现场拉拔强度必须符合设计要求。饰面板安装必须牢固。

检验方法:手扳检查,检查进场验收记录、现场拉拔检测报告、隐蔽工程验收记录和施工记录。

(二)一般项目

(1)饰面板表面应平整、洁净、色泽一致,无裂痕和缺损。石材表面应无泛碱等污染。

检验方法:观察。

(2)饰面板嵌缝应密实、平直,宽度和深度应符合设计要求,嵌填材料色泽应一致。

检验方法:观察,尺量检查。

(3)采用湿作业法施工的饰面板工程,石材应进行防碱背涂处理。饰面板与基体之间的灌注材料应饱满、密实。

检验方法:用小锤轻击检查,检查施工记录。

(4)饰面板上的孔洞应套割吻合,边缘应整齐。

检验方法:观察。

(5)饰面板安装的允许偏差和检验方法应符合表2-9-19的规定。

三、饰面砖粘贴工程

适用于风墙饰面砖粘贴工程和高度不大于100 m、抗震设防烈度不大于Ⅷ度、采用满粘

表 2-9-19　饰面板安装的允许偏差和检验方法

项次	项目	允许偏差(mm)							检验方法
		石材			瓷板	木材	塑料	金属	
		光面	剁斧石	蘑菇石					
1	立面垂直度	2	3	3	2	1.5	2	2	用2 m垂直检测尺检查
2	表面平整度	2	3	—	1.5	1	3	3	用2 m靠尺和塞尺检查
3	阴阳角方正	2	4	4	2	1.5	3	3	用直角检测尺检查
4	接缝直线度	2	4	4	2	1	1	1	拉5 m线,不足5 m拉通线,用钢直尺检查
5	墙裙、勒脚上口直线度	2	3	3	2	2	2	2	拉5 m线,不足5 m拉通线,用钢直尺检查
6	接缝高低差	0.5	3	—	0.5	0.5	1	1	用钢直尺和塞尺检查
7	接缝宽度	1	2	2	1	1	1	1	用钢直尺检查

法施工的外墙饰面砖粘贴工程的质量验收。

(一)主控项目

(1)饰面砖的品种、规格、图案、颜色和性能应符合设计要求。

检验方法:观察,检查产品合格证书、进场验收记录、性能检测报告和复验报告。

(2)饰面砖粘贴工程的找平、防水、黏结和勾缝材料及施工方法应符合设计要求及国家现行产品标准和工程技术标准的规定。

检验方法:检查产品合格证书、复验报告和隐蔽工程验收记录。

(3)饰面砖粘贴必须牢固。

检验方法:检查样板件黏结强度检测报告和施工记录。

(4)满粘法施工的饰面砖工程应无空鼓、裂缝。

检验方法:观察,用小锤轻击检查。

(二)一般项目

(1)饰面砖表面应平整、洁净、色泽一致,无裂痕和缺损。

检验方法:观察。

(2)阴阳角处搭接方式、非整砖使用部位应符合设计要求。

检验方法:观察。

(3)墙面突出物周围的饰面砖应整砖套割吻合,边缘应整齐。墙裙、贴脸突出墙面的厚度应一致。

检验方法:观察,尺量检查。

(4)饰面砖接缝应平直、光滑,填嵌应连续、密实,宽度和深度应符合设计要求。

检验方法:观察,尺量检查。

(5)有排水要求的部位应做滴水线(槽)。滴水线(槽)应顺直,流水坡向应正确,坡度应符合设计要求。

检验方法:观察,用水平尺检查。

(6)饰面砖粘贴的允许偏差和检验方法应符合表2-9-20的规定。

表2-9-20 饰面砖粘贴的允许偏差和检验方法

项次	项目	允许偏差(mm)		检验方法
		外墙面砖	风墙面砖	
1	立面垂直度	3	2	用2 m垂直检测尺检查
2	表面平整度	4	3	用2 m靠尺和塞尺检查
3	阴阳角方正	3	3	用直角检测尺检查
4	接缝直线度	3	2	拉5 m线,不足5 m拉通线,用钢直尺检查
5	接缝高低差	1	0.5	用钢直尺和塞尺检查
6	接缝宽度	1	1	用钢直尺检查

第七节 幕墙工程

一、一般规定

(1)适用于玻璃幕墙、金属幕墙、石材幕墙等分项工程的质量验收。

(2)幕墙工程验收时应检查下列文件和记录:

①幕墙工程的施工图、结构计算书、设计说明及其他设计文件。

②建筑设计单位对幕墙工程设计的确认文件。

③幕墙工程所用各种材料、五金配件、构件及组件的产品合格证书、性能检测报告、进场验收记录和复验报告。

④幕墙工程所用硅酮结构胶的认证证书和抽查合格证明;进口硅酮结构胶的商检证;国家指定检测机构出具的硅酮结构胶相容性和剥离黏结性试验报告;石材用密封胶的耐污染性试验报告。

⑤后置埋件的现场拉拔强度检测报告。

⑥幕墙的抗风压性能、空气渗透性能、雨水渗漏性能及平面变形性能检测报告。

⑦打胶、养护环境的温度、湿度记录;双组分硅酮结构胶的混匀性试验记录及拉断试验记录。

⑧防雷装置测试记录。

⑨隐蔽工程验收记录。

⑩幕墙构件和组件的加工制作记录;幕墙安装施工记录。

(3)幕墙工程应对下列材料及其性能指标进行复验:

①铝塑复合板的剥离强度。

②石材的弯曲度;寒冷地区石材的耐冻融性;室内用花岗石的放射性。

③玻璃幕墙用结构胶的邵氏硬度、标准条件拉伸黏结强度、相容性试验;石材用结构胶的黏结强度;石材用密封胶的污染性。

(4)幕墙工程应对下列隐蔽工程项目进行验收：

①预埋件(或后置埋件)。

②构件的连接节点。

③变形缝及墙面转角处的构造节点。

④幕墙防雷装置。

⑤幕墙防火构造。

(5)各分项工程的检验批应按下列规定划分：

①相同设计、材料、工艺和施工条件的幕墙工程每 500 ~ 1 000 m^2 应划分为一个检验批,不足 500 m^2 也应划分为一个检验批。

②同一单位工程的不连续的幕墙工程应单独划分检验批。

③对于异型或有特殊要求的幕墙,检验批的划分应根据幕墙的结构、工艺特点及幕墙工程规模,由监理单位(或建设单位)和施工单位协商确定。

(6)检查数量应符合下列规定：

①每个检验批每 100 m^2 应至少抽查一处,每处不得小于 10 m^2。

②对于异型或有特殊要求的幕墙工程,应根据幕墙的结构和工艺特点,由监理单位(或建设单位)和施工单位协商确定。

(7)幕墙及其连接件应具有足够的承载力、刚度和相对于主体结构的位移能力。幕墙构架立柱的连接金属角码与其他连接件应采用螺栓连接,并应有防松动措施。

(8)隐框、半隐框幕墙所采用的结构黏结材料必须是中性硅酮结构密封胶,其性能必须符合《建筑用硅酮结构密封胶》(GB 16776)的规定;硅酮结构密封胶必须在有效期内使用。

(9)立柱和横梁等主要受力构件,其截面受力部分的壁厚应经计算确定,且铝合金型材壁厚不应小于 3.0 mm,钢型材壁厚不应小于 3.5 mm。

(10)隐框、半隐框幕墙构件中板材与金属框之间硅酮结构密封胶的黏结宽度,应分别计算风荷载标准值和板材自重标准值作用下硅酮结构密封胶的黏结宽度,并取其较大值,且不得小于 7.0 mm。

(11)硅酮结构密封胶应打注饱满,并应在温度 15 ~ 30 ℃、相对湿度 50% 以上、洁净的室内进行,不得在现场墙上打注。

(12)幕墙的防火除应符合现行国家标准《建筑设计防火规范》(GBJ 16)和《高层民用建筑设计防火规范》(GB 50045)的有关规定外,还应符合下列规定：

①应根据防火材料的耐火极限决定防火层的厚度和宽度,并应在楼板处形成防火带。

②防火层应采取隔离措施。防火层的衬板应采用经防腐处理且厚度不小于 1.5 mm 的钢板,不得采用铝板。

③防火层的密封材料应采用防火密封胶。

④防火层与玻璃不应直接接触,一块玻璃不应跨两个防火分区。

(13)主体结构与幕墙连接的各种预埋件,其数量、规格、位置和防腐处理必须符合设计要求。

(14)幕墙的金属框架与主体结构预埋件的连接、立柱与横梁的连接及幕墙面板的安装必须符合设计要求,安装必须牢固。

(15)单元幕墙连接处和吊挂处的铝合金型材的壁厚应通过计算确定,并不得小于 5.0

mm。

(16)幕墙的金属框架与主体结构应通过预埋件连接,预埋件应在主体结构混凝土施工时埋入,预埋件的位置应准确。当没有条件采用预埋件连接时,应采取其他可靠的连接措施,并应通过试验确定其承载力。

(17)主柱应采用螺栓与角码连接,螺栓直径应经过计算,并不应小于 10 mm。不同金属材料接触时应采用绝缘垫片分隔。

(18)幕墙的抗震缝、伸缩缝、沉降缝等部位的处理应保证缝的使用功能和饰面的完整性。

(19)幕墙工程的设计应满足维护和清洁的要求。

二、玻璃幕墙工程

适用于建筑高度不大于 150 m、抗震设防烈度不大于Ⅷ度的隐框玻璃幕墙、半隐框玻璃幕墙、明框玻璃幕墙、全玻璃幕墙及点支承玻璃幕墙工程的质量验收。

(一)主控项目

(1)玻璃幕墙工程所使用的各种材料、构件和组件的质量,应符合设计要求及国家现行产品标准和工程技术规范的规定。

检验方法:检查材料、构件、组件的产品合格证书、进场验收记录、性能检测报告和材料的复验报告。

(2)玻璃幕墙的造型和立面分格应符合设计要求。

检验方法:观察,尺量检查。

(3)玻璃幕墙使用的玻璃应符合下列规定:

①幕墙应使用安全玻璃,玻璃的品种、规格、颜色、光学性能及安装方向应符合设计要求。

②幕墙玻璃的厚度不应小于 6.0 mm,全玻璃幕墙肋玻璃的厚度不应小于 12 mm。

③幕墙的中空玻璃应采用双道密封。明框幕墙的中空玻璃应采用聚硫密封胶及丁基密封胶;隐框和半隐框幕墙的中空玻璃应采用硅酮结构密封胶及丁基密封胶;镀膜面应在中空玻璃的第 2 或第 3 面上。

④幕墙的夹层玻璃应采用聚乙烯醇缩丁醛(PVB)胶片干法加工。点支承玻璃幕墙夹层胶片厚度不应小于 0.76 mm。

⑤钢化玻璃表面不得有损伤;8.0 mm 以下的钢化玻璃应进行引爆处理。

⑥所有幕墙玻璃均应进行边缘处理。

检验方法:观察,尺量检查,检查施工记录。

(4)玻璃幕墙与主体结构连接的各种预埋件、连接件、紧固件必须安装牢固,其数量、规格、位置、连接方法和防腐处理应符合设计要求。

检验方法:观察,检查隐蔽工程验收记录和施工记录。

(5)各种连接件、紧固件的螺栓应有防松动措施,焊接连接应符合设计要求和焊接规范的规定。

检验方法:观察,检查隐蔽工程验收记录和施工记录。

(6)隐框或半隐框玻璃幕墙,每块玻璃下端应设置两个铝合金或不锈钢托条,其长度不应小于 100 mm,厚度不应小于 2 mm,托条外端应低于玻璃外表面 2 mm。

检验方法:观察,检查施工记录。

(7)明框玻璃幕墙的玻璃安装应符合下列规定:

①玻璃槽口与玻璃的配合尺寸应符合设计要求和技术标准的规定。

②玻璃与构件不得直接接触,玻璃四周与构件凹槽底部应保持一定的空隙,每块玻璃下部应至少放置两块宽度与槽口宽度相同、长度不小于 100 mm 的弹性定位垫块;玻璃两边嵌入量及空隙应符合设计要求。

③玻璃四周橡胶条的材质、型号应符合设计要求,镶嵌应平整,橡胶条长度应比边框内槽长 1.5% ~2.0%,橡胶条在转角处应斜面断开,并应用黏结剂黏结牢固后嵌入槽内。

检验方法:观察,检查施工记录。

(8)高度超过 4 m 的全玻璃幕墙应吊挂在主体结构上,吊夹具应符合设计要求,玻璃与玻璃、玻璃与玻璃肋之间的缝隙,应采用硅酮结构密封胶填嵌严密。

检验方法:观察,检查隐蔽工程验收记录和施工记录。

(9)点支承玻璃幕墙应采用带万向头的活动不锈钢爪,其钢爪间的中心距离应大于 250 mm。

检验方法:观察,尺量检查。

(10)玻璃幕墙四周、玻璃幕墙内表面与主体结构之间的连接节点、各种变形缝、墙角的连接节点应符合设计要求和技术标准的规定。

检验方法:观察,检查隐蔽工程验收记录和施工记录。

(11)玻璃幕墙应无渗漏。

检验方法:在易渗漏部位进行淋水检查。

(12)玻璃幕墙结构胶和密封胶的打注应饱满、密实、连续、均匀、无气泡,宽度和厚度应符合设计要求和技术标准的规定。

检验方法:观察,尺量检查,检查施工记录。

(13)玻璃幕墙开启窗的配件应齐全,安装应牢固,安装位置和开启方向、角度应正确;开启应灵活,关闭应严密。

检验方法:观察,手扳检查,开启和关闭检查。

(14)玻璃幕墙的防雷装置必须与主体结构的防雷装置可靠连接。

检验方法:观察,检查隐蔽工程验收记录和施工记录。

(二)一般项目

(1)玻璃幕墙表面应平整、洁净,整幅玻璃的色泽应均匀一致,不得有污染和镀膜损坏。

检验方法:观察。

(2)每平方米玻璃的表面质量和检验方法应符合表 2-9-21 的规定。

表 2-9-21　每平方米玻璃的表面质量和检验方法

项次	项目	质量要求	检验方法
1	明显划伤和长度 >100 mm 的轻微划伤	不允许	观察
2	长度≤100 mm 的轻微划伤	≤8 条	用钢尺检查
3	擦伤总面积	≤500 mm^2	用钢尺检查

(3)一个分格铝合金型材的表面质量和检验方法应符合表 2-9-22 的规定。

表 2-9-22 一个分格铝合金型材的表面质量和检验方法

项次	项目	质量要求	检验方法
1	明显划伤和长度 > 100 mm 的轻微划伤	不允许	观察
2	长度≤100 mm 的轻微划伤	≤2 条	用钢尺检查
3	擦伤总面积	≤500 mm^2	用钢尺检查

(4)明框玻璃幕墙的外露框或压条应横平竖直,颜色、规格应符合设计要求,压条安装应牢固。单元玻璃幕墙的单元拼缝或隐框玻璃幕墙的分格玻璃拼缝应横平竖直、均匀一致。

检验方法:观察,手扳检查,检查进场验收记录。

(5)玻璃幕墙的密封胶缝应横平竖直、深浅一致、宽窄均匀、光滑顺直。

检验方法:观察,手摸检查。

(6)防火、保温材料填充应饱满、均匀,表面应密实、平整。

检验方法:检查隐蔽工程验收记录。

(7)玻璃幕墙隐蔽节点的遮封装饰应牢固、整齐、美观。

检验方法:观察,手扳检查。

(8)明框玻璃幕墙安装的允许偏差和检验方法应符合表 2-9-23 的规定。

表 2-9-23 明框玻璃幕墙安装的允许偏差和检验方法

项次	项目		允许偏差(mm)	检验方法
1	幕墙垂直度	幕墙高度≤30 m	10	用经纬仪检查
		30 m < 幕墙高度≤60 m	15	
		60 m < 幕墙高度≤90 m	20	
		幕墙高度 > 90 m	25	
2	幕墙水平度	幕墙幅宽≤35 m	5	用水平仪检查
		幕墙幅宽 > 35 m	7	
3	构件直线度		2	用 2 m 靠尺和塞尺检查
4	构件水平度	构件长度≤2 m	2	用水平仪检查
		构件长度 > 2 m	3	
5	相邻构件错位		1	用钢直尺检查
6	分格框对角线长度差	对角线长度≤2 m	3	用钢尺检查
		对角线长度 > 2m	4	

(9)隐框、半隐框玻璃幕墙安装的允许偏差和检验方法应符合表 2-9-24 的规定。

三、金属幕墙工程

适用于建筑高度不大于 150 m 的金属幕墙工程的质量验收。

表 2-9-24　隐框、半隐框玻璃幕墙安装的允许偏差和检验方法

项次	项目		允许偏差(mm)	检验方法
1	幕墙垂直度	幕墙高度≤30 m	10	用经纬仪检查
		30 m＜幕墙高度≤60 m	15	
		60 m＜幕墙高度≤90 m	20	
		幕墙高度＞90 m	25	
2	幕墙水平度	层高≤3 m	3	用水平仪检查
		层高＞3 m	5	
3	幕墙表面平整度		2	用2 m靠尺和塞尺检查
4	板材立面垂直度		2	用垂直检测尺检查
5	板材上沿水平度		2	用1 m水平尺和钢直尺检查
6	相邻板材板角错位		1	用钢直尺检查
7	阳角方正		2	用直角检测尺检查
8	接缝直线度		3	拉5 m线,不足5 m拉通线,用钢直尺检查
9	接缝高低差		1	用钢直尺和塞尺检查
10	接缝宽度		1	用钢直尺检查

(一)主控项目

(1)金属幕墙工程所使用的各种材料和配件,应符合设计要求及国家现行产品标准和工程技术规范的规定。

检验方法:检查产品合格证书、性能检测报告、材料进场验收记录和复验报告。

(2)金属幕墙的造型和立面分格应符合设计要求。

检验方法:观察,尺量检查。

(3)金属面板的品种、规格、颜色、光泽及安装方向应符合设计要求。

检验方法:观察,检查进场验收记录。

(4)金属幕墙主体结构上的预埋件、后置埋件的数量、位置及后置埋件的拉拔力必须符合设计要求。

检验方法:检查拉拔力检测报告和隐蔽工程验收记录。

(5)金属幕墙的金属框架立柱与主体结构预埋件的连接、立柱与横梁的连接、金属面板的安装必须符合设计要求,安装必须牢固。

检验方法:手扳检查,检查隐蔽工程验收记录。

(6)金属幕墙的防火、保温、防潮材料的设置应符合设计要求,并应密实、均匀、厚度一致。

检验方法:检查隐蔽工程验收记录。

(7)金属框架及连接件的防腐处理应符合设计要求。

检验方法:检查隐蔽工程验收记录和施工记录。

(8)金属幕墙的防雷装置必须与主体结构的防雷装置可靠连接。

检验方法:检查隐蔽工程验收记录。

(9)各种变形缝、墙角的连接节点应符合设计要求和技术标准的规定。

检验方法:观察,检查隐蔽工程验收记录。

(10)金属幕墙的板缝注胶应饱满、密实、连续、均匀、无气泡,宽度和厚度应符合设计要求和技术标准的规定。

检验方法:观察,尺量检查,检查施工记录。

(11)金属幕墙应无渗漏。

检验方法:在易渗漏部位进行淋水检查。

(二)一般项目

(1)金属板表面应平整、洁净、色泽一致。

检验方法:观察。

(2)金属幕墙的压条应平直、洁净、接口严密、安装牢固。

检验方法:观察,手扳检查。

(3)金属幕墙的密封胶缝应横平竖直、深浅一致、宽窄均匀、光滑顺直。

检验方法:观察。

(4)金属幕墙上的滴水线、流水坡向应正确、顺直。

检验方法:观察,用水平尺检查。

(5)每平方米金属板的表面质量和检验方法应符合表 2-9-25 的规定。

表 2-9-25　每平方米金属板的表面质量和检验方法

项次	项目	质量要求	检验方法
1	明显划伤和长度 >100 mm 的轻微划伤	不允许	观察
2	长度 ≤100 mm 的轻微划伤	≤8 条	用钢尺检查
3	擦伤总面积	≤500 mm^2	用钢尺检查

(6)金属幕墙安装的允许偏差和检验方法应符合表 2-9-26 的规定。

表 2-9-26　金属幕墙安装的允许偏差和检验方法

项次	项目		允许偏差(mm)	检验方法
1	幕墙垂直度	幕墙高度 ≤30 m	10	用经纬仪检查
		30 m < 幕墙高度 ≤60 m	15	
		60 m < 幕墙高度 ≤90 m	20	
		幕墙高度 >90 m	25	
2	幕墙水平度	层高 ≤3 m	3	用水平仪检查
		层高 >3 m	5	
3	幕墙表面平整度		2	用 2 m 靠尺和塞尺检查
4	板材立面垂直度		3	用垂直检测尺检查

续表 2-9-26

项次	项目	允许偏差(mm)	检验方法
5	板材上沿水平度	2	用1 m水平尺和钢直尺检查
6	相邻板材板角错位	1	用钢直尺检查
7	阳角方正	2	用直角检测尺检查
8	接缝直线度	3	拉5 m线,不足5 m拉通线,用钢直尺检查
9	接缝高低差	1	用钢直尺和塞尺检查
10	接缝宽度	1	用钢直尺检查

四、石材幕墙工程

适用于建筑高度不大于100 m、抗震设防烈度不大于Ⅷ度的石材幕墙工程的质量验收。

(一)主控项目

(1)石材幕墙工程所用材料的品种、规格、性能等级,应符合设计要求及国家现行产品标准和工程技术规范的规定。石材的弯曲强度不应小于8.0 MPa,吸水率应小于0.8%。石材幕墙的铝合金挂件厚度不应小于4.0 mm,不锈钢挂件厚度不应小于3.0 mm。

检验方法:观察,尺量检查,检查产品合格证书、性能检测报告、材料进场验收记录和复验报告。

(2)石材幕墙的造型、立面分格、颜色、光泽、花纹和图案应符合设计要求。

检验方法:观察。

(3)石材孔、槽的数量、深度、位置、尺寸应符合设计要求。

检验方法:检查进场验收记录或施工记录。

(4)石材幕墙主体结构上的预埋件和后置埋件的位置、数量及后置埋件的拉拔力必须符合设计要求。

检验方法:检查拉拔力检测报告和隐蔽工程验收记录。

(5)石材幕墙的金属框架立柱与主体结构预埋件的连接、立柱与横梁的连接、连接件与金属框架的连接、连接件与石材面板的连接必须符合设计要求,安装必须牢固。

检验方法:手扳检查,检查隐蔽工程验收记录。

(6)金属框架的连接件和防腐处理应符合设计要求。

检验方法:检查隐蔽工程验收记录。

(7)石材幕墙的防雷装置必须与主体结构防雷装置可靠连接。

检验方法:观察,检查隐蔽工程验收记录和施工记录。

(8)石材幕墙的防火、保温、防潮材料的设置应符合设计要求,填充应密实、均匀、厚度一致。

检验方法:检查隐蔽工程验收记录。

(9)各种结构变形缝、墙角的连接节点应符合设计要求和技术标准的规定。

检验方法:检查隐蔽工程验收记录和施工记录。

(10)石材表面和板缝的处理应符合设计要求。

检验方法:观察。

(11)石材幕墙的板缝注胶应饱满、密实、连续、均匀、无气泡,板缝宽度和厚度应符合设计要求和技术标准的规定。

检验方法:观察,尺量检查,检查施工记录。

(12)石材幕墙应无渗漏。

检验方法:在易渗漏部位进行淋水检查。

(二)一般项目

(1)石材幕墙表面应平整、洁净,无污染、缺损和裂痕。颜色和花纹应协调一致,无明显色差,无明显修痕。

检验方法:观察。

(2)石材幕墙的压条应平直、洁净、接口严密、安装牢固。

检验方法:观察,手扳检查。

(3)石材接缝应横平竖直、宽窄均匀;阴阳角石板压向应正确,板边合缝应顺直;凸凹线出墙厚度应一致,上下口应平直;石材面板上洞口、槽边应套割吻合,边缘应整齐。

检验方法:观察,尺量检查。

(4)石材幕墙的密封胶缝应横平竖直、深浅一致、宽窄均匀、光滑顺直。

检验方法:观察。

(5)石材幕墙上的滴水线、流水坡向应正确、顺直。

检验方法:观察,用水平尺检查。

(6)每平方米石材的表面质量和检验方法应符合表 2-9-27 的规定。

表 2-9-27　每平方米石材的表面质量和检验方法

项次	项目	质量要求	检验方法
1	明显划伤和长度 >100 mm 的轻微划伤	不允许	观察
2	长度 ≤100 mm 的轻微划伤	≤8 条	用钢尺检查
3	擦伤总面积	≤500 mm^2	用钢尺检查

(7)石材幕墙安装的允许偏差和检验方法应符合表 2-9-28 的规定。

表 2-9-28　石材幕墙安装的允许偏差和检验方法

项次	项目		允许偏差(mm) 光面	允许偏差(mm) 麻面	检验方法
1	幕墙垂直度	幕墙高度≤30 m	10		用经纬仪检查
		30 m < 幕墙高度≤60 m	15		
		60 m < 幕墙高度≤90 m	20		
		幕墙高度 >90 m	25		
2	幕墙水平度		3		用水平仪检查
3	板材立面垂直度		3		用垂直检测尺检查

续表 2-9-28

项次	项目	允许偏差(mm)		检验方法
		光面	麻面	
4	板材上沿水平度	2		用 1 m 水平尺和钢直尺检查
5	相邻板材板角错位	1		用钢直尺检查
6	阳角方正	2	3	用直角检测尺检查
7	接缝直线度	2	4	拉 5 m 线,不足 5 m 拉通线,用钢直尺检查
8	接缝高低差	3	4	用钢直尺和塞尺检查
9	接缝宽度	1	—	用钢直尺检查

第八节　涂饰工程

一、一般规定

(1)适用于水性涂料涂饰、溶剂型涂料涂饰、美术涂饰等分项工程的质量验收。

(2)涂饰工程验收时应检查下列文件和记录:

①涂饰工程的施工图、设计说明及其他设计文件。

②材料的产品合格证书、性能检测报告和进场验收记录。

③施工记录。

(3)各分项工程的检验批应按下列规定划分:

①室外涂饰工程每一幢楼的同类涂料涂饰的墙面每 500 ~ 1 000 m^2 应划分为一个检验批,不足 500 m^2 也应划分为一个检验批。

②室内涂饰工程同类涂料涂饰的墙面每 50 间(大面积房间和走廊按涂饰面积 30 m^2 为一间)应划分为一个检验批,不足 50 间也应划分为一个检验批。

(4)检查数量应符合下列规定:

①室外涂饰工程每 100 m^2 应至少抽查一处,每处不得小于 10 m^2。

②室内涂饰工程每个检验批应至少抽查 10%,并不得少于 3 间,不足 3 间时应全数检查。

(5)涂饰工程的基层处理应符合下列要求:

①新建筑物的混凝土或抹灰基层在涂饰涂料前应涂刷抗碱封闭底漆。

②旧墙面在涂饰涂料前应清除疏松的旧装修层,并涂刷界面剂。

③混凝土或抹灰基层涂刷溶剂型涂料时,含水率不得大于 8%;涂刷乳液型涂料时,含水率不得大于 10%。木材基层的含水率不得大于 12%。

④基层腻子应平整、坚实、牢固,无粉化、起皮和裂缝;内墙腻子的黏结强度应符合《建筑室内用腻子》(JG/T 3049)的规定。

⑤厨房、卫生间墙面必须使用耐水腻子。

(6)水性涂料涂饰工程施工的环境温度应为 5 ~ 35 ℃。

(7)涂饰工程应在涂层养护期满后进行质量验收。

二、水性涂料涂饰工程

适用于乳液型涂料、无机涂料、水溶性涂料等水性涂料涂饰工程的质量验收。

(一)主控项目

(1)水性涂料涂饰工程所用涂料的品种、型号和性能应符合设计要求。

检验方法:检查产品合格证书、性能检测报告和进场验收记录。

(2)水性涂料涂饰工程的颜色、图案应符合设计要求。

检验方法:观察。

(3)水性涂料涂饰工程应涂饰均匀、黏结牢固,不得漏涂、透底、起皮和掉粉。

检验方法:观察,手摸检查。

(4)水性涂料涂饰工程的基层处理应符合前述一般规定的要求。

检验方法:观察,手摸检查,检查施工记录。

(二)一般项目

(1)薄涂料的涂饰质量和检验方法应符合表 2-9-29 的规定。

表 2-9-29　薄涂料的涂饰质量和检验方法

项次	项目	普通涂饰	高级涂饰	检验方法
1	颜色	均匀一致	均匀一致	观察
2	泛碱、咬色	允许少量轻微	不允许	
3	流坠、疙瘩	允许少量轻微	不允许	
4	砂眼、刷纹	允许少量轻微砂眼,刷纹通顺	无砂眼,无刷纹	
5	装饰线、分色线直线度允许偏差(mm)	2	1	拉 5 m 线,不足 5 m 拉通线,用钢直尺检查

(2)厚涂料的涂饰质量和检验方法应符合表 2-9-30 的规定。

表 2-9-30　厚涂料的涂饰质量和检验方法

项次	项目	普通涂饰	高级涂饰	检验方法
1	颜色	均匀一致	均匀一致	观察
2	泛碱、咬色	允许少量轻微	不允许	
3	点状分布	—	疏密均匀	

(3)复合涂料的涂饰质量和检验方法应符合表 2-9-31 的规定。

表 2-9-31　复合涂料的涂饰质量和检验方法

项次	项目	质量要求	检验方法
1	颜色	均匀一致	观察
2	泛碱、咬色	不允许	
3	喷点疏密程度	均匀,不允许连片	

(4)涂层与其他装修材料和设备衔接处应吻合,界面应清晰。

检验方法:观察。

三、溶剂型涂料涂饰工程

适用于丙烯酸酯涂料、聚氨酯丙烯酸涂料、有机硅丙烯酸涂料等溶剂型涂料涂饰工程的质量验收。

(一)主控项目

(1)溶剂型涂料涂饰工程所选用涂料的品种、型号和性能应符合设计要求。

检验方法:检查产品合格证书、性能检测报告和进场验收记录。

(2)溶剂型涂料涂饰工程的颜色、光泽、图案应符合设计要求。

检验方法:观察。

(3)溶剂型涂料涂饰工程应涂饰均匀、黏结牢固,不得漏涂、透底、起皮和返锈。

检验方法:观察,手摸检查。

(4)溶剂型涂料涂饰工程的基层处理应符合《建筑工程施工质量验收统一标准》(GB 50300)第10.2.5条的要求。

检验方法:观察,手摸检查,检查施工记录。

(二)一般项目

(1)色漆的涂饰质量和检验方法应符合表2-9-32的规定。

表2-9-32　色漆的涂饰质量和检验方法

项次	项目	普通涂饰	高级涂饰	检验方法
1	颜色	均匀一致	均匀一致	观察
2	光泽、光滑	光泽基本均匀,光滑,无挡手感	光泽均匀一致,光滑	观察、手摸检查
3	刷纹	刷纹通顺	无刷纹	观察
4	裹棱、流坠、皱皮	明显处不允许	不允许	观察
5	装饰线、分色线直线度允许偏差(mm)	2	1	拉5 m线,不足5 m拉通线,用钢直尺检查

注:无光色漆不检查光泽。

(2)清漆的涂饰质量和检验方法应符合表2-9-33的规定。

表2-9-33　清漆的涂饰质量和检验方法

项次	项目	普通涂饰	高级涂饰	检验方法
1	颜色	基本一致	均匀一致	观察
2	木纹	棕眼刮平、木纹清楚	棕眼刮平、木纹清楚	观察
3	光泽、光滑	光泽基本均匀,光滑,无挡手感	光泽均匀一致,光滑	观察、手摸检查
4	刷纹	无刷纹	无刷纹	观察
5	裹棱、流坠、皱皮	明显处不允许	不允许	观察

(3)涂层与其他装修材料和设备衔接处应吻合,界面应清晰。
检验方法:观察。

四、美术涂饰工程

适用于套色涂饰、滚花涂饰、仿花纹涂饰等室内外美术涂饰工程的质量验收。

(一)主控项目

(1)美术涂饰所用材料的品种、型号和性能应符合设计要求。
检验方法:观察,检查产品合格证书、性能检测报告和进场验收记录。
(2)美术涂饰工程应涂饰均匀、黏结牢固,不得有漏涂、透底、起皮、掉粉和返锈。
检验方法:观察,手摸检查。
(3)美术涂饰工程的基层处理应符合《建筑工程施工质量验收统一标准》(GB 50300)第10.1.5条的要求。
检验方法:观察,手摸检查,检查施工记录。
(4)美术涂饰的套色、花纹和图案应符合设计要求。
检验方法:观察。

(二)一般项目

(1)美术涂饰表面应洁净,不得有流坠现象。
检验方法:观察。
(2)仿花纹涂饰的饰面应具有被模仿材料的纹理。
检验方法:观察。
(3)套色涂饰的图案不得移位,纹理和轮廓应清晰。
检验方法:观察。

第九节 裱糊与软包工程

一、一般规定

(1)适用于裱糊、软包等分项工程的质量验收。
(2)裱糊与软包工程验收时应检查下列文件和记录:
①裱糊与软包工程的施工图、设计说明及其他设计文件。
②饰面材料的样板及确认文件。
③材料的产品合格证书、性能检测报告、进场验收记录和复验报告。
④施工记录。
(3)各分项工程的检验批应按下列规定划分:同一品种的裱糊或软包工程每50间(大面积房间和走廊按施工面积30 m^2 为一间)应划分为一个检验批,不足50间也应划分为一个检验批。
(4)检查数量应符合下列规定:
①裱糊工程每个检验批应至少抽查10%,并不得少于3间,不足3间时应全数检查。
②软包工程每个检验批应至少抽查20%,并不得少于6间,不足6间时应全数检查。

(5)裱糊前,基层处理质量应达到下列要求:

①新建筑物的混凝土或抹灰基层墙面在刮腻子前应涂刷抗碱封闭底漆。

②旧墙面在裱糊前应清除疏松的旧装修层,并涂刷界面剂。

③混凝土或抹灰基层含水率不得大于8%;木材基层的含水率不得大于12%。

④基层腻子应平整、坚实、牢固,无粉化、起皮和裂缝;腻子的黏结强度应符合《建筑室内用腻子》(JG/T 3049)N型的规定。

⑤基层表面平整度、立面垂直度及阴阳角方正应达到《建筑工程施工质量验收统一标准》(GB 50300)第4.2.11条高级抹灰的要求。

⑥基层表面颜色应一致。

⑦裱糊前应用封闭底胶涂刷基层。

二、裱糊工程

适用于聚氯乙烯塑料壁纸、复合纸质壁纸、墙布等裱糊工程的质量验收。

(一)主控项目

(1)壁纸、墙布的种类、规格、图案、颜色和燃烧性能等级必须符合设计要求及现行国家标准的有关规定。

检验方法:观察,检查产品合格证书、进场验收记录和性能检测报告。

(2)裱糊工程基层处理质量应符合《建筑工程施工质量验收统一标准》(GB 50300)第11.1.5条的要求。

检验方法:观察,手摸检查,检查施工记录。

(3)裱糊后各幅拼接应横平竖直,拼接处花纹、图案应吻合,不离缝,不搭接,不显拼缝。

检验方法:观察,拼缝检查距离墙面1.5 m处正视。

(4)壁纸、墙布应粘贴牢固,不得有漏贴、补贴、脱层、空鼓和翘边。

检验方法:观察,手摸检查。

(二)一般项目

(1)裱糊后的壁纸、墙布表面应平整,色泽一致,不得有波纹起伏、气泡、裂缝、皱折及斑污,斜视时应无胶痕。

检验方法:观察,手摸检查。

(2)复合压花壁纸的压痕及发泡壁纸的发泡层应无损坏。

检验方法:观察。

(3)壁纸、墙布与各种装饰线、设备线盒应交接严密。

检验方法:观察。

(4)壁纸、墙布边缘应平直整齐,不得有纸毛、飞刺。

检验方法:观察。

(5)壁纸、墙布阴角处搭接应顺光,阳角处应无接缝。

检验方法:观察。

三、软包工程

适用于墙面、门等软包工程的质量验收。

(一)主控项目

(1)软包面料、内衬材料及边框的材质、颜色、图案、燃烧性能等级和木材的含水率应符合设计要求及现行国家标准的有关规定。

检验方法:观察,检查产品合格证书、进场验收记录和性能检测报告。

(2)软包工程的安装位置及构造做法应符合设计要求。

检验方法:观察,尺量检查,检查施工记录。

(3)软包工程的龙骨、衬板、边框应安装牢固,无翘曲,拼缝应平直。

检验方法:观察,手扳检查。

(4)单块软包面料不应有接缝,四周应绷压严密。

检验方法:观察,手摸检查。

(二)一般项目

(1)软包工程表面应平整、洁净,无凹凸不平及皱折;图案应清晰、无色差,整体应协调美观。

检验方法:观察。

(2)软包边框应平整、顺直、接缝吻合。其表面涂饰质量应符合《建筑装饰装修工程质量验收规范》(GB 50210—2001)第10章的有关规定。

检验方法:观察,手摸检查。

(3)清漆涂饰木制边框的颜色、木纹应协调一致。

检验方法:观察。

(4)软包工程安装的允许偏差和检验方法应符合表2-9-34的规定。

表2-9-34 软包工程安装的允许偏差和检验方法

项次	项目	允许偏差(mm)	检验方法
1	垂直度	3	用1 m垂直检测尺检查
2	边框宽度、高度	0, -2	用钢尺检查
3	对角线长度差	3	用钢尺检查
4	裁口、线条接缝高低差	1	用钢直尺和塞尺检查

第十节 细部工程

一、一般规定

(1)适用于下列各项工程的质量验收:

①橱柜制作与安装;

②窗帘盒、窗台板、散热器罩制作与安装;

③门窗套制作与安装;

④护栏和扶手制作与安装;

⑤花饰制作与安装。

(2)细部工程验收时应检查下列文件和记录:

①施工图、设计说明及其他设计文件;

②材料的产品合格证书、性能检测报告、进场验收记录和复验报告;

③隐蔽工程验收记录;

④施工记录。

(3)细部工程应对人造木板的甲醛含量进行复验。

(4)细部工程应对下列部位进行隐蔽工程验收:

①预埋件(或后置埋件);

②护栏与预埋件的连接节点。

(5)各分项工程的检验批应按下列规定划分:

①同类制品每50间(处)应划分为一个检验批,不足50间(处)也应划分为一个检验批;

②每部楼梯应划分为一个检验批。

二、橱柜制作与安装工程

适用于位置固定的壁柜、吊柜等橱柜制作与安装工程的质量验收。

检查数量应符合下列规定:每个检验批至少抽查3间(处),不足3间(处)时应全数检查。

(一)主控项目

(1)橱柜制作与安装所用材料的材质和规格、木材的燃烧性能等级和含水率、花岗石的放射性及人造木板的甲醛含量应符合设计要求及现行国家标准的有关规定。

检验方法:观察,检查产品合格证书、进场验收记录、性能检测报告和复验报告。

(2)橱柜安装预埋件或后置埋件的数量、规格、位置应符合设计要求。

检验方法:检查隐蔽工程验收记录和施工记录。

(3)橱柜的造型、尺寸、安装位置、制作和固定方法应符合设计要求。橱柜安装必须牢固。

检验方法:观察,尺量检查,手扳检查。

(4)橱柜配件的品种、规格应符合设计要求。配件应齐全,安装应牢固。

检验方法:观察,手扳检查,检查进场验收记录。

(5)橱柜的抽屉和柜门应开关灵活、回位正确。

检验方法:观察,开启和关闭检查。

(二)一般项目

(1)橱柜表面应平整、洁净、色泽一致,不得有裂缝、翘曲及损坏。

检验方法:观察。

(2)橱柜裁口应顺直、拼缝应严密。

检验方法:观察。

(3)橱柜安装的允许偏差和检验方法应符合表2-9-35的规定。

表 2-9-35　橱柜安装的允许偏差和检验方法

项次	项目	允许偏差(mm)	检验方法
1	外形尺寸	3	用钢尺检查
2	立面垂直度	2	用 1 m 垂直检测尺检查
3	门与框架的平等度	2	用钢尺检查

三、窗帘盒、窗台板和散热器罩制作与安装工程

适用于窗帘盒、窗台板和散热器罩制作与安装工程的质量验收。

检查数量应符合下列规定:每个检验批应至少抽查 3 间(处),不足 3 间(处)时应全数检查。

(一)主控项目

(1)窗帘盒、窗台板和散热器罩制作与安装所用材料的材质和规格,木材的燃烧性能等级和含水率,花岗石的放射性及人造木板的甲醛含量应符合设计要求及现行国家标准的有关规定。

检验方法:观察,检查产品合格证书、进场验收记录、性能检测报告和复验报告。

(2)窗帘盒、窗台板和散热器罩的造型、规格、尺寸、安装位置和固定方法必须符合设计要求。窗帘盒、窗台板和散热器罩的安装必须牢固。

检验方法:观察,尺量检查,手扳检查。

(3)窗帘盒配件的品种、规格应符合设计要求,安装应牢固。

检验方法:手扳检查,检查进场验收记录。

(二)一般项目

(1)窗帘盒、窗台板和散热器罩表面应平整、洁净、线条顺直、接缝严密、色泽一致,不得有裂缝、翘曲及损坏。

检验方法:观察。

(2)窗帘盒、窗台板和散热器罩与墙、窗框的衔接应严密,密封胶缝应顺直、光滑。

检验方法:观察。

(3)窗帘盒、窗台板和散热器罩安装的允许偏差和检验方法应符合表 2-9-36 的规定。

表 2-9-36　窗帘盒、窗台板和散热器罩安装的允许偏差和检验方法

项次	项目	允许偏差(mm)	检验方法
1	水平度	2	用 1 m 水平尺和塞尺检查
2	上口、下口直线度	3	拉 5 m 线,不足 5 m 拉通线,用钢直尺检查
3	两端距窗洞口长度差	2	用钢直尺检查
4	两端出墙厚度差	3	用钢直尺检查

四、门窗套制作与安装工程

适用于门窗套制作与安装工程的质量验收。

检查数量应符合下列规定:每个检验批应至少抽查 3 间(处),不足 3 间(处)时应全数检查。

(一)主控项目

(1)门窗套制作与安装所用材料的材质、规格、花纹和颜色,木材的燃烧性能等级和含水率,花岗石的放射性及人造木板的甲醛含量应符合设计要求及现行国家标准的有关规定。

检验方法:观察,检查产品合格证书、进场验收记录、性能检测报告和复验报告。

(2)门窗套的造型、尺寸和固定方法应符合设计要求,安装应牢固。

检验方法:观察,尺量检查,手扳检查。

(二)一般项目

(1)门窗套表面应平整、洁净、线条顺直、接缝严密、色泽一致,不得有裂缝、翘曲及损坏。

检验方法:观察。

(2)门窗套安装的允许偏差和检验方法应符合表 2-9-37 的规定。

表 2-9-37　门窗套安装的允许偏差和检验方法

项次	项目	允许偏差(mm)	检验方法
1	正、侧面垂直度	3	用 1 m 垂直检测尺检查
2	门窗套上口水平度	1	用 1 m 水平检测尺和塞尺检查
3	门窗套上口直线度	3	拉 5 m 线,不足 5 m 拉通线,用钢直尺检查

五、护栏和扶手制作与安装工程

适用于护栏和扶手制作与安装工程的质量验收。

检查数量应符合下列规定:每个检验批的护栏和扶手应全部检查。

(一)主控项目

(1)护栏和扶手制作与安装所使用材料的材质、规格、数量及木材、塑料的燃烧性能等级应符合设计要求。

检验方法:观察,检查产品合格证书、进场验收记录和性能检测报告。

(2)护栏和扶手的造型、尺寸及安装位置应符合设计要求。

检验方法:观察,尺量检查,检查进场验收记录。

(3)护栏和扶手安装预埋件的数量、规格、位置以及护栏与预埋件的连接节点应符合设计要求。

检验方法:检查隐蔽工程验收记录和施工记录。

(4)护栏高度、栏杆间距、安装位置必须符合设计要求。护栏安装必须牢固。

检验方法:观察,尺量检查,手扳检查。

(5)护栏玻璃应使用公称厚度不小于 12 mm 的钢化玻璃或钢化夹层玻璃。当护栏一侧距楼地面高度为 5 m 及以上时,应使用钢化夹层玻璃。

检验方法:观察,尺量检查,检查产品合格证书和进场验收记录。

(二)一般项目

(1)护栏和扶手转角弧度应符合设计要求,接缝应严密,表面应光滑,色泽应一致,不得有裂缝、翘曲及损坏。

检验方法:观察,手摸检查。

(2)护栏和扶手安装的允许偏差和检验方法应符合表 2-9-38 的规定。

表 2-9-38　护栏和扶手安装的允许偏差和检验方法

项次	项目	允许偏差(mm)	检验方法
1	护栏垂直度	3	用 1 m 垂直检测尺检查
2	栏杆间距	3	用钢尺检查
3	扶手直线度	4	拉通线,用钢直尺检查
4	扶手高度	3	用钢尺检查

六、花饰制作与安装工程

适用于混凝土、石材、木材、塑料、金属、玻璃、石膏等花饰安装工程的质量验收。

检查数量应符合下列规定:①室外每个检验批全部检查;②室内每个检验批应至少抽查 3 间(处),不足 3 间(处)时应全数检查。

(一)主控项目

(1)花饰制作与安装所使用材料的材质、规格应符合设计要求。

检验方法:观察,检查产品合格证书和进场验收记录。

(2)花饰的造型、尺寸应符合设计要求。

检验方法:观察,尺量检查。

(3)花饰的安装位置和固定方法必须符合设计要求,安装必须牢固。

检验方法:观察,尺量检查,手扳检查。

(二)一般项目

(1)花饰表面应洁净,接缝应严密吻合,不得有歪斜、裂缝、翘曲及损坏。

检验方法:观察。

(2)花饰安装的允许偏差和检验方法应符合表 2-9-39 的规定。

表 2-9-39　花饰安装的允许偏差和检验方法

项次	项目		允许偏差(mm)		检验方法
			室内	室外	
1	条形花饰的水平度或垂直度	每米	1	3	拉线和用 1 m 垂直检测尺检查
		全长	3	6	
2	单独花饰中心位置偏移		10	15	拉线和用钢直尺检查

第十一节　分部(子分部)工程质量验收

(1)建筑装饰装修工程质量验收程序和组织应符合《建筑工程施工质量验收统一标准》(GB 50300)第 6 章的规定。

(2)建筑装饰装修工程的子分部工程及其分项工程应按《建筑装饰装修工程质量验收规范》(GB 50210—2001)附录 B 划分。

(3)建筑装饰装修工程施工过程中,应按《建筑装饰装修工程质量验收规范》(GB 50210—2001)各章一般规定的要求对隐蔽工程进行验收,并按该规范附录 C 的格式记录。

(4)检验批的质量验收应按《建筑工程施工质量验收统一标准》(GB 50300)附录 D 的格式记录。检验批的合格判定应符合下列规定:

①抽查样本均应符合规范主控项目的规定。

②抽查样本的 80% 以上应符合规范一般项目的规定。其余样本不得有影响使用功能或明显影响装饰效果的缺陷,其中有允许偏差的检验项目,其最大偏差不得超过规范规定允许偏差的 1.5 倍。

(5)分项工程的质量验收应按《建筑工程施工质量验收统一标准》(GB 50300)附录 E 的格式记录,各检验批的质量均应达到规范的规定。

(6)子分部工程的质量验收应按《建筑工程施工质量验收统一标准》(GB 50300)附录 F 的格式记录。子分部工程中各分项工程的质量均应验收合格,并应符合下列规定:

①应具备规范各子分部工程规定检查的文件和记录。

②应具备表 2-9-40 所规定的有关安全和功能检测项目的合格报告。

③观感质量应符合规范各项工程中一般项目的要求。

表 2-9-40　有关安全和功能的检测项目

项次	子分部工程	检测项目
1	门窗工程	1. 建筑外墙金属窗的抗风压性能、空气渗透性能和雨水渗漏性能 2. 建筑外墙塑料窗的抗风压性能、空气渗透性能和雨水渗漏性能
2	饰面板(砖)工程	1. 饰面板后置埋件的现场拉拔强度 2. 饰面砖样板件的黏结强度
3	幕墙工程	1. 硅酮结构胶的相容性试验 2. 幕墙后置埋件的现场拉拔强度 3. 幕墙的抗风压性能、空气渗透性能、雨水渗漏性能及平面变形性能

(7)分部工程的质量验收应按《建筑工程施工质量验收统一标准》(GB 50300)附录 F 的格式记录。分部工程中各子分部工程的质量均应验收合格,并应按《建筑装饰装修工程质量验收规范》(GB 50210—2001)第 13.0.6 条 1 ~ 3 款的规定进行核查。

当建筑工程只有装饰装修分部工程时,该工程应作为单位工程验收。

(8)有特殊要求的建筑装饰装修工程,竣工验收时应按合同约定加测相关技术指标。

(9)建筑装饰装修工程的室内环境质量应符合现行国家标准《民用建筑工程室内环境污染控制规范》(GB 50325)的规定。

(10)未经竣工验收合格的建筑装饰装修工程不得投入使用。

第十章　节能分部工程

第一节　基本规定

一、技术与管理

(1)承担建筑节能工程的施工企业应具备相应的资质,施工现场应建立有效的质量管理体系、施工质量控制和检验制度,具有相应的施工技术标准。

条文说明　本条对承担建筑节能工程的施工企业提出资质要求。执行中,在国家尚未制定专门的节能工程施工资质前,应按照国家现行规定具备相应的建筑工程的施工资质。如国家制定专门的节能工程施工资质,则应按照国家规定执行。

对施工现场的要求,与《建筑工程施工质量验收统一标准》(GB 50300—2001)及各验收规范一致。

(2)参与工程建设各方不得任意变更建筑节能施工图设计。当确实需要变更时,应与设计单位洽商,办理设计变更手续。

当变更可能影响节能效果时,设计变更应获得原审查机构的审查同意,并应获得监理或建设单位的确认。

条文说明　由于材料供应、工艺改变等原因,建筑工程施工中可能改变节能设计。为了避免这些改变影响节能效果,故需要对涉及节能的变更加以限制。本条规定,如确需改变,应事先得到设计单位的书面认可。此时设计单位应认真核算并确认变更对节能带来的影响,出具洽商或设计变更,并承担相应的责任。

当变更对节能效果的影响较大,有可能使得该工程达不到原定节能目标时,原设计单位也不能自行确定是否应该同意这种变更。此时,应报原负责节能设计审查的机构审查同意。确定变更后,并应获得监理或建设单位的确认。

(3)建筑节能工程采用的新技术、新设备、新材料、新工艺,应按照有关规定进行鉴定或备案。施工前应对新的或首次采用的施工工艺进行评价,并制定专门的施工技术方案。

条文说明　"新技术、新设备、新材料、新工艺"通常被称为"四新"。国家鼓励建筑节能工程施工中采用"四新"技术,但为了防止不成熟的技术或材料被应用到工程上,国家同时又规定了对于"四新"技术要进行技术鉴定或实行备案等措施。节能施工中应遵照执行。

考虑到建筑节能施工中涉及的新材料、新技术较多,对于从未有过的施工工艺,或者其他单位虽已做过但是本施工单位尚未做过的施工工艺,应进行"预演"并进行评价,需要时应调整参数再次演练,直至达到要求。施工前还应制定专门的施工技术方案以保证节能效果。

(4)单位工程的施工组织设计应包括建筑节能工程施工内容。建筑节能工程施工前,施工企业应编制建筑节能工程施工技术方案并经监理单位(建设单位)审批。施工现场应对从事建筑节能工程施工作业的专业人员进行技术交底和必要的实际操作培训。

条文说明 鉴于建筑节能的重要性，每个工程的施工组织设计中均应列明有关本工程与节能施工有关的内容以便规划、组织和指导施工。施工前，施工企业还应专门编制建筑节能工程施工技术方案，按照规定经监理单位审批后实施。没有实行监理的工程则应由建设单位审批。

从事节能施工作业的人员的操作技能对节能施工效果影响较大，且许多节能材料和工艺某些施工人员并不熟悉，故规定应在节能施工前对相关人员进行技术交底和必要的实际操作培训。

(5)既有建筑节能改造工程必须确保建筑物的结构安全和主要使用功能。当涉及主体和承重结构改动或增加荷载时，必须由原设计单位或具备相应资质的设计单位对既有建筑结构的安全性进行核验、确认。

条文说明 既有建筑节能改造已经有许多技术规范。但是鉴于既有建筑未知因素较多等复杂情况，本条特别规定任何节能改造必须以确保该建筑的结构安全和主要使用功能为前提。不能顾此失彼，一方面改善了节能效果，另一方面却牺牲或降低了建筑的安全储备或其他重要功能。

保证节能改造不致影响原建筑结构安全储备的具体措施是：当改动主体结构或增加荷载时，必须由原设计单位或具备相应资质的设计单位按照工程实际情况对既有建筑结构的安全性进行核查。这种核查通常包括：现场踏勘和调查，原设计资料审查，结构安全性核算，提出涉及结构安全的限制性要求（例如限制增加的最大荷载量）并最终对改造方案加以确认。

(6)承担建筑节能工程检测试验的检测机构应具备相应的资质。

条文说明 本条根据国家对于检测试验机构的资质规定作出要求。建设部关于检测机构资质管理办法中尚未包括节能专项检测资质，故目前承担建筑节能工程检测试验的检测机构应具备见证检测资质和节能试验项目的计量认证。待国家颁发节能专项检测资质后应按照相关规定执行。

二、材料与设备

(1)建筑节能工程使用的材料、设备应符合施工图设计要求及国家有关标准的规定。严禁使用国家明令禁止和淘汰使用的材料、设备。

条文说明 材料、设备是节能工程的物质基础，通常在设计中规定或在合同中约定。凡设计有要求的应符合设计要求，同时也要符合国家有关产品质量标准的规定，对它们的质量应进行双控。对于设计未提出要求的材料和设备，则应该在合同中约定，或在施工方案中明确，并且应该得到监理或建设单位的同意或确认。这些材料和设备，同样必须符合质量标准的要求。

近几年来，国家对于技术指标落后或质量存在较大问题的材料、设备明令禁止使用，节能工程施工应严格遵守这些规定，施工中不得使用。

(2)材料和设备进场时应对其品种、规格、包装、外观和尺寸进行验收并应经监理工程师（建设单位代表）检查认可，并形成相应的质量记录。材料和设备应有质量合格证明文件、中文说明书及相关性能检测报告；进口材料和设备应按规定进行出入境商品检验。

条文说明 本条是对材料和设备进场验收的规定。材料和设备进场时均应进行验收，这种进场验收主要是对其品种、规格、包装、外观和尺寸等"可视质量"和技术资料进行检查验收，并应经监理工程师（建设单位代表）核准。进场验收必须形成相应的质量记录。

由于进场验收只能核查材料和设备的外观质量，其内在质量则需由各种技术资料加以证明，故进场验收的一项重要内容是对材料和设备附带的技术资料进行检查。这些技术资料主要包括质量合格证明文件、中文说明书及相关性能检测报告；进口材料和设备应按规定进行出入境商品检验。

(3)建筑节能工程所使用材料的燃烧性能等级和阻燃处理，应符合设计要求和国家现行标准《高层民用建筑设计防火规范》(GB 50045)、《建筑内部装修设计防火规范》(GB 50222)和《建筑设计防火规范》(GBJ 16)的规定。

条文说明 本条对建筑节能工程所使用材料的耐火性能作出规定。耐火性能是建筑工程最重要的性能之一，直接影响用户安全，故有必要加以强调。对材料耐火性能的具体要求，应由设计提出，并应符合相应标准的要求。

(4)建筑节能工程使用的材料应符合国家现行有关材料有害物质限量标准的规定，不得对室内外环境造成污染。

条文说明 为了保护环境，国家制定了建筑装饰材料有害物质限量标准，建筑节能工程使用的材料与建筑装饰材料类似，往往附着在结构的表面，容易造成污染，故规定应符合这些材料有害物质限量标准，不得对室内外环境造成污染。目前，判断室内环境是否污染仍按照《民用建筑工程室内环境污染控制规范》(GB 50325)的要求进行。

(5)建筑节能工程进场材料和设备的复验项目应符合规范（指《建筑节能工程施工质量验收规范》(GB 50411—2007)，下同）附录 A 及各章的规定。复验项目中应有 30% 为见证取样送检。

条文说明 为方便使用，规范将各章提出的建筑节能工程进场材料和设备的复验项目汇总在附录 A 中以方便查找和使用，但是执行中仍应对照和满足各章的具体要求。

参照建设部建字[2000]211 号文件规定，重要的试验项目应实行见证取样和送检，故规范规定建筑节能工程进场材料和设备的复验项目中，应有 30% 为见证取样送检。

(6)建筑节能性能现场检验应由建设单位委托具有相应资质的检测机构对围护结构节能性能和系统功能进行检验。

条文说明 根据建设部 141 号令规定，建筑节能性能现场检验应由建设单位进行委托，并应委托具有相应资质的检测机构进行。检验内容主要包括围护结构节能性能和系统功能等。由于这种现场检验对于节能性能的判定十分重要，故参与工程建设各方均应对抽取试样或受检部位的方法的真实性、代表性以及检测机构的公正性加以重视。

(7)现场配制的材料如保温浆料、聚合物砂浆等，应按设计要求或实验室给出的配合比配制。当无上述要求时，应按照施工方案和产品说明书配制。

条文说明 现场配制的材料由于现场施工条件的限制，其质量较难保证。本条规定了现场配制必须按设计要求或配合比配制，并规定了应遵守的配置要求的顺序，即首先应按设计要求或实验室给出的配合比进行现场配制。当无上述要求时，可以按照产品说明书配制。执行中应注意上述配置要求，均应具有可追溯性，并应写入施工方案中。不得按照经验或口头通知配置。

(8)采暖与空调系统及其他建筑机电设备的技术性能参数应符合国家有关标准的规定。严禁使用技术性能不符合国家标准的机电设备。

条文说明 由于采暖与空调系统及其他建筑机电设备的技术性能参数对于节能效果影响较大,故特别列出加以要求。

(9)当建筑节能工程采用规范未列出的其他材料、设备、工艺或做法时,应符合下列规定:

①所采用的保温材料,应符合规范规定。

②施工工艺或做法,应符合施工图设计要求和施工技术方案的要求。

③节能工程的施工质量,应符合规范相关章节的规定。

条文说明 建筑节能工程采用的材料、设备、工艺较为广泛,且新的材料、设备、工艺仍在不断涌现,难以一一列出。本条对于规范未列出的其他材料、设备、工艺或做法提出了三款基本要求,以控制其使用及效果。

三、施工与验收

(1)建筑节能工程施工应当按照经审查合格的设计文件和经审批的节能施工技术方案的要求施工。

条文说明 本条是对节能工程施工的基本要求。设计文件和施工技术方案,是节能工程施工,实际也是所有工程施工均应遵循的基本要求。注意对于设计文件,应当经过设计审查机构的审查,对于施工技术方案,则应通过建设或监理单位的审查。施工中的变更,同样应经过审查,见规范相关章节。

(2)建筑节能工程施工前,对于重复采用建筑节能设计的房间和构造做法,应在现场采用相同材料和工艺制作样板间或样板构件,经有关各方确认后方可进行施工。

条文说明 制作样板间的方法是在长期施工中总结出来行之有效的方法。不仅可以直观地看到和评判其质量与工艺状况,还可以对材料、做法、效果等进行直接检查,并可以作为验收的实物标准。因此,节能工程施工也应当借鉴和采用。样板间方法主要适用于重复采用同样建筑节能设计的房间和构造做法。制作时应采用相同材料和工艺在现场制作,经有关各方确认后方可进行施工。

(3)建筑节能工程的施工作业环境条件,应满足相关标准和施工工艺的要求。

条文说明 建筑节能工程的施工作业往往在主体结构完成后进行,其作业条件各不相同。部分节能材料对环境条件的要求较高,例如保温材料对环境湿度及施工时气候的要求等。这些要求多数在工艺标准或施工技术方案中加以规定,因此本条要求建筑节能工程的施工作业环境条件,应满足相关标准和施工工艺的要求。

(4)建筑节能工程为单位建筑工程的一个分部工程。其子分部、分项工程和检验批应按照下列规定划分和验收(见表2-10-1):

①建筑节能分部工程的子分部、分项工程和检验批划分,应与《建筑工程施工质量验收统一标准》(GB 50300)和各专业工程施工质量验收规范的规定一致。当上述规范未明确时,可根据实际情况按规范相关章节确定。

②当建筑节能验收内容包含在相关分部工程内时,应按已划分的子分部、分项工程和检验批进行验收,验收时应按规范对有关节能的项目独立验收,做出节能项目验收记录并单独

组卷。

③当建筑节能验收内容未包含在相关分部工程内时，应按照规范进行验收。

表 2-10-1　建筑节能分部、子分部、分项工程

序号	子分部工程	分项工程
1	墙体	主体结构基层，保温材料，饰面层
2	幕墙	主体结构基层，隔热材料，保温材料，幕墙玻璃，单元式幕墙板块，遮阳设施
3	门窗	门，窗，玻璃，遮阳设施
4	屋面	基层，保温隔热层，保护层，防水层，面层
5	地面	基层，保温隔热层，隔离层，保护层，防水层，面层
6	采暖	散热器，设备、阀门与仪表，保温材料，热力入口装置，调试
7	通风与空气调节	风机、空气调节设备，空调末端设备，阀门与仪表，绝热材料，调试
8	空调与采暖系统的冷热源和附属设备及其管网	冷、热源设备，辅助设备，管网，阀门与仪表，绝热、保温材料，调试
9	配电与照明	低压配电电源，照明光源、灯具，附属装置，控制功能，调试
10	监测与控制	冷、热源与空调水的监测控制系统，通风与空调系统的监测控制系统，监测与计量装置，供配电的监测控制系统，照明自动控制系统，综合控制系统

条文说明　由于建筑节能验收属于专业验收的范畴，其许多验收内容与原有建筑工程的分部分项验收有许多交叉，故建筑节能工程验收的定位有一定困难。为了与《建筑工程施工质量验收统一标准》(GB 50300)一致，规范将建筑节能工程作为单位建筑工程的一个分部工程来进行划分和验收，并规定了其子分部、分项工程和检验批划分的原则。

规范对于子分部、分项工程和检验批划分的原则主要有两个：

一是与原有划分尽量一致的原则。《建筑工程施工质量验收统一标准》(GB 50300)和各专业工程施工质量验收规范凡是已经划分了的，不再重新划分。当建筑节能验收内容包含在相关分部、子分部、分项工程内时，应按已划分的检验批进行验收，但验收时应按规范要求对有关节能的项目独立验收，做出节能项目验收记录并单独组卷。

二是原来没有划分的，可以重新划分的原则。即当建筑节能验收内容未包含在原已划分的子分部、分项工程和检验批内时，应按照规范的要求进行划分和验收。例如，《建筑装饰装修工程质量验收规范》(GB 50210)中原来没有包括墙体外保温工程的检验批划分和验收，此项即应按照规范的要求进行划分和验收。

(5)建筑节能工程的各检验批，其合格质量应符合下列规定：

①各检验批应按主控项目和一般项目验收。

②主控项目应全部合格。

③一般项目应合格，当采用计数检验时，应有90%以上的检查点合格，且其余检查点不得有严重缺陷。

④各检验批应具有完整的施工操作依据和质量验收记录。

条文说明 本条是对建筑节能工程检验批验收合格质量条件的基本规定。本条规定与《建筑工程施工质量验收统一标准》(GB 50300)和各专业工程施工质量验收规范完全一致。这些规定主要是:

①各检验批应按主控项目和一般项目验收。

②主控项目应全部合格。当出现不合格情况时应返工修理直至合格并进行重新验收。

③一般项目亦应合格。当出现不合格情况时,亦应进行返工修理。但是对于采用计数检验的验收项目,允许适当放宽,即允许有90%以上的检查点合格即可通过验收。同时,对于其余10%以下的不合格检查点,虽然未达到合格,但是要求不得有严重缺陷。

④各检验批的施工操作依据和质量验收记录应基本齐全。

(6)建筑节能工程的分项工程质量验收合格应符合下列规定:

①分项工程所含的检验批均应符合合格质量的规定。

②分项工程所含的检验批的质量验收记录应完整。

(7)建筑节能工程分部、子分部工程质量验收,应在各相关分项工程验收合格的基础上,进行质量控制资料检查及观感质量验收,并应对主要材料、设备有关节能的技术性能,以及有代表性的房间或部位和系统功能的建筑节能性能进行见证抽样现场检验。

①主要材料和设备有关节能的技术性能见证抽样检测结果应符合有关规定。

②严寒、寒冷地区的建筑外窗,应按照规范规定的方法和数量进行见证抽样,现场检查其气密性,并出具检测报告。

③建筑工程完工后,应抽取有代表性的房间或部位,按照规范第15章的规定对建筑节能性能中围护结构节能性能进行见证抽样现场检验,并出具检验报告或评价报告。

④建筑设备工程完工后,应抽取有代表性的系统或部位,按照规范第15章的规定对建筑节能性能中的系统功能进行见证抽样现场检验,并出具检验报告或评价报告。

条文说明 考虑到建筑节能工程的重要性,建筑节能工程分部、子分部工程质量验收,除应在各相关分项工程验收合格的基础上,进行质量控制资料检查及观感质量验收外,还增加了对主要材料、设备有关节能的技术性能,以及有代表性的房间或部位和系统功能的节能性能进行见证抽样现场检验。在分部工程验收时进行的这种检查,可以更真实地反映该工程的节能性能。具体检查内容有4项:

①主要材料和设备有关节能的技术性能见证抽样检测结果应符合国家有关标准规定或符合设计技术要求。

②外窗气密性检查。对严寒、寒冷地区的建筑外窗,由具备资格的检测单位按照规范附录E规定的方法和数量现场抽查其气密性,并出具检测报告。

③房屋外墙传热系数检查或房屋综合节能效果检验。对于完工的建筑工程,由具备资格的检测单位抽取有代表性的房间或部位,按照规范第15章的规定对建筑节能性能中围护结构节能性能进行见证抽样现场检验,并出具检验报告或评价报告。

④建筑设备工程完工后,由于竣工时间和季节条件的限制,有些设备不能严格按要求进行调试和运行。因此,应抽取有代表性的系统或部位,按照规范第15章的规定对建筑节能性能中的系统功能进行见证抽样现场检验,并出具检验报告或评价报告。

(8)单位工程竣工验收前,必须按照规范规定进行建筑节能分部工程的专项验收并达到合格。

条文说明 本条规定建筑节能分部工程的专项验收应该作为单位工程竣工验收的必要条件。即必须首先按照规范规定进行建筑节能分部工程的专项验收并达到合格，然后才能进行单位工程的整体验收。

(9)建筑节能工程验收应由总监理工程师(建设单位项目负责人)主持，会司参与工程建设各方共同进行。其验收的程序和组织应符合《建筑工程施工质量验收统一标准》(GB 50300)的规定。

建筑节能工程的验收资料应列入建筑工程验收资料中。

条文说明 本条是对建筑节能工程验收程序和组织的规定。其验收的程序和组织与《建筑工程施工质量验收统一标准》(GB 50300)的规定一致。即应由总监理工程师(建设单位项目负责人)主持，会同参与工程建设各方共同进行。

第二节 建筑节能分部工程质量验收

(1)建筑节能分部工程的质量验收，是在工程施工质量得到有效监控的前提下，施工单位通过有关围护结构节能性能检验、系统功能检验、整个分部工程的无生产负荷系统联合试运转与调试和观感质量的检查，按规范要求将质量合格的节能分部工程移交建设单位的验收过程。

(2)建筑节能分部工程的质量验收，应由建设单位负责，组织监理、设计、施工等单位共同进行，合格后应及时办理竣工验收手续，并详细填写在保修期内建筑节能性能现场检验的围护结构节能性能检验和系统功能检验的内容。

(3)建筑节能工程竣工验收时，应检查竣工验收资料，主要包括下列文件及记录：

①图纸会审记录、设计变更通知书和竣工图。

②主要材料、设备、成品、半成品和仪器、仪表的出厂合格证明及进场检(试)验、复验报告。

③隐蔽工程检查验收记录。

④设备、管道系统检验记录。

⑤系统无生产负荷联合试运转与调试记录。

⑥分部、子分部工程质量验收记录。

⑦观感质量综合检查记录。

⑧建筑节能性能现场检验的围护结构节能性能检验和系统功能检验报告。

(4)建筑节能分部工程观感质量检查应按规范附录C建筑节能工程观感质量检查项目表进行。

参考文献

[1] 曹安民,阚冬梅. 土建质量员岗位实务知识[M]. 北京:中国建筑工业出版社,2007.

[2] 全国一级建造师执业资格考试用书编写委员会. 房屋建筑工程管理与实务[M]. 北京:中国建筑工业出版社,2009.

[3] 林文剑. 质量员专业知识与实务[M]. 北京:中国环境科学出版社,2007.

[4] 中国建设监理协会. 建设工程质量控制[M]. 北京:中国建筑工业出版社,2002.

[5] 中华人民共和国标准. GB 50300—2001 建筑工程施工质量验收统一标准[S]. 北京:中国建筑工业出版社,2002.

[6] 中华人民共和国标准. GB 50202—2002 建筑地基基础工程施工质量验收规范[S]. 北京:中国建筑工业出版社,2002.

[7] 中华人民共和国标准. GB 50203—2002 砌体工程施工质量验收规范[S]. 北京:中国建筑工业出版社,2002.

[8] 中华人民共和国标准. GB 50204—2002 混凝土结构工程施工质量验收规范[S]. 北京:中国建筑工业出版社,2002.

[9] 中华人民共和国标准. GB 50205—2002 钢结构工程施工质量验收规范[S]. 北京:中国建筑工业出版社,2002.

[10] 中华人民共和国标准. GB 50207—2002 屋面工程质量验收规范[S]. 北京:中国建筑工业出版社,2002.

[11] 中华人民共和国标准. GB 50208—2002 地下防水工程质量验收规范[S]. 北京:中国建筑工业出版社,2002.

[12] 中华人民共和国标准. GB 50209—2002 建筑地面工程施工质量验收规范[S]. 北京:中国建筑工业出版社,2002.

[13] 中华人民共和国标准. GB 50210—2002 建筑装饰装修工程质量验收规范[S]. 北京:中国建筑工业出版社,2002.

[14] 中华人民共和国标准. GB 50411—2007 建筑节能工程施工质量验收规范[S]. 北京:中国建筑工业出版社,2007.